2014—2015

粮油科学技术

学科发展报告

REPORT ON ADVANCESE IN CEREALS
AND OILS SCIENCE AND TECHNOLOGY

中国科学技术协会　主编
中国粮油学会　编著

U0393088

中国科学技术出版社
·北京·

图书在版编目（CIP）数据

2014—2015粮油科学技术学科发展报告 / 中国科学技术协会主编；中国粮油学会编著 . —北京：中国科学技术出版社，2016.2

（中国科协学科发展研究系列报告）

ISBN 978-7-5046-7077-9

Ⅰ. ① 2… Ⅱ. ① 中… ② 中… Ⅲ. ① 粮油工业 — 学科发展 — 研究报告 — 中国 — 2014 — 2015 Ⅳ. ① TS2-12

中国版本图书馆 CIP 数据核字（2016）第 025864 号

策划编辑	吕建华　许　慧
责任编辑	郭秋霞
装帧设计	中文天地
责任校对	刘洪岩
责任印制	张建农

出　　版	中国科学技术出版社
发　　行	科学普及出版社发行部
地　　址	北京市海淀区中关村南大街16号
邮　　编	100081
发行电话	010-62103130
传　　真	010-62179148
网　　址	http://www.cspbooks.com.cn

开　　本	787mm×1092mm　1/16
字　　数	320千字
印　　张	15.5
版　　次	2016年4月第1版
印　　次	2016年4月第1次印刷
印　　刷	北京盛通印刷股份有限公司
书　　号	ISBN 978-7-5046-7077-9 / TS·81
定　　价	62.00元

2014—2015
粮油科学技术学科发展报告

首席科学家　王瑞元　姚惠源

专　家　组

　　组　长　张桂凤

　　副组长　胡承森　杜　政　唐瑞明

　　成　员（按姓氏笔画排序）

丁文平	丁建武	于衍霞	卫　敏	马卫宾
王卫国	王凤成	王亚南	王兆光	王兴国
王松雪	王金荣	王满意	王殿轩	卞　科
付仔振	付鹏程	白文良	吕庆云	朱小兵
朱之光	朱克庆	朱科学	刘　英	刘　勇
刘玉兰	刘泽龙	安红周	孙　辉	孙淑敏
严晓平	李　堑	李晓玺	李爱科	李福君
杨　健	杨卫东	杨子忠	杨铁军	连惠章
吴子丹	吴存荣	岑军健	邱　平	何东平
位凤鲁	谷克仁	冷向军	冷志杰	宋　伟
张　元	张　庚	张　梁	张华昌	张建华
陈　刚	陈文麟	陈志成	林家永	欧阳姝虹

尚艳娥	易　阳	全青哲	金树人	周　浩
周丽凤	周显青	周晓光	郑沫利	郑学玲
屈凌波	赵小军	赵文红	赵永进	赵会义
赵思明	赵艳轲	胡　东	相　海	俞学锋
宫旭州	袁　建	袁育芬	徐　斌	顾正彪
高建峰	郭道林	唐学军	唐培安	涂长明
陶　诚	曹　阳	曹　杰	曹　康	曹万新
龚　平	梁兰兰	韩　飞	程　力	惠延波
谢岩黎	靳祖训	甄　彤	赫振方	谭　斌
熊鹤鸣	冀浏果			

学术秘书　杨晓静　张　勇　王晓芳

党的十八届五中全会提出要发挥科技创新在全面创新中的引领作用，推动战略前沿领域创新突破，为经济社会发展提供持久动力。国家"十三五"规划也对科技创新进行了战略部署。

要在科技创新中赢得先机，明确科技发展的重点领域和方向，培育具有竞争新优势的战略支点和突破口十分重要。从 2006 年开始，中国科协所属全国学会发挥自身优势，聚集全国高质量学术资源和优秀人才队伍，持续开展学科发展研究，通过对相关学科在发展态势、学术影响、代表性成果、国际合作、人才队伍建设等方面的最新进展的梳理和分析以及与国外相关学科的比较，总结学科研究热点与重要进展，提出各学科领域的发展趋势和发展策略，引导学科结构优化调整，推动完善学科布局，促进学科交叉融合和均衡发展。至 2013 年，共有 104 个全国学会开展了 186 项学科发展研究，编辑出版系列学科发展报告 186 卷，先后有 1.8 万名专家学者参与了学科发展研讨，有 7000 余位专家执笔撰写学科发展报告。学科发展研究逐步得到国内外科学界的广泛关注，得到国家有关决策部门的高度重视，为国家超前规划科技创新战略布局、抢占科技发展制高点提供了重要参考。

2014 年，中国科协组织 33 个全国学会，分别就其相关学科或领域的发展状况进行系统研究，编写了 33 卷学科发展报告（2014—2015）以及 1 卷学科发展报告综合卷。从本次出版的学科发展报告可以看出，近几年来，我国在基础研究、应用研究和交叉学科研究方面取得了突出性的科研成果，国家科研投入不断增加，科研队伍不断优化和成长，学科结构正在逐步改善，学科的国际合作与交流加强，科技实力和水平不断提升。同时本次学科发展报告也揭示出我国学科发展存在一些问题，包括基础研究薄弱，缺乏重大原创性科研成果；公众理解科学程度不够，给科学决策和学科建设带来负面影响；科研成果转化存在体制机制障碍，创新资源配置碎片化和效率不高；学科制度的设计不能很好地满足学科多样性发展的需求；等等。急切需要从人才、经费、制度、平台、机制等多方面采取措施加以改善，以推动学科建设和科学研究的持续发展。

中国科协所属全国学会是我国科技团体的中坚力量，学科类别齐全，学术资源丰富，汇聚了跨学科、跨行业、跨地域的高层次科技人才。近年来，中国科协通过组织全国学会开展学科发展研究，逐步形成了相对稳定的研究、编撰和服务管理团队，具有开展学科发展研究的组织和人才优势。2014—2015 学科发展研究报告凝聚着 1200 多位专家学者的心血。在这里我衷心感谢各有关学会的大力支持，衷心感谢各学科专家的积极参与，衷心感谢付出辛勤劳动的全体人员！同时希望中国科协及其所属全国学会紧紧围绕科技创新要求和国家经济社会发展需要，坚持不懈地开展学科研究，继续提高学科发展报告的质量，建立起我国学科发展研究的支撑体系，出成果、出思想、出人才，为我国科技创新夯实基础。

2016 年 3 月

　　深入开展学科发展研究是加强学科建设的重要内容，是学术团体贯彻创新驱动发展战略的有效抓手，是科技界适应我国经济发展新常态的必要途径，对提高科技人员学术水平、激发科技创新智慧、促进学科繁荣发展有着重大意义。中国粮油学会高度重视这项工作，曾于2010年积极完成了中国科学技术协会学科发展研究任务；2014年经再次申报获选承担了中国科学技术协会2014—2015学科发展研究项目，经过一年多的努力，完成了《2014—2015粮油科学技术学科发展报告》（以下简称《报告》）的撰写工作。

　　《报告》的研究时间段为2011—2015年，恰逢"十二五"发展规划期间。《报告》翔实总结了近5年来粮油科学技术学科的发展概况，展示了取得的重要新理论、新技术、新成果、新贡献；详细研究了国外粮油科学技术的发展前沿；深刻剖析了国内粮油科学技术与世界同行先进水平的差距及原因；深入探讨了粮油科学技术学科如何适应我国经济发展新常态下的战略需求；全面具体提出了"十三五"期间粮油科学技术学科的发展方向和研发重点。最终形成了一部粮油科学技术学科"十二五"发展史、未来"十三五"规划目标的文献。《报告》包括综合报告和粮食储藏学科的现状与发展、粮食加工学科的现状与发展、油脂加工学科的现状与发展、粮油质量安全学科的现状与发展、粮食物流学科的现状与发展、粮油营养学科的现状与发展、饲料加工学科的现状与发展、发酵面食学科的现状与发展、粮油信息与自动化学科的现状与发展9个专题报告。

　　《报告》是中国粮油学会严格按照中国科学技术协会学会学术部的统一部署和相关文件的规定，精心组织，规范运作，专家们无私奉献，悉心耕耘结出的硕果。《报告》集聚了粮油科学技术学科领域精英们的智慧，中国粮油学会首席专家、教授级高级工程师王瑞元，江南大学姚惠源教授两位业内资深学术带头人领衔报告的首席科学家，130多位专家参加了调研、撰写、审改工作；执笔的专家们在完成繁重的日常科研、教学和管理工作的同时，夙兴夜寐，缜密撰书；学会组织了20多次研讨会，群策群力、深入论证、雕章琢句、数易其稿，力求使报告体现学科特点、突出重点、闪烁亮点、凝练观点。

　　《报告》的撰写得到了中国科学技术协会学会学术部的具体指导，得到了国家粮食局流通与科技发展司的支持帮助，得到了我会所属各分会的大力协同和专家们的倾情努力，在此一并表示衷心的感谢和诚挚的敬意!

《报告》的出版将使社会各界进一步了解粮油科学技术学科在我国全面建成小康社会进程中占有的重要地位和发挥的重要作用;为政府部门制定政策提供参考依据;为粮油科技工作者确定研发方向,为努力保障国家粮食安全提供坚实的科技支撑。

由于一些统计数据时间滞后和我们的组织经验及水平所限,《报告》的编著难免有缺憾之处,敬请批评指正。

中国粮油学会

2015 年 10 月

>>>> 目录

序 / 韩启德
前言 / 中国粮油学会

综合报告

粮油科学技术学科发展现状与前景 / 3
　　一、引言 / 3
　　二、近 5 年的研究进展 / 5
　　三、国内外研究进展比较 / 30
　　四、发展趋势与展望 / 37
　　参考文献 / 46

专题报告

粮食储藏学科的现状与发展 / 51
粮食加工学科的现状与发展 / 67
油脂加工学科的现状与发展 / 91
粮油质量安全学科的现状与发展 / 106
粮食物流学科的现状与发展 / 122
粮油营养学科的现状与发展 / 137
饲料加工学科的现状与发展 / 152
发酵面食学科的现状与发展 / 166
粮油信息与自动化学科的现状与发展 / 182

ABSTRACTS IN ENGLISH

Comprehensive Report / 203

    Review on Science of Cereals and Oils in China: Current Situation and Future Prospects / 203

Reports on Special Topics / 214

    Report on the Current Status and Future Developments in the Science of Grain Storage in China / 214

    Report on the Current Status and Future Developments in the Science of Grain Processing in China / 216

    Report on the Current Status and Future Developments in the Science of Oil Processing in China / 218

    Report on the Current Status and Future Developments in the Science of Quality Safety of Grain and Oil in China / 219

    Report on the Current Status and Future Developments in the Science of Grain Logistics in China / 220

    Report on the Current Status and Future Developments in the Science of Grain and Oil Nutrition in China / 222

    Report on the Current Status and Future Developments in the Science of Feed Processing in China / 223

    Report on the Current Status and Future Developments in the Science of Flour Fermented Food in China / 225

    Report on the Current Status and Future Developments in the Science of Grain & Oil Information and Automation in China / 226

附录 / 229

索引 / 235

综合报告

粮油科学技术学科发展现状与前景

一、引言

粮油是关系国计民生的重要战略商品，粮油流通是关系国民经济稳定运行的基础性产业，其发展事关广大种粮农民的切身利益，事关广大人民群众的食用消费安全，事关国家粮食安全。粮油科学技术学科涵盖粮食储藏、粮食加工、油脂加工、粮油质量安全、粮食物流、粮油营养、饲料加工、发酵面食、粮油信息与自动化等9个分支领域，本学科的发展历来受到党和政府的高度重视及大力支持，是加快国民经济建设、提高人民生活水平、为保障国家粮食安全提供坚实的科技支撑和实现我国全面建成小康社会的重要力量。

"十二五"期间，我国国民经济高速发展，并进入经济发展新常态。粮食行业认真贯彻习近平总书记关于"中国人的饭碗任何时候都要牢牢端在自己手上，我们的饭碗应该主要装中国粮"的指示和李克强总理"守住管好'天下粮仓'，做好'广积粮、积好粮、好积粮'三篇文章"的讲话精神，以及"以我为主、立足国内、确保产能、适度进口、科技支撑"的国家粮食安全新战略，确保"谷物基本自给、口粮绝对安全"的国家粮食安全新目标。努力实施"科技兴粮"工程，通过粮食收储供应安全保障工程（以下简称"粮安工程"）、粮食公益性行业科研专项等一系列重点工程和科研计划，为粮油科学技术学科的发展带来了难得的机遇，使粮油科学技术水平快速提升，行业发展支撑作用日趋明显，为确保国家粮食安全做出了重要贡献。

5年来，粮油科学技术学科取得了世人瞩目的发展。粮食储藏应用技术已达到国际领先水平，粮油加工工艺、装备和饲料加工装备已达到或接近世界先进水平，粮油质量安全等学科在科技研发方面都有所提高。突出体现在：粮食储藏在基础理论研究方面有新突破，绿色、无公害储粮，现代信息等技术得到广泛应用；粮食加工在稻米、小麦、玉米、杂粮、薯类及米制品加工工艺、生产技术、加工装备取得一系列研究应用成果；油脂加工在油脂化学、油脂营养与安全、加工工艺、装备与工程和综合开发利用等方面取得较大进展；粮油质量安全标准体系已形成由530余项标准构成的动态标准体系；粮食物流技术与装备等研究取得重大进展；粮油营养科研深入探索粮油及制品营养与人体健康关系，推进全谷物营养健康食品的研发和产业化；饲料加工装备向大型化、自动化、成套化、节能化、安全性、清洁性方向发展；发酵面食产业化、工业化发展迅速，粮油信息与自动化在粮食产业广泛应用。这些领域的科技创新推动了粮油流通产业的科技进步，已成为粮食行业发展的原动力。

我国粮食院校的农产品加工与贮藏工程、粮食油脂及植物蛋白工程、食品科学与工程等特色专业学科优势进一步扩大，物流、计算机、建筑工程、电子商务、自动化等专业紧密结合粮食行业重大工程建设和需要不断加强，粮食院校整体水平大幅提高。科研、师资力量显著增强，教学条件明显改善，教学、科研、研发、工程实验多位一体发展。粮食科研院所植根于粮食行业，面向生产一线，围绕行业重大技术问题，在粮食仓储、粮食物流、粮油加工、质量品质检验与控制、粮食机械与装备等方面取得丰硕成果。粮食企业加大科技投入，粮油及食品加工、仓储物流、信息化等领域集成应用了众多新产品、新工艺、新技术、新装备，形成了一批具有国际竞争力的知名品牌和企业。

随着粮油科学技术学科的迅速发展，通过着力打造以科技奖励为重心、上引科技评价、下推科技成果产业化的粮油科技创新工作链，采取学术会议、组织产业化联盟、开展技术服务和咨询等多种方式，重点宣传推广获得国家科技进步奖、中国粮油学会科学技术奖等项目，极大促进了粮油科技成果转移产业化，推动了粮油流通领域的创新发展。如全国粮油仓储业显著提升了粮食储藏自动化、信息化和智能化水平，基本实现了绿色储粮、节能增效、质量安全和品质保鲜；粮食加工业"稻米深加工高效转化与副产物综合利用""高效节能小麦加工新技术"等高新技术得到广泛应用，取得了显著的经济效益和社会效益；油脂加工以"适度加工"为引导，实现了7个关键技术的推广应用，使油脂加工业得到迅速发展等。

展望未来，催人奋进。"十三五"是我国实现全面建成小康社会宏伟目标的关键5年，为保障国家粮油流通安全提供科技支撑，是粮油科技工作者的光荣职责，是粮油科学技术学科的历史重任。深入研究今后5年的发展趋势，是加速学科发展，推动行业科技进步的关键。首先，聚焦粮食行业发展需求。加快转变粮食收储模式，实现收储现代化；加快粮油加工节粮提质增效关键技术研发，推动粮食产业链优化升级；加快粮食质量安全关键技术研究，完善粮食质量安全体系；加强粮油营养技术研究，强化居民营养改善；依托现代信息技术，加快粮食行业信息化建设等。第二，把握研究方向和重点。细化每个分支学科的应用基础研究、关键技术和产品研发、集成与应用示范等各个环节。第三，确定实施发展策略。加强粮油科研顶层设计，推进产业发展模式创新，提升原始创新集成能力，加大粮油科技投入力度，构建科技兴粮创新体系，加强粮油科技人才队伍建设等。充分发挥本学科研究涉及保障国家粮食安全，备受重视发展前景广阔；学科历史悠久，现代发展迅速；在服务创新、服务社会和政府、服务科技工作者及服务自身发展等综合服务能力方面显著提升的独特优势和特色，团结激励粮油科技人员施展才华，促进科技与粮油经济的深度融合，谱写粮油科学技术学科发展的新篇章。

二、近 5 年的研究进展

（一）学科研究水平持续攀升

1. 粮食储藏产研结合成效卓越

（1）基础理论研究上台阶。有针对性地开展了一些应用基础理论研究，特别是在储粮生态理论细化研究、储粮通风、害虫防治、低温或准低温储粮、其他基础理论 5 方面进行了深入研究：①储粮生态系统理论体系研究进一步深入和细化：深入论证了我国不同的地理、气候、粮食品种和储藏特点、害虫分布以及各种生态因子相互影响规律；提出了 7 个生态区域的安全储粮技术对策；提出了不同区域储粮温湿度变化对储粮品质和粮食品质变化规律影响的数学表达；制定了不同储粮生态区域的粮油储藏技术标准，为储粮技术升级提供理论支撑。②丰富完善了储粮通风理论：论证了粮堆和大气的温湿度"窗口"条件在通风过程中漂移规律；提出了储粮横向通风理论并开展了实仓应用研究。③杀虫剂杀虫机理研究取得重要进展：提出了基于抗性分子学的熏蒸策略和抗性害虫治理新方法；对食品级惰性粉磨损节间膜杀虫机理、食品级惰性粉气溶胶气固两相流主动杀灭（接触）粮堆内活动害虫的应用机理，以及其应用技术有了深入的认识。④低温或准低温、气调储粮等理论创新发展较快：研究了低温储粮新工艺和经济优化模式，建立了低温和准低温储粮新指标体系；建立了温度、浓度、虫种、粮种影响下对氮气气调储粮防虫、品质变化规律，获得了氮气气调储粮成套工艺，还研究了膜分离充环氮气气调储粮工艺理论。⑤其他基础理论研究稳步推进：粮堆温度、湿度和水分一体化检测理论研究，散装储藏粮堆的各向异性理论证明研究，粮堆压力分布规律研究，散装粮体积测量机构的研制与体积算法研究，多参数的储粮粮情检测系统的基础和应用技术研究，成品粮（大米）的储存品质基础和保鲜技术研究等。

（2）粮食储藏应用技术研究深入开展。集中开展了谷物冷却、环流熏蒸、计算机粮情监测、机械通风以及农户储粮减损储粮新技术等领域研究：①绿色、无公害储粮技术广泛推广应用：我国首创的氮气控温气调技术，在南方得到大力推广应用，已达到超过 1000 万 t 气调储粮规模，气调储粮仓容仍位居全球之最。②"四合一"储粮技术得到广泛应用并创新发展：开展了包括横向通风技术、负压分体式横向谷冷通风技术、多介质环流防治储粮害虫技术和粮情云平台多参数检测系统为核心内容的工艺匹配和优化集成的"四合一"升级新技术研究，部分成果已经开始推广应用[1]。③粮食干燥、智能通风技术得到深入研究并扩大应用：完善了粮食干燥技术基础理论，粮食就仓干燥技术在国储库中广泛应用；进一步开展农户远红外对流粮食干燥技术研发，为保证收获后粮食安全提供保障。

完善了智能通风基础支撑理论，提升通风效率，有效防止了粮食水分转移和粮堆结露，避免出现无效通风和有害通风的状况，降低通风能耗 50% 左右，有效减少储粮水分损失，实现保水通风，提升了粮库智能化管理水平。

2. 粮食加工技术进步及产业化成绩突出

（1）我国稻谷和米制品加工研究水平达到国际先进水平。①稻谷加工技术和装备研究与制造水平达到世界领先：部分设备技术先进、性价比较高，远销亚洲、非洲和拉丁美洲等全球主要产稻区，占据 30% 左右的国际市场份额。②稻米深加工高效转化与副产物综合利用创新技术取得突破：主要有生物酶、分离重组、分子修饰、挤压、超细粉碎等稻谷加工新技术研究、早籼稻产后精深加工和高效利用关键技术与推广应用、高品质蒸谷米加工关键技术和产业。攻克蒸谷米变压分级浸泡、双温变速干燥、通风缓苏、辅助碾白、产品质量评价等关键技术，有效实现了降本增效，营养品质大幅度提高。③稻米主食生产关键技术及产业化研究取得成功：提高有机糙米及糙米粥、复合米等产品的口感和营养方面进步明显；留胚米碾白工艺、碾米机的研究；米糠、糙米生产营养休闲食品和生产技术稳步提升。④丰富了米制品加工基础理论：进一步补充了稻米淀粉组分、米淀粉糊化、米淀粉老化与凝胶化等基础理论。⑤米制品关键生产技术研究取得新突破：其中，米制品的稳态化挤压、成形、干燥等技术有所突破；现代新技术已应用到大米副产品配料（米蛋白粉、米淀粉糖等）以及米果、米豆腐等传统及地方特色米制品的生产中。方便米饭烹制技术、无菌化处理技术，常温保鲜等方面提升明显并进行了产业化示范。⑥稻谷及米制品品质相关研究进步明显：创新主食米制品生产质量保障体系；稻谷加工产品品质检测方法、检测仪器开发研制水平达到国际先进水平。⑦专用配料制备及品质改良关键技术研发取得重大创新：突破了大宗粮油加工副产物中变性蛋白质的可溶化技术难题，研发了高溶解性和高纯度米糠蛋白配料产品；建立了短肽制备及在粮油制品中稳态化应用的关键技术；研制了米粉丝加工专用天然增韧剂，集成米粉丝二次糊化与变温干燥等关键加工技术，解决了米粉丝糊汤和断条的技术难题；突破了全谷资源加工糊粉类和代餐乳类早餐食品的关键技术难题。⑧进一步完善了安全生产体系：建立了南方传统粮油制品品质评价新方法并建立产品安全控制技术体系：建立了南方米粉丝品质的质构评价新方法，制定了加工用大米原料标准，建立了南方米粉丝产品国家地理标志保护标准及其 HACCP 质量控制体系，为促进南方传统粮油食品产业的技术升级和提高农业效益发挥了重要推动作用[2]。

（2）小麦加工学科成果进一步丰富。①高效节能小麦制粉技术持续改进：创新强化物料分级与纯化、磨撞均衡制粉等技术，解决了制约我国小麦加工业电耗高、效率低，加工精度与出率之间突出矛盾，单产、电耗、优质粉率、总出粉率等均优于欧美制粉技术。②适合本土化需求小麦专用粉技术有创新：改变了传统以粉流配制为主导的专用粉生产技术，首创基于在制品配制为主导的专用粉生产技术；创新研发了在制品分离与重组、可控物料粉碎等关键技术，使优质馒头、面条、饺子等专用粉出率提高 20% 以上，更加适合我国蒸煮类食品质量要求。③清洁安全小麦加工技术取得新进展：创新真空浸润调质技术、清洁生产技术、违禁物及超标添加剂检测控制技术，集成了小麦清洁安全加工新技术，有效减少了产品的农药残留、有害生物及其代（排）谢产物，使小麦加工制品中菌落总数减少90%以上，建立了我国第一条年处理25万t清洁面粉生产线，保证了小麦加工制品质量安全。④营养富集小麦加工技术取得进展：创新了分层剥刮、高效分离与重组技术、植酸去除技术、质构改良技术、稳定化等技术，开发了富营养烘焙类食品专用粉、蒸煮类食品专用粉、高纤维面粉、富胚面粉和富糊粉层面粉等。⑤低品质小麦加工转化利用技术多点开花：研发了小麦发芽损伤程度识别技术，建立了赤霉病小麦近红外光谱鉴别模型；研发了将发芽损伤小麦以及无机械加工能力的小麦通过热处理、超微粉碎、微波处理等物理技术，改善面粉的食用品质，创新芽麦和无机械加工能力小麦的加工和利用技术；设计开发赤霉病小麦光电分选设备，创新基于剥皮、分选、色选的小麦赤霉病粒去除技术，可使赤霉病菌污染小麦籽粒去除率可达到60%以上，赤霉病小麦中真菌毒素削减60%～70%；研发穗发芽和赤霉病浸染小麦按处理效果分级为食品、工业应用等的利用新思路，有效提高小麦资源的利用效率。⑥适合我国国情的传统蒸煮类面制品生产技术获得发展和推广：研发散粉接收发放混配系统。研发并推广了基于在线品质控制以及自动控制的适合我国主食工业化生产的散粉接收发放和混配系统；挂面行业加工技术和成套设备技术水平获得显著提升：研发高速雾化水－粉混合技术及面团柔性均质熟化技术，开发立式连续和面机及配套装置，实现供粉－加水－和面－卸面的自动化和连续化，创新连续和面系统，开发了节能高效挂面加工技术和成套装备；传统风味馒头生产关键技术：研发了基于传统发酵剂的传统风味馒头生产技术和装备，有效解决了在保证传统食品固有特色下的我国主食馒头工业化生产一系列问题。

（3）玉米深加工理论与技术均有突破。玉米深加工产业的产品开发、技术创新和装备制造都得到了快速地发展：①玉米深加工技术开发更加深入：已经从对以玉米为原料的组分初步分离精制和食用性开发发展到利用基因工程技术对玉米原料修饰改性，发酵工程对玉米制品进行功能性深化，以及新型加工装备和技术对玉米原料进行综合加工、绿色生产的阶段。②模拟移动床应用产品逐步增多：产业化模拟移动床已经近30套，规模从$8.5m^3$发展到$120m^3$，已成功用于木糖母液回收，维生素C母液分离，制备结晶果糖、高纯果糖、大豆低聚糖、结晶麦芽糖醇、山梨醇、甘露醇、海藻糖、L-阿拉伯糖、D-核糖、L-核糖等方面，该技术已经达到国际先进水平。③合成生物学研究中取得重大突破：设计并构建出了可自组织细胞极化的合成调控网络并在酵母中构建了人工的极化网络，利用嵌合信号蛋白工具箱在空间上指导磷脂酰肌醇-3磷酸（PIP_3）合成与降解。

（4）杂粮和薯类加工学科取得显著进步。近年来我国与杂粮品种配套的加工技术和加工工艺研究有了显著进步，甘肃省、山西省、内蒙古自治区等省（区）相继建立了一批专业杂粮生产基地，产业化程度有所提高，在面向市场发展提高杂粮科技总体水平等方面取得了明显成效，杂粮出口创汇也正在稳定增长。

3. 油脂加工更加注重营养与健康

（1）适度加工理念应用于实践。开发的双酶脱胶、无水长混脱酸、瞬时脱臭关键技术与装备，获得内源营养素保留≥90%的零反式脂肪酸优质油品，降耗26%。碱炼、脱色工艺，双塔双温分段脱臭玉米油生产工艺，控制了玉米油加工过程的中反式脂肪酸的产生，最大限度地保留了甾醇和维生素E的含量，降低了精炼加工助剂用量及能源消耗，提高了精炼得率[3]。

（2）特种油料资源和新油料技术水平不断提高。以油茶籽、茶叶籽油为代表的木本油料，以玉米胚芽、米糠为代表的粮油加工副产物，以DHA/ARA藻油为代表的微生物油脂的加工技术水平不断提高，其产品在食用油中的比例明显增加。开发了适合于油茶籽、牡丹籽需要的烘干、剥壳、压榨、浸出、精炼及副产品综合利用的新工艺新装备。创新了玉米胚芽的提取、原料筛选、控温压榨、全程自控精炼、分散喷射充氮及GMP灌装等多方面工艺技术，提升了玉米油的产量[3-4]。

（3）新型制炼油工艺获得重要进展。我国水酶法制油技术实现了由实验室向产业化的转化[5]。超临界CO_2萃取技术在大豆粉末磷脂制备、具有高附加值油料制油技术方面得到应用。亚临界萃取技术和装备通过多年的不断完善，目前已应用到一些植物油提取生产。成功开发了异己烷为主成分的植物油低温抽提剂，有望作为6号溶剂油的替代产品。

（4）突破食品专用油脂技术瓶颈，专用油脂产量大幅上升。较好解决了我国食品专用油易出现析油、硬化、起砂、起霜等品质缺陷和反式酸含量高等问题，使产品反式酸的含量均能达到＜0.3%。目前我国自行研发的煎炸油产量超过200万t。

（5）油脂资源利用水平大幅提高，产品打破国外垄断。解决了高黏高热敏性磷脂精制、纯化单离和改性技术难题，开发出浓缩磷脂、粉末磷脂和高纯卵磷脂梯度增值产品，建立了磷脂国产体系，扭转了进口产品垄断局面。脱臭馏出物提取天然维生素E、植物甾醇提取技术水平大幅提升，实现脱除馏出物提取维生素E连续酯化关键工艺，维生素E、甾醇纯度大幅提高。大豆异黄酮、大豆皂苷、大豆低聚糖联产提取技术实现了工业化。

（6）解决危害因子溯源、检测和控制技术，保障食用油安全。系统研究并查明了食用油中多种内源毒素、抗营养因子、环境与加工污染物的成因与变化规律，开发出反式脂肪酸、3-氯丙醇酯、多环芳烃、黄曲霉毒素等危害物的高效检测、控制和去除技术并集成示范，使大宗植物油的标志性风险因子——反式脂肪酸的水平由10年前2%～5%降至目前约1%。

（7）制油装备大型化、智能化，节能降耗效果明显。大型预处理压榨设备、大型浸出整套设备、大型炼油装备制造整体水平接近国际先进水平，部分达到国际先进水平。我国自行设计制造的日处理量400～500t的榨油机，日处理能力680～750t轧胚机，日处理能力1500～2000t调质干燥机等，广泛用于国内大型油脂加工企业，节能效果显著。自行设计制造的每天处理量6000t膨化大豆浸出设备运行良好，经济指标先进。我国生产的叶片过滤机指标性能达到国际先进水平，广泛应用于国内油脂厂。

4. 粮油质量安全标准化研究渐成体系

（1）粮油质量安全标准化体系不断完善。①粮油国家标准和行业标准全面覆盖：截至2015年，全国粮油标准化技术委员会（TC270）归口管理的粮油国家标准和行业标准共计534项（国家标准343项，行业标准191项），其中：产品标准151项，方法标准181项，机械标准117项，基础管理标准68项，储藏技术标准17项。标准化领域涵盖了粮食收购、储藏、物流、加工、销售等流通环节，涉及的粮食品种包括小麦、稻谷、玉米、大豆、油料、杂粮以及相应的加工产品；目前，稻米中镉的快速检测方法——X射线荧光光谱法、小麦和小麦粉面团流变学特性测试、混合试验仪法、玉米赤霉烯酮的测定方法——免疫胶体金测试法、感耦合等离子体质谱法测定谷物及其制品中多种元素等国家标准和行业标准正在制订中。②扩展开发仪器鉴定用粮油标准物：在原有粮油标准物质基础上，目前正在研制仪器检定用标准物，包括粗蛋白质、粗脂肪、粗纤维等基本成分测定标准物，大豆油等植物油脂中脂肪酸标准物，植物油溶剂以及粮食若何重金属元素、真菌毒素等检测用标准物。③中国在国际标准化工作中的影响力得到国际认可：我国在涉农领域主导牵头起草国际标准项目实现了零的突破：由我国主导制定的《小麦－规格》和《稻谷潜在出米率测定》两项国际标准已于2011年发布，有效地利用技术手段保护了包括我国在内的小麦进口国的利益。

（2）粮油质量安全评价技术研究多点开花。①粮油物理特性仪器方法正不断得到发展：潜在出米率检测仪、大米整精米率测定仪在稻谷质量定等中得到推广应用；浮力法玉米容重测定方法解决了高水分玉米容重测定的难题；图像处理分析粮食杂质、不完善粒、色泽等检测技术不断完善。②现代检测技术在粮油化学组成检测方面得到广泛应用：粮油检测技术已逐渐扩展到快速、实时、在线和高灵敏度、高选择性的新型动态分析检测和无损检测，从单一指标的检测发展到多元、多指标的检测。国内应用红外光谱技术、低场核磁共振、X射线荧光光谱法分别在粮食品种鉴别、食品无损检测、快检重金属元素等开发了相关专用仪器，正在进行示范应用；色谱与电感耦合等离子质谱法（ICP-MS）联用技术在各类食品中元素形态分析领域得到了更多的应用。③现代仪器方法在粮油食用品质检验中获得进一步应用：找出了米饭食味的关键性指标；已初步建立了我国粳、籼米的食味定量线。通过引进消化吸收再创新，开发了吹泡仪、质构仪及近红外技术的米粒食味计等专用仪器设备。④粮油储存品质评价技术研究获得一定进展：小麦、稻谷、玉米储存品质等3项国家标准对指导我国三大重要商品粮的合理储存和适时轮换起到了重要的作用。针对稻谷、糙米、大米、小麦、小麦粉、玉米、裸大麦和大豆、花生仁、葵花籽、食用油脂等储存品质评价及检测技术，研究了不同储藏技术对粮油储存品质影响的变化规律，提出了一些影响粮油储存品质陈化的敏感性指标，建立了相应的快速、准确的评价方法和评价模型。⑤众多粮油质量安全评价技术获得商业化应用：真菌毒素免疫速测技术研究取得了较大进展，开发了ELISA试剂盒、黄曲霉毒素B_1速测仪等产品[6]；颁布了谷物中脱氧雪腐镰刀菌烯醇测定和玉米赤霉烯酮胶体金快速测试卡法定性测定的行业标准，正在制定快检方法的定量行业标准。⑥污染粮食处置技术研究取得可喜成果：已基本掌握了粮食中重金属元素含量状况及其加工过程迁移规律；在污染粮食低毒、无毒化处理方面取得一定成果；储粮高效绿色杀虫防霉技术研究开发、储粮有害物质快速测定技术研究、粮食中污染物残留降解研究、我国储粮真菌毒素污染防控与削减技术研究、粮油外源污染物监控与处置技术等研究正在开展。

5. 粮食物流集成与系统化进一步发展

（1）粮食物流学科形成了一批新观点、新理论。①建立农业大数据产业技术创新战略联盟：联合涉农企业、农业合作组织，建立"点基地"。②信托介入粮食生产供应链管理：打造了粮食生产供应链经营管理新模式；首创国内粮食生产供应链生产要素资源集合平台，实现要素资源的线上交易，线下服务，为大农业生产提供保障。③粮食电子商务物流发展推动线上和线下营销模式融合：打通网上网下、手机到地面终端、粮企到粮店超市之间的壁垒[7, 8]。④我国粮食物流研究重点达成共识：粮食物流的研究逐步上升到关注粮食供应链，而后上升到关注粮食生态供应链，其研究可划分为粮食物流系统、粮食供应链及生态供应链3个层次。⑤更加重视粮食物流在国民经济中作用的研究。⑥粮食物流基础研究有所进展：粮食储备合理的数量、品种研究；国内外粮食供应链的竞争研究；保障国家基础产业安全；解决"三农"问题等方面都有较详细的研究。

（2）粮食物流运作与管理的新方法、新技术多头并进，继续向集成化和系统化方向发展。①粮食物流技术系统化持续发展：提出了发展散粮流通、推进集装单元化流通、与利用包粮流通的三结合方式的粮食物流技术体系；引入了成熟的城市发展与区域物流分析理论和方法；利用运输数据对粮食流量与流向分析研究。②信息技术在粮食物流中的应用更加广泛：适合粮食物流的车载终端产品正在研发；粮食数量、品质等粮食流通相关数据库的研究取得成效；应用仿真技术对复杂的粮食物流进行系统科学的建模，实现粮食运输网络的优化，实现粮食物流节点的科学规划[8]。

（3）粮食物流新装备、新技术发展注重效率和节能。①提高粮食流转速度成为关注焦点：物流成本低、兼具储备与中转功能的仓型研究、高效化的粮食战略装车点相关设施装备研究以及高效低耗的系列化粮食散装作业机具的研究成为重点。②运输装备实现多元化发展，大力推进减排装备：以散粮汽车和散粮火车及其配套设施为代表的散粮运输装备进一步发展，以通用集装箱和集装袋为代表的集装单元化运输体系研究将成为重点；研制了集装箱散粮自动装运车。粮食储运减碎关键技术的开发与示范、港口大型设备的节能减排和粉尘控制等研究，均取得进展；仰俯抛物式多点卸料带式输送机适合室外露天作业；全密封多点卸料带式输送机满足了对运输机进行多点卸料的需要；300t/d真空低温干燥装备，降低水分10% ~ 15%，可节能20%；仓房太阳能制冷技术、南方沿江粮库利用江水降低仓温、北方地区采用仓顶屋面覆盖夹层的自然通风技术使夏季仓温降低约6℃[9]。

6. 粮油营养学科受重视发展动力强劲

（1）粮油营养学科新理论、新观点、新成果促进加工方式升级，保障我国居民身体健康。①进一步探明了全谷物食品促进人体健康的机理：近年来的研究表明，全谷物食物的长期摄入，可有效降低心脑血管疾病、癌症、Ⅱ型糖尿病等慢性疾病的危险，其机理可能与其促进胃肠道功能、抗氧化防护功能及植物雌激素调节内分泌的功能有关；有别于过去认识，新的研究表明了小麦中76%、燕麦中的75%和玉米中的85%具有抗氧化活性的植物化学物质是以结合态的形式存在，低估了其含量；全谷物饮食可以防止高血糖及四氧嘧啶诱导氧化应激状态，减少由于过氧化造成的糖尿病的并发症。全谷物食品中含有重要潜力的天然抗氧化剂——烷基间苯二酚；全谷物中由于富含膳食纤维、维生素、矿物元素和类胡萝卜素、叶酸、维生素E、甜菜碱、胆碱、植酸、木质素、木酚素、β－葡聚糖、甾醇等植物化合物，可有效降低心脑血管疾病等慢性疾病的发病风险；大麦，黑麦，高粱，珍珠粟含有丰富的抗性淀粉、可溶性和不溶性膳食纤维等成分能明显地降低饥饿感，有助于体重控制。②关注营养成分的保留及与人类健康的关系：油脂中的微量成分与人类健康。倡导适度加工，最大限度地保存油料中的固有营养成分。③细化杂粮的健康功效研究：明确了玉米、高粱、小米和黄豆、小麦等复配式粗杂粮，可起到改善脂代谢紊乱以及良好抗氧化损伤的作用[10]。

（2）粮油营养带动粮油加工技术发展。①促进了粮谷类食品新产品加工技术发展：主食品营养强化在国内广泛推行并取得显著效果；大米、面粉、酱油、食用油强化技术成熟。通过再成型技术、生物发酵技术，挤压膨化预处技术有效解决了糙米、富含米糠的食品存在的口感、成型、风味等难题；以糙米为原料已经开发出糙米面包、糙米饼干、糙米休闲食品、发芽糙米等糙米产品；杂粮豆挂面加工的新工艺也得到开发，可生产荞麦、豌豆、小米等添加量达到60%以上的杂粮豆挂面。②油料中具有高附加值的生物活性物质的研究开发初见成效：富含生物活性成分的功能性油脂资源的开发不断取得进展。国家粮食局科学研究院首次开发了酶法从油茶籽中同步制取油脂和糖萜素的无乳化工艺路线，油脂提取率和蛋白、多糖、皂甙同步回收率国内领先；无锡中粮工程科技有限公司将葡萄籽提取葡萄籽油和原花青素的集成技术进行转化，建成可同时从葡萄籽中制取葡萄籽油和原花青素两种高附加值产品的中试生产线。

7. 饲料加工引入生物技术且提升装备水平

（1）饲料加工科技基础研究的新进展。①国家行业科技项目取得重大进展：通过"十二五"科技支撑计划和公益性行业（农业）科技项目等的支持，完成主要饲料原料的营养成分与营养价值的科学评价与数据库建设；研究了单胃动物体外仿生消化仪项目，填补了国内空白，为国内开展单胃动物饲料消化性评价提供了自动化测试仪器。②饲料工业标准化有很大进步："十二五"期间，我国共制订发布了40余项饲料管理、饲料添加剂、饲料原料、饲料检测方法国家行业标准，发布了30余项饲料机械国家和行业标准。③饲料加工技术基础研究有新进展：获得了部分饲料原料和饲料产品的比热模型；研究了微粉碎和超微粉碎技术对菜籽粕、菜籽蛋白等原料的功能特性影响。

（2）饲料资源的开发利用技术方面取得了显著进展。①饲料原料发酵处理增值加工技术取得成绩：包括发酵豆粕、发酵菜籽粕、棉发酵籽粕及其他杂粕的生产技术，通过发酵脱毒，降低抗营养因子含量，增加小肽含量，改善产品风味，增加消化酶，增加维生素[11]。发酵法脱除饲料中玉米赤霉烯酮、呕吐毒素、黄曲霉毒素等3种毒素的技术取得发明专利技术并经推广应用取得显著经济效益。微囊发酵技术取得成功。②鱼粉替代资源开发取得显著效果：畜禽加工副产物、昆虫蛋白粉、单细胞蛋白、发酵植物蛋白、浓缩植物蛋白等，已在不同程度上降低鱼粉在水产饲料中的使用量；目前，对虾饲料中的鱼粉用量已降至20%左右，草鱼、罗非鱼等淡水鱼类，已实现了无鱼粉饲料的生产应用。

（3）饲料添加剂技术新进展。开发了植物功能成分高效提取技术、微生态制剂高密度发酵技术、高效酶制剂和氨基酸产业化生产配套技术，安全环保型饲料添加剂增效及制成品技术，饲用抗生素替代技术等都是保证饲料安全生产的关键技术。①饲料添加剂再添新成员：一些氨基酸类添加剂如胍基乙酸等新的饲料添加剂也获得批准使用。②发酵中草药在水产养殖见效明显：发酵中草药可以提高中草药药效，在水产养殖上减少使用量也可以达到好的应用效果，发挥"少量、高效、安全"的优势，发展无公害水产饲料添加剂。③水产动物添加剂使用范围进一步扩大。④肽类添加剂产品被广泛接受。肽类添加剂是最有潜力的抗生素替代产品[12]。

（4）新技术促进饲料产品开发。①饲料产品开发侧重精细化：饲料产品主要以安全、环保为主流产品，并向精细化方向发展，目标更加具体。如提出以体重为目标提出的精细化猪饲料产品；以降低氮排泄目标的反刍饲料；在家禽饲料生产中引入纳米技术改进饲料的功能和功效，减少环境污染；水产饲料的微胶囊技术广泛使用，不仅减少饲料损失，同时减轻了饲料对水体的污染[13]。②鱼类营养需求和饲料配制技术得到提高：在大黄鱼、鲫鱼、团头鲂、青鱼、罗非鱼等品种上开展了大量营养需求和饲料配制技术的研究，获得了一批重要基础数据，制订或修订了一批水产饲料行业标准（或国家标准）；水产养殖饲料转化率不断提高。膨化饲料在水产养殖业中的使用呈不断增加。

（5）饲料加工装备的生产规模和制造质量得到很大提升。①装备性能及规模进步明显：在饲料加工装备的大型化、自动化、成套化、节能性、清洁性等方面均有显著进步，如国产化锤片粉碎机、全厂自动控制成套工装备以及单机自动化粉碎机等[14]、时产10t到时产50t的单条饲料生产线和时产120t的综合饲料生产线、锤片式微粉碎机、混合机等很多饲料装备已经接近国际先进水平。②饲料加工装备的产品结构进一步发展：国内在饲料原料膨化机、双轴锤片粉碎机、新型饲料膨胀机、饲料码垛机、自动包装机、饲料自动采样机、制粒系统自动控制、挤压膨化机系统自动控制、微量配料系统等方面都有新产品推出和应用。③饲料加工工艺技术研究取得新进展：在饲料粉碎粒度、调质工艺、制粒工艺、挤压膨化对饲料质量和动物生产性能的影响方面取得新成果；仔猪饲料的大料挤压膨胀与低温制粒工艺，水产饲料添加剂的包膜技术，长时间调质器和保持器的开发应用等技术已经得到较广泛的推广应用，取得显著经济效益；对水产饲料加工工艺方面，利用行业科技专项取得多项成果，如水产饲料加工工艺参数对水产饲料品质和鱼类的生产性能影响方面已取得部分成果；油脂等液体饲料和添加剂的真空喷涂技术开始在部分特种饲料企业推广应用，效果显著。

（6）饲料质量检测技术获新进展。饲料检测技术的发展以快速检测为目标，对饲料营养、卫生及安全等指标进行快速检测；研究饲料中激素类、精神类等违禁药物的同步检测技术，饲料中天然毒素、致病微生物及其毒素的快速检测技术，饲料质量快速检测新技术，转基因饲料的安全性评价技术，构建我国饲料安全检测及风险评估技术体系；近红外技术、基因探针或胶体金等技术、ELISA方法、仿生酶法等技术的应用，显著降低了饲料成本，有效实现了目标物的高精度快速检测。

8. 发酵面食推动主食工业化

（1）发酵面食品质评价标准体系初步建立。我国蒸煮类面制食品领域的第二个国家标准，即关于馒头感官评价方法的国家标准《粮油检验 小麦粉馒头加工品质试验》以及《粮油检验 小麦粉面团流变学特性测试 混合试验仪法》均通过了审定；上述标准方法的研究和建立，解决了馒头用小麦品质评价的关键技术；馒头的品质评价指标体系对指导我国优质专用小麦品种育种、对小麦及其小麦粉的质量控制和提高馒头品质具有重大意义。

（2）发酵面食品质评价方法逐步创新。①色度分析仪器在小麦制品中的应用研究逐渐增多：色度仪能更好地区分馒头色泽间细微差别，甚至可以代替感官评价对馒头色泽进行定量测定。②物性测试仪辅助评价馒头质地特性：物性仪测试指标中的弹性和回复性与馒头感官评价及度量指标间有很好的相关性。③C-Cell图像分析仪开始初步应用于馒头纹理结构及品质分析[15]。

（3）发酵面食的风味及生物功效研究逐渐加强。借助现代仪器分析、微生物学及生理学方法研究了食用碱的添加对不同地方馒头风味成分组成的影响。研究表明使用植物乳酸菌制作的发酵面食，不仅会增加面食的种类，而且也会增加面食制品的营养价值[16]。

（4）发酵面食品的生产技术和装备逐渐趋向自动化。①馒头连续发酵和醒蒸一体化综合配套关键技术取得突破：该技术的应用极大地降低了劳动强度，减少劳动力，干净卫生，是馒头自动化进程中的一项技术创新，并且已应用于公司实际生产[17]；主要有6个方面：连续发酵工艺的研究、自动和面设备、自动分切设备、自动成型设备、醒蒸一体化、自动冷却包装系统。②家电化助力发酵面食便捷千户万家：家用全自动馒头机的发明是我国发酵面食便捷化制作和消费的先驱；九阳家用馒头机采用了创新的"蒸"技术，360°立体蒸汽加热，保证均匀加热，快速释放蒸汽量，并能自动感测蒸汽量。通过大扭力揉面工艺，完全仿效了手工揉面的原理，让全自动的操作也可以让馒头有嚼劲。

9. 信息与自动化技术加快粮食产业现代化

（1）粮食收储智能、精控技术取得长足发展。①建立粮库储藏智能化管理平台：智能化粮库管理软件平台集成仓储业务信息管理、粮情测控、智能通风、智能气调、智能出入库、智能安防、太阳能利用及粮食品质智能检测、粮食数量在线监测等系统[18, 19]；制定《粮油储藏通风自动控制系统基本要求》《智能通风技术规程》《氮气气调储粮技术规程》

等标准。②粮食收储检测技术加快发展：粮食多功能滴定仪技术具有较高的精度、抗干扰能力和自动化水平；实现了仪器生产和调试的标准化，确保了仪器检测结果的准确性、一致性和可比性；建立了滴定分析平台，可实现脂肪酸值、酸度等五个指标的自动分析检测。③粮食收储检测更加智能化：开发了智能检测软件集成玉米收购定等快速智能检测系统，实现数据共享和实时监管，实现玉米质量检测全过程（取样、检测、统计）的智能化管理。

（2）信息技术助力粮食物流发展。①粮食物流与物联网技术结合发展：在粮食收获环节，近年来开发的田间环境监测系统、数字地磅系统、基于全球定位系统和 Web 技术的远程数据采集和信息发布系统方案、嵌入式农机机载控制终端、辅助作业导航指示器、基于嵌入式系统的农机作业导航软件系统，形成了系列化的农田作业辅助产品，有效地解决了各类应用问题；在粮食加工环节利用无线射频识别系统将粮食的产地、加工信息等进行编码利用电子标签跟踪粮食产品的运输、配送情况，配合农产品种植监控与质量安全溯源系统实现了对农产品生产过程的跟踪和溯源管理；在储藏环节主要有基于联网技术的粮情监控系统、基于粮食仓储环节的物联网组网技术研究、远程粮情программ空仓预警系统等将粮食储藏技术与现代信息技术有机结合实现了空仓预警、实时数据采集、粮情监管、分析等功能，并通过网络采集粮情数据达到对各承储库粮情远程监控的目的。②粮食物流进入大数据时代：云计算、大数据技术、数据挖掘、数据安全技术已经被广泛应用于粮食的收获、储藏、销售与配送环节；通过以上技术应用，实现了对结构化/半结构化/非结构化数据的有效存储管理；实现了灾害天气预警；建立了病虫害发生预测模型，指导病虫害的预防；找出了造成不同地区环境质量状况差异的原因；挖掘了农产品的质量状况；完善传统的农业专家系统，解决传统专家系统的知识瓶颈问题。③粮食物流信息系统典型应用示范：通过粮情上报工程实现了粮食流通数据网上直报，提高了准确性和及时性；通过粮安工程实现粮食在运输过程的各项信息的追溯和跟踪，实时掌控粮食的物流信息；通过数字粮库工程实现粮油仓储向现代化高科技转变；通过质量溯源工程及时便捷地感知、采集和处理监测网络覆盖区域内被监控食品的信息[20]。

（3）粮食加工方面。①粮食加工设备向成套化、自动化和智能化方向进一步发展。②粮食加工生产系统自动化、数字化、网络化水平不断提高：计算机控制技术、PLC 技术、总线与网络技术在广泛应用，大中型企业普遍实现了生产自动化，小型企业也日趋普遍；DCS 系统有个别应用；控制系统向网络化发展，从单个设备、单个工段、单个车间向多个工段、多个车间的连接和集成。③粮食加工企业由分散到集中：油、玉米、饲料等粮食加工企业继续向着规模化、集约化、集团化发展；在粮食加工企业内，管控一体化技术得以逐步开展应用；将管理信息系统和自动控制系统有机结合在一起，有效解决了两者的数据交互问题，将企业生产经营过程中的人力、技术及管理三要素的信息流、物流及其他信息有机集成并优化，从而缩短响应市场时间、降低生产成本、提高产品质量、加强企业竞争力。

（4）逐步建立起了适合现代社会发展的高效能粮食行业电子交易体系。①国家政策助力粮食电子交易发展：完善了粮食市场价格形成机制，提高了国家对于粮食宏观调控能力；电子商务在粮食行业广泛应用，掀开了粮食行业电子交易的新篇章。②粮食电子交易模式多层次发展：其交易模式主要有 B2B、B2C 以及 G2C 模式。③粮食电子交易平台百花齐放：粮食电子商务平台不断涌现，发展面貌日新月异。平台建设逐渐兴起并日趋完善，粮食电子商务平台不仅提供信息服务，更要与交易、物流、金融等服务相融合，从全产业链角度进行分析规划，提供符合产业发展趋势的一体化综合服务；蓬勃发展的粮油电子交易平台都已成为粮食行业持续电子商务创新的动力源泉。

（5）粮食管理和预警数字化、信息化发展加快。①粮食管理方面逐步启动了"数字粮食"管理系统的建设：主要内容是"网络、平台、功能模块"。充分利用先进的计算机技术，将数据库应用、数据仓库等技术集成在一起，为各粮食局的数字化的管理提供了高效、便捷的数字化应用平台。②粮食预警将朝着移动终端的方向发展：构建可以提供粮食管理、风险预警和应急响应为一体的粮食管理服务，从而解决粮食从生产、加工、运输到仓储等一系列过程中的数据管理、风险预警以及紧急预案启动的问题；包括粮食信息采集、粮食市场的监测、粮食风险预警、粮食系统综合安全性评定，应急预警的编制与管理、应急预案的启动与执行、基于 CMPP 的短信预警等。

（二）学科发展成果显著

1. 科学研究成果亮点多

（1）科技创新硕果颇丰。近 5 年，粮油科技工作者积极践行科学发展观、创新驱动发展战略，大力实施"科技兴粮"，辛勤发奋，取得了骄人的业绩。

1）技术成果揽获多项国家奖项。"十二五"期间，粮油科技获得国家级奖项 13 项。其中，国家科技进步奖 9 项，国家技术发明奖 4 项；获得省、全国性学会、联合会奖励 27 项；获得中国粮油学会科学技术奖 143 项，其中一等奖 20 项、二等奖 42 项；其他奖项近百项。

2）专利申请量增质升。近 5 年，粮油科技项目申请专利数量呈井喷式增长，共申请专利 5018 项，其中发明专利 3873 项。

3）论文及专著国际影响力提升。目前，粮油科学技术学科国内学术期刊共有 31 个，数量比"十一五"期间有显著增加。其中，《中国粮油学报》涵盖了谷物、油脂、饲料、储藏、信息自动化等学科的最新科研进展，作为科研院所、大专院校和企业研发机构的相关研究人员交流粮油科技前沿、高端的最新成果的平台，在 2013 年成为美国《工程索引》（*Engineering Index*）的源刊，是第一批被 EI 收录的中文食品类学术期刊。这表明《中国粮油学报》的学术权威性和期刊影响力已得到国际工程领域的认可。近 5 年来，其刊发的论文数量也逐年攀升，总数在 7000 篇以上，同时论文质量不断提高，并重视学术成果在国际的影响。以粮油营养科技为例，项目成果在国内外期刊发表学术论文 270 余篇，其中被 SCI/EI 收录论文 60 余篇。出版专著 30 余部。

4）各项粮油标准不断出台。全国粮油标准化技术委员会负责全国粮油领域标准化工作，主要承担原粮、油料、成品粮油及复制品、饲料原料和饲料产品、粮油机械、仪器设备等国家标准和行业标准的制修订和宣贯工作，下设4个分委员会，分别为：原粮及制品分技术委员会、油料及油脂分技术委员会、储藏及物流分技术委员会和粮油机械分技术委员会。"十二五"期间，共制定和修订标准共277项，其中国家标准77项。这些标准包括粮食/油脂产品质量标准、检测方法标准、粮食储藏标准、技术/设计规范、术语标准、基础标准、管理标准等。

5）新产品层出不穷。近5年，研发新产品数达到数千种。其中，企业协同高等院校与科研院所开发的玉米深加工新产品就有上千种，其他粮食加工类新产品近百种。此外，饲料行业饲料原料膨化机、双轴锤片粉碎机、新型饲料膨胀机、饲料码垛机、自动包装机、饲料自动采样机、制粒系统自动控制、挤压膨化机系统自动控制、微量配料系统等方面都有新产品推出和应用。

（2）重大科技专项支撑粮食产业发展。得到了国家有关部门的大力支持，主要有3个方面：

1）首次启动实施公益性行业科研专项。2013年国家粮食局成为公益性行业科研专项实施部门。粮食公益性行业科研专项的实施坚持创新驱动发展战略，推动科技创新与粮食流通产业紧密结合，着力构建以企业为主体、市场为导向、产学研相结合的粮食社会化科技创新体系。通过公益性行业科研专项，积极引进高技术，培育粮食行业创新队伍，增强自主创新能力，形成产业发展内生动力，显著提高粮食产业科技水平，为国家粮食安全和产业发展提供强有力支撑。以保障国家粮食安全为中心，以促进粮食流通现代化为重点，以产业发展需求为导向，以重点领域关键技术创新为突破口，布局围绕保障粮食数量安全和质量安全，针对行业实际需要和制约行业发展的技术问题。粮食公益性行业科研专项以粮食储藏、检测、物流、加工、信息技术等为重点研究领域，在行业应用基础研究、公益技术前期预研方面，开展粮食产后流通实用技术、粮食质量检测监测技术研发、信息化技术应用等，形成了涵盖粮食科技发展专业，突出粮食科技创新需求，支撑粮食行业重点工程，服务粮食产业可持续发展的粮食产后科研创新项目群。2013年粮食公益性行业科研专项立足与粮食储藏、质量安全、宏观调控、物流和加工等5个方面的行业需求，特别是将粮食污染物消解研究和粮食信息化物联网技术开发为重点，从行业科技创新基础、应用技术研究和示范研究，为粮食行业技术应用提供支撑。

2014年粮食公益性行业科研专项项目围绕落实李克强总理关于加大粮食科技投入的要求，研究项目围绕"粮安工程"，按照提高粮食行业公益性研究水平，研究任务聚焦"智慧粮食"，以强化粮情监测预警，开展粮食信息化研究，着重突破粮食安全信息保障体系和粮食储备安全数据采集挖掘技术，探索物联网技术监管粮食储备动态；以打通粮食物流通道为重点，展散粮高效运输系统化技术装备，以减少粮食行业能源消耗、减少温室气体排放为目标，开展粮食节能干燥技术研究；同时生态储藏新仓型和成品粮油储藏技术需求，开展粮油储藏品质保持减损技术研究。

2015 年粮食公益性行业科研专项以贯彻科技支撑保障国家粮食安全新战略和《中共中央办公厅、国务院办公厅关于厉行节约反对食品浪费的意见》为总体要求，紧紧围绕2014 年全国粮食流通工作会议确定的全面实施"粮安工程"和"大力实施科技、人才兴粮工程"等重点工作任务，按照粮食公益性行业科研专项管理办法和程序，强化需求导向和应用导向，提高项目的系统性、针对性和实用性，强化成果服务社会公益事业，遴选全国优势科研团队参与粮食科研，提升粮食科技自主创新能力。粮食绿色生态储藏、节粮减损、粮食信息化、粮油质量安全、粮食现代物流等 5 个领域的 11 个项目，着力解决关键技术瓶颈，强调要形成创新性的工艺、产品、设备、标准规范、数据库等实用科技成果，并开展集成示范应用。

2013—2015 年，粮食公益性行业科研专项共有 25 个项目立项实施，累计中央财政预算投入 5.24 亿元。近 20 个单位牵头承担公益性行业科研专项项目，研究重点和研究领域全面覆盖粮食科技计划项目，其中 2013 年粮食公益性行业科研专项 12 项，中央财政支持2.15 亿元；2014 年立项 7 项，中央财政支持 1.52 亿元；2015 年立项 6 项，中央财政支持1.57 亿元。

2014 年主要围绕"粮安工程"，突出了粮食应急供应、监测预警、质量安全、节约减损、物流和仓储等 6 个重点领域，共计 7 个项目立项，其中围绕"智慧粮食"开展创新研究的信息化研究项目全部获批立项。我国通过建设物联网技术为粮安工程实现了信息化管理。利用现有的物联网、大数据、云计算、数据挖掘技术整合各类物流信息资源，实现粮食在运输过程的各项信息的追溯和跟踪，实时掌控粮食的物流信息。

2）国家"十二五"科技支撑计划项目。共计 20 项，其中：①节能增效绿色储粮关键技术研究与示范项目取得丰硕成果。项目研究围绕生态储粮技术理论，探索出了有效的烘干节能、储藏节能、降温节能技术，并形成国际先进水平的技术示范体系，取得的技术成果在研究示范中的应用得到了行业的认可。②数字化粮食物流关键技术研究与集成项目顺利启动，可实现粮油数量和质量的跟管理，提高从收购、储藏到消费环节的粮油流通全程数字化检测与管理水平。③玉米淀粉加工关键技术研究与示范项目，解决高浓度玉米淀粉生物酶法液化、糖化过程中的关键技术，并采用高浓度淀粉生物酶法降低了功能性低聚糖的生产成本。④主食工业化共性技术研究及关键装备研制，提出通过调节加工条件或添加配料或者这两者的互作的调控技术；开发系列化与智能化的主食加工专用挤压装备。⑤"主食工业化关键技术与装备及其产业化示范"项目在保持美味、保障安全、提高营养以及实现产业化生产等方面取得一定成绩。⑥玉米主食工业化生产关键技术及其产业化示范。开展高品质玉米专用粉、全营养玉米重组米、系列玉米主食关键技术、装备研究及产品开发，建立相关示范生产线，构建玉米主食化示范体系。⑦食用植物油加工关键技术研究与示范，重点研发了油脂加工高效、低耗、节能技术和装备；优质油脂与低变性蛋白兼得的制油技术以及食用油质量安全控制和稳态化技术。构建了各具特色、先进适用的制炼油加工技术体系。⑧完成主要饲料原料的营养成分与营养价值的科学评价与数据库建设；研究了单胃动物体外仿生消化仪项目，填补了国内空白，为国内开展单胃动物饲料消化性评价提供了自动化测试仪器。

3）其他国家科技计划项目。包括政策性引导项目、国家"863"计划项目、国家"973"计划、公益性行业（农业）科研专项等。

政策性引导类项目。2013年共推荐了4项软科学研究计划项目，包括中国粮食立法疑难问题研究，以信息化驱动粮食流通发展的对策研究，我国"北粮南运"物流体系构建研究，减少我国粮食产后损失浪费的财税政策研究，我国粮油加工业集聚及发展对策研究等研究成果。火炬计划项目基于三维激光扫描的粮食仓储智能监控系统获科技部批复立项。

主持或参加国家"863"计划项目数项，取得了良好的成果。如，南京农业大学主持的发酵肉制品与玉米及膳食纤维工程化加工新技术研究。通过该课题的实施，将形成具有国际竞争力的完整的肉用发酵剂产业化生产技术体系，选育、改造能够满足不同类型发酵香肠生产的菌株和发酵剂商业化产品，建立肉用发酵剂专用保藏库和信息库，形成肉、玉米现代化生产、质量安全控制技术体系和膳食纤维综合利用技术体系；开发符合现代营养理念的系列发酵肉制品、玉米制品和富含膳食纤维新型食品及综合利用产品。通过"863"重点项目"食用油生物制造技术研究与开发"的实施，解决了传统油脂工业存在的营养损失、能耗高、污染程度高等问题，开发出了一批食品专用油和功能性油脂产品。在动物油脂资源利用方面，"863"计划海洋技术领域高附加值海洋生物制品开发、"863"计划中新型水产品加工装备开发与新技术研究和国家星火计划中高纯度深海鱼油（甘油酯型）产品产业化生产等课题的实施，涉及对鱼油、南极磷虾油等海洋油脂进行重点研发。研究开发了EPA/DHA甘油三酯型等鱼油制备新技术和生产工艺。

在食用油质量安全方面，在国家"973"计划的食品加工过程安全控制理论与技术的基础研究项目中，设置了对油脂食品中的反式脂肪酸、3-氯丙醇酯等危害因子研究内容。在"十二五"科技支撑项目食用油脂保真与掺伪鉴别技术研究、食品安全电子溯源技术研究及示范等项目中针对食用油掺伪、违禁或非法添加物、危害因子、供应链等问题，研究建立了有效分析检测技术、溯源技术和体系，保障终端食用油产品的质量安全。

油脂加工学科在公益性行业（农业）科研专项主要农畜产品品质安全快速检测关键技术与装备研究示范、南海渔业资源船载渔获物保鲜及高值化利用、粮油作物产品中危害因子风险评估、检验监测与预警、热带油料作物生产、芝麻不同生态区种植模式和规范化栽培技术体系研究与应用等，均涉及动、植物油资源，产品品质，安全快速检测技术标准和规范、利用研究开发等内容。

（3）科研基地与平台建设继续加强。近年来，国家加大投入，建设一批国家实验室、国家工程实验室、省部级重点实验室、省部级工程中心，大大改善了人才培养条件和科学研究条件，促进了粮油科学技术学科的进步。

1）国家重点实验室、工程中心和技术开发中心。其主要构成包括：①粮食储运国家工程实验室开始建设：该项目建设的目标在于与相关技术平台建设结合，共同构建国家粮食储运技术开发、工程设计、成果转化和科技咨询与管理的完整体系。该创新平台建设期3年，预计2015年完成建设；②三校共建小麦和玉米深加工国家工程实验室：该国家工程实验室为华南理工大学与河南工业大学、吉林农业大学共同建设，重点建设粮食深加工公共技术平台、小麦深加工技术平台以及玉米深加工技术平台，主要进行小麦、稻米及玉米三大宗粮食及制品的营养监测及安全评价、粮食加工副产品高值化共性技术研究、粮食品质质量控制等；③粮食加工机械装备国家工程实验室落户无锡中粮工程科技有限公司：该实验室系粮食行业唯一的机械装备国家工程实验室，是我国粮食科技领域快速发展的里程碑，对促进我国粮食加工机械装备实现跨越发展具有重要意义。该机构瞄准国际先进技术和国内需求，组建设计技术、材料及力学、关键装备试制、综合性能试验等创新平台，研究和突破制约我国小麦、稻谷、玉米等粮食加工机械发展的原创核心技术、共性关键技术，全面提升我国粮食加工机械研发能力和创新水平；④国家杂粮工程技术研究中心积极进行杂粮加工产业化：该研究中心为2011年12月29日获科技部批准建设的国家级科技平台，依托黑龙江八一农垦大学和大庆中禾粮食股份有限公司联合组建。中心宗旨是集成国内外相关的科研成果、消化吸收国外先进技术、研究开发高新技术与产品，积极进行杂粮工程化技术成果的转化。中心建筑面积为17000m²，建有杂粮加工技术研究区域、杂粮工程技术中试区、杂粮育种与种植研究室、杂粮工程化装备车间、检测中心、科研孵化区、博士后及高级访问学者工作室等功能区域；⑤玉米深加工国家工程研究中心注重高技术应用：该中心是经国家计委批复建设的工程化研究项目，是吉林省内唯一一家国家工程研究中心。该中心以玉米深加工为主要研究方向，应用高新技术，瞄准国际国内的科学前沿及高附加值、高技术含量的产品进行工程化研究，为玉米淀粉及其深加工产品的规模化生产提供共性技术和关键技术，不断开发新产品，不断消化吸收创新引进的技术和设备，不断转化淀粉深加工产品的技术成果，为行业的发展提供高新技术、技术信息和技术咨询服务。

2）省部级重点实验室、工程中心和技术开发中心。涵盖了营养健康与食品安全、粮食储藏、玉米深加工等专业领域，主要为：

成立了中国营养联盟，建立了营养健康与食品安全北京市重点实验室。该实验室挂靠在中国营养联盟的理事长单位。主要针对中国人的营养需求和代谢机制进行系统性研究以实现国人健康诉求。而中国营养联盟是国内政府部门批准的国内首家以"引领营养健康潮流，倡导营养健康生活"为根本宗旨的营养健康行业联盟平台。

建立了粮食储藏与安全教育部工程研究中心、国家粮食局储藏物保护工程技术中心、粮食储藏与安全教育部工程研究中心、国家粮食局储藏物保护工程技术中心，分别挂靠于河南工业大学和中储粮成都粮食储藏科学研究所，从事粮食储藏技术研发、项目研究、成果转化、技术咨询、技术培训及推广应用。

粮食储藏安全河南省协同创新中心，获得批准立项并授牌。河南粮食作物协同创新中心入选首批国家"2011"计划。中心主要开展小麦、玉米绿色无公害储粮技术和储藏智能检测技术及装备研发等方面的科技协同创新工作，包括承担科学研究课题、工程项目、高层次人才培养、技术推广与服务等。建设目标为围绕中原经济区小麦玉米产后安全储藏减损的科技需求，进行绿色储藏技术协同研发、科学研究、人才培养等，从而降低粮食储藏损耗和保障粮食品质，实现粮食安全储藏，建立粮食储藏安全领域集科研、开发、中试、质检、培训、技术示范推广和服务的科技创新体系。

玉米深加工领域的研究平台还包括糖化学与生物技术教育部重点实验室、淀粉与植物蛋白深加工教育部工程研究中心、山东省变性淀粉工程技术研究中心、广东省变性淀粉研究开发中心等10余家隶属于高校或企业的省部一级的研究平台，以及辽宁省农业科学院玉米研究所、黑龙江玉米研究所、吉林省农业科学院玉米研究所、山东省农业科学院玉米研究所等。

（4）理论与技术均有突破。解决了多年来困扰的技术难题，极大地推动了粮油流通产业的发展。

1）首次建立了储粮通风控制窗口理论和模型，阐明了粮堆和大气的温湿度"窗口"条件在通风过程中漂移规律。创新使用高浓度氮气有效代替了化学药剂防治储粮害虫，实现了绿色储粮。

2）研发取得了粮食储藏四合一升级新技术突破性成果。形成了包括横向通风技术、负压分体式横向谷冷通风技术、多介质环流防治储粮害虫技术和粮情云平台多参数检测系统为核心内容的工艺匹配和优化集成的四合一升级新技术。

3）利用合成生物学方法探讨了模拟细胞极化的环路设计原理，设计并构建出了可自组织细胞极化的合成调控网络并在酵母中构建出了人工的极化网络，利用嵌合信号蛋白工具箱在空间上指导磷脂酰肌醇-3磷酸（PIP3）合成与降解。

4）杂粮及全谷物方便主食品加工关键技术取得突破。集成应用杂粮、杂豆物理改性技术、颗粒细度优化控制技术、预混合粉复配技术，在不改变传统挂面生产装备的基础上，率先突破了苦荞等高杂粮添加量面条加工过程中产品难以成型，食品品质差的瓶颈难题；集成应用高温高压瞬时物理改性、颗粒适度破碎及高温二次α化加工技术，解决全谷物杂粮速食粉产品口感粗糙、冲调易结块等瓶颈难题。

5）在适度加工理念的指引下，油脂科技工作者与企业共同开发的双酶脱胶、无水长混脱酸、瞬时脱臭关键技术与装备，获得内源营养素保留≥90%的零反式脂肪酸优质油品，降耗26%。碱炼、脱色工艺，双塔双温分段脱臭玉米油生产工艺，控制了玉米油加工过程中反式脂肪酸的产生，最大限度地保留了甾醇和维生素E的含量。

6）新型制炼油工艺获得突破。我国水酶法制油技术实现了由实验室向产业化的转化。成功开发了异己烷为主成分的植物油低温抽提剂，沸点比正己烷低约5℃，已在油脂行业十几家浸出厂得到了应用。有望作为6号溶剂油的替代产品。

7）突破食品专用油脂技术瓶颈，专用油脂产量大幅上升。较好解决了我国食品专用油易出现析油、硬化、起砂、起霜等品质缺陷和反式酸含量高等问题，使产品反式酸的含量均能达到＜0.3%。

8）突破危害因子溯源、检测和控制技术，保障食用油安全。针对食用油安全领域出现的新问题，系统研究并查明了食用油中多种内源毒素、抗营养因子、环境与加工污染物的成因与变化规律，开发出反式脂肪酸、3-氯丙醇酯、多环芳烃、黄曲霉毒素等危害物的高效检测、控制和去除技术并集成示范，使大宗植物油的标志性风险因子——反式脂肪酸的水平由10年前2%~5%降至目前约1%。

2. 学科建设立足新起点再谱新篇章

（1）学科结构不断完善。开设粮油科学技术学科相关专业的院校日益增多，专业人才培养体系逐步形成。

目前，我国粮食储藏学科主要是以粮食储藏基础理论和应用技术并结合，系统研究设计三位一体模式的结构。主要依托国内四所高校（河南工业大学、南京财经大学、江南大学、武汉轻工大学）负责培养粮食储藏相关专业高校毕业生。我国设置有粮食加工相关专业的高校较多，设置与粮食加工相关的食品科学技术与工程专业学士学位的高校约有146所，约38所高等学校具有硕士学位授予权，15所高等学校具有博士学位授予权。江南大学、河南工业大学、武汉轻工大学是业内以粮食加工为优势特色学科的高校。在油脂加工专业设置方面，目前除了江南大学、河南工业大学、武汉轻工业大学最早设有本科生油脂加工专业外，天津科技大学、吉林工商学院等新设了油脂专业。而国内具有粮食物流专业学科特色的大学院校主要有6所，分别为河南工业大学、南京财经大学、武汉轻工大学、黑龙江八一农垦大学、沈阳师范大学和北京邮电大学。我国营养学相关的专业目前90%集中在医科类院校，粮油营养学科教育正处于起步阶段。近年来，随着国内外对食品营养问题的高度关注，我国许多院校都相继设立了与食品营养相关的专业，已形成了一个新的学科增长点。据统计，目前共有52所高校及科研院所，招收与食品营养专业相关的博士研究生或硕士研究生，其中医科类院校占82.6%，农业类院校占8.7%，轻工类院校和生科类院校各占4.3%，粮油营养学科专业本科和研究生人才教育的培养体系已初步形成。在饲料加工学科方面，我国已经建立较完善的饲料科学与工程的人才培养体系，国内有近10所院校具有动物营养与饲料科学博士学位点，30多家高校具有动物营养与饲料科学硕士学位点。开设粮油科学与技术学科课程的高校较少，其中具有传统代表性的3所粮食高等院校分别为河南工业大学、南京财经大学和武汉轻工大学。"十二五"期间，这3所高校具备了完整的学士、硕士、博士学位授予权。

（2）学科教育突出粮油特色，亦重实践。凸显学科历史悠久，发展迅速；涉及国家粮食安全，发展前景广阔的优势；主要专业领域师资力量雄厚，培养的学生具有一定的专业理论和技能深受行业用人单位的欢迎。

目前国内拥有4所高校（河南工业大学、南京财经大学、武汉轻工大学、江南大学）

设置有粮食储藏专业，粮食储藏专业师资力量强，教师具有良好的业务素质和较高的学术水平与教学水平，拥有教授、教授级高工、副教授超过百人，大力引进博士等高学历人才充实到教师队伍。专业负责人具有丰富的教学和管理经验，专业教师有工程实践经验，为培养高素质的人才奠定了坚实的基础。在课程体系设置上，主要包括通识教育学科平台、专业平台、专业实践类等课程。粮食储藏专业特色课程包括粮油储藏学、粮食化学与品质分析、储藏物昆虫学等。每所高校都有自己的教室和实践平台。如河南工业大学扩建了 $5000m^2$ 的粮食储藏平台专用科技研发实验楼和总容量 720t 小麦储藏中试模拟试验仓。

江南大学、河南工业大学、武汉轻工大学是最具粮食加工学科特色的 3 所高校。学校荟萃了一大批在国内外颇有影响的专家型学者和教授。各校与国际著名的有粮食加工学科的大学以及相关研究院建立了人才培养、学术交流、科研合作关系，建设与国际接轨的教材和课程体系。中南林业科技大学在 2013 年新增粮食工程本科专业。以江西工业贸易职业技术学院（原江西省粮食学校）、黑龙江粮食职业学院（原黑龙江省粮食学校）、吉林粮食高等专科学校为代表的一批建于 20 世纪中、后期的原省级粮食学校，现已经建设成为学科门类齐全的综合性普通高等院校，但仍然保持粮食工程专业为优势特色学科。课程体系建设突出粮食加工学科的特色，突出职业教育；教材编写紧密结合粮食加工业的发展，着重技能教学；理论联系实际，教学课堂与实验实训场所融为一体；培养的毕业生学生深受粮食行业各企业的欢迎。

国内具有粮食物流专业学科特色的 6 所大学院校在粮食储运工程、电子商务信息处理、粮食物流与供应链管理、信息科技等方向具有各自的特色。

内蒙古农业大学、山西师范大学、河南农业大学、河南工业大学等 8 所院校开设了食品营养与检验教育本科专业；扬州大学、济南大学、河北师范大学、哈尔滨商业大学等 14 所院校开设有烹饪与营养教育本科专业。还有一些高职高专院校也纷纷开设有与食品营养有关的专科专业，主要培养营养师。

河南工业大学粮油食品学院、信息科学与工程学院、电气工程学院，南京财经大学食品科学与工程学院与信息工程学院，武汉轻工大学食品科学与工程学院电气与电子工程学院、数学与计算机学院，在长期的教学科研中始终保持深度广泛的合作。食品科学与工程学科致力于以计算机信息技术改造和提升传统产业和企业的业务流程，信息科学与工程学科则把计算机信息技术、控制科学与技术在具体产业和企业的应用作为学院教学科研和社会服务的重点，粮食信息处理与控制、电子商务等重点实验室也融合多方人员，在应用技术和应用框架的研究和实践中作出了一系列的显著成果，培养了大量既掌握粮油产业专业的技术技能、又能运用计算机信息技术提升工程质量和工作效率的优秀人才。

（3）立足社会需求培养复合型人才。主要通过学校教育、职称评审、职业技能培训和科研团队建设等方面进行培养。

1）学校教育。在学校教育的专业设置上紧跟社会需求、紧跟市场的发展；在学生培养过程中注重培养学生的批判性思维和跨学科思维以及面向行业科技发展解决实际问题的能力，积极营造独立思考、自由探索、勇于创新的良好环境，培育学生的国际视野。粮食储藏学科在学科人才培养上，目前已形成从本科生到硕士、博士研究生的成熟人才培养体系，毕业生从事粮食储藏学科方面的工作比例也在逐年提升。粮食加工排名前三的院校依然保持强劲上升的势头。江南大学食品学院实施"3+1"的工程化、国际化、学术型、创业型四大类个性化人才培养，有力地支撑了研究性工程创新人才培养的目标。在2012年教育部的全国一级学科评估中，食品科学与工程学科蝉联第一。2011年，食品科学与工程本科专业顺利通过了美国IFT国际食品专业认证，标志着江南大学食品人才培养已达到国际先进水平。河南工业大学粮油食品学院从2013年开始招收博士研究生。武汉轻工大学的粮食、油脂及植物蛋白工程学科为湖北省特色学科、湖北省高校有突出成就的创新学科。粮油食品营养人才参与粮油食品规则制定、标签管理、营养评价、市场营销、客户服务等业务工作，指导食品企业的生产和管理，服务于民众的膳食营养指导与管理，具有广泛的社会需求。由于国民薄弱的营养保健意识，营养师的人才需求市场仍需要培育一定时间。高校开设的粮食、信息专业基本上是各自为主，基于原来的学科基础，缺乏交叉学科、多元素的培养策略。粮食行业信息化培训机制的不完善，也使得人才培养问题成为粮食信息化发展的瓶颈问题，对粮食信息资源的利用和应用都产生了不同程度的影响。在饲料加工学科专业人才培养方面，河南工业大学、武汉轻工大学、江南大学为我国饲料行业培养近1000名饲料加工工程方向专业人才和100多名研究生。

2）职称评审。根据国家《专业技术人才队伍建设中长期规划（2010—2020）》的精神，学科专业技术职务资格评审每年都在积极地开展职称评审工作，其中：初级、中级评审单位较多，一般在当地有关单位即可；高级职称评审主要为中国粮油学会、中粮集团以及各省有关单位进行。目前，粮油科技工作者职称结构合理，老、中、青相结合，拥有大批的中高级技术职称人才，年轻的高学历技术人才在行业学术上也逐步发挥重要作用。总体上粮油学科科技工作人员的职称结构持续的合理化，呈现正高级、副高级、中级职称均衡发展态势。

3）职业技能培训。是学科发展的一项重要工作，主要包括：专业技术培训、职业技能认定以及学术交流培训，目前行业有关储藏学科组织培训的单位主要有国家粮食局、中储粮总公司、中国粮油学会储藏分会等，其中：国家粮食局主要组织各省等单位进行职业技能认定（含初、中、高级粮油保管员和粮油质检员，中高级技师等），中储粮总公司主要组织对系统内进行专业技术培训，中国粮油学会储藏分会主要组织全国粮食储藏行业进行学术交流和技术培训。以国家粮食局组织编写的《制米工国家职业标准》为依据，组织编写了培训教材。江西省、黑龙江省等进行了制米工职业技能培训考核，湖南粮食集团有限公司等大型企业组织了企业范围制米工职业技能培训考核。中国粮食行业协会大米分会于2012年、2014年组织了国内制米工技师职业技能培训考核。玉米深加工领域的企事业单位还承担了大量的职业技能培训工作。同时，玉米深加工领域相关科研单位所承担的商务部援外培训项目的规模持续扩大，主要有中国发酵工业研究院的发展中国家生物技术在食品工业中的应用技术培训班、河南工业大学的粮食培训技术发展中国家培训班和发展中国家粮油食品技术培训班、湖南省农业集团有限公司的发展中国家粮油作物及灌溉系统综合利用技术培训班等。国内粮食物流人才培养工作目前还处于起步阶段，由于粮食物流本身的综合性和交叉性比较强，需要系统掌握粮食工程、信息科学与技术、经济学、管理科学与工程、物流与供应链等多学科理论和方法。而这些知识的掌握需要一个循序渐进的过程，导致粮食物流人才培养发展缓慢。

4）科研团队的发展状况。在我国，粮油科学技术学科科研团队主要依托科研院所、高等院校和大型国有企业科研中心（院），主要有国家粮食局科学研究院、中粮营养健康研究院、中储粮成都粮食储藏科学研究所、河南工业大学、江南大学、南京财经大学、武汉轻工大学等单位，在重大研究上发挥各自优势强强联合攻关，目前科研人才队伍稳定，新生力量也在不断成长，粮油科学技术人才队伍良性发展，现已具有学科重要研究团队20多个。

（4）学会壮规模，扩影响，发展迅速。学会近5年来的工作与成绩主要有：①获评国家民政部2011年度全国性社会组织4A等级：在当年99家参评的全国学术类社团中总排名第四，4A等级中排名第一，进入了全国学术类社团的先进行列。②2012年，荣获中国科协学会能力提升专项优秀科技社团三等奖：学会积极落实专项要求完成的工作，每年获得以奖代补资金100万元，连续3年。③2012年8月成功组织召开享有国际谷物科技界"奥林匹克大会"的"第十四届国际谷物科技与面包大会暨国际油料与油脂科技发展论坛"；获得了"六个第一"的丰硕成果，受到了国际谷物科技协会和国内外与会代表的赞誉。④学会协同国家粮食局人事司，开展行业的自然科学研究系列、工程系列高级专业技术职务任职资格评审工作，两年一次，对建设粮食行业高级技术人才队伍发挥了重要作用；2013年5月，国家副主席李源潮同志在中国科协年会上的讲话中，对中国粮油学会接受政府部门委托开展行业高级技术职称评审工作进行了表扬。⑤学会确定推选了河南工业大学副校长卞科教授、江南大学王兴国教授两位同志为中国工程院院士候选人；通过中国科协评审，成为中国工程院院士有效候选人。

中国粮油学会所属分会中，储藏分会在我国粮食仓储管理与技术推广应用和国际储藏物保护方面得到了全面发展，享有较高声誉，展示了较强的影响力和号召力。目前理事会理事和常务理事共计580名，有团体会员529个，个人会员1144人。近年来，组织了绿色储粮、节能减排、精细化管理、智能化粮库建设与应用等专题学术研讨会议，为基层粮库提供了一个集学术交流、技术咨询、技术服务和技术推广于一体的专业学术平台，开展了务实和卓有成效的专业技术服务工作。食品分会是中国粮油学会最早建立的分会之一，近5年积极开展学会自身建设，近两年发展新会员600多人，并不断扩大会员单位，目前已有20多所知名高校和研究院所为食品分会会员，极大地提高了分会的影响力和对行业科技推动力。油脂分会注重学术交流形成学术品牌会议，长期坚持深入企业全方位开展技术服务和咨询，在油脂科技成果推广产业化等方面成绩突出。玉米深加工分会自2010年成立以来，积极配合总会开展各类国际、国内学术活动，在促进玉米深加工学科技术进步、科技工作者交流互动和为政府制定政策建言献策等方面发挥了重要的作用。粮油营养分会在推进中国粮油营养改善的政策法规和标准建设、组织开展理论研究和技术产品研发、对国民和企业进行教育宣传培训、推动国际交流和国际合作等方面发挥了积极作用。

（5）学术交流合作成常态化。近5年来，粮油科学技术学科主办、主持国内、国际会议130余次，参会人数2.5万余人次。交流论文近2400篇。

1）国内学术交流。近5年来，国内粮食储藏学术交流十分活跃，主要有两个方面：一是中国粮油学会储藏分会每年至少组织2次学术交流会，包括全国粮油储藏学术交流会、粮油储藏技术创新与精细化管理研讨会、节能减排与绿色储粮研讨会、智能化粮库建设研讨会等；二是主要以国家粮食局等单位组织的科研单位、高等院校为主的学术交流或专题研讨会，如食品安全国家标准研讨会、全国粮油标准化技术委员会工作会议、中国昆虫学会学术年会等。"十二五"期间，粮食深加工研究领域举办相关的国内学术交流达20余次，在我国举办的相关国际学术交流活动达6次。

2）国际学术交流。近年来，粮食储藏学科重视国际学术交流，不断提升学科发展的学术水平，推动中国粮食储藏技术在国际储藏物保护领域的影响力，采取把专家"请进来"和"走出去"的形式，进行广泛的学术交流，先后在北京、南京、郑州、成都连续4年组织了中加储粮生态研究中心暨粮食储运国家工程实验室工作研讨会，中加储粮生态研究中心是国家粮食局科学研究院、河南工业大学、成都粮食储藏科学研究所、南京财经大学和加拿大曼尼托巴大学合作建立的科研、学术交流和教育培训平台。国家粮食局科学研究院、中储粮成都粮食储藏科学研究所、河南工业大学等单位还多次接待外国考察团，如：美国（堪萨斯州立大学储粮害虫防治专家 Subi 教授、粮食安全生产专家 Kingsly 教授）；澳大利亚（默多克大学副校长和收获后生物安全研究领域首席科学家任永林教授）、非洲考察团、捷克考察团等专家开展学术交流。国家粮食局科学研究院、中储粮成都粮食储藏科学研究所等单位组织 10 多人参加了在泰国清迈举办的第十一届国际储藏物保护工作会议（11th International Working conference on Stored Product Protection，11th IWCSPP）。会上中国代表团交流了中国农户储粮减损技术、可见/近红外高光谱成像技术鉴定储粮害虫、粮仓横向通风系统等研究报告。郭道林所长还出席了国际储藏物气调与熏蒸大会（CAF）常设委员会会议。大会共 11 个专题，并穿插举行了磷化氢抗性和谷斑皮蠹两个工作讨论会。我国还在近 5 年先后派人参加了第 9 届国际储藏物气调与熏蒸大会（土耳其）、第 10 届国际储藏物保护大会（IWCSPP）（葡萄牙），与捷克农作物研究所开展了储粮害虫生物防治害虫技术合作研究等。粮食深加工研究领域在我国承办相关国际学术交流活动达 6 次。中国食品科学技术学会与美国驻华大使馆农业贸易处进行专题合作，与美国农业部、美国内布拉斯加州农业厅、美国内布拉斯加州大学林肯分校、美国内布拉斯加州干豆协会等机构在华举办中美健康论坛之干豆在食品工业中的应用研讨会，以"关注豆类食品·关注营养健康"为主题，为中美两国的食品科技工作者首次搭建了一个独特的以杂豆食品的开发为主题的沟通平台。

（6）著作出版，凸显智慧结晶。粮油科学技术学科不断发展，很多技术成果得到了完善并正式出版了一批专著书籍，以粮食储藏为例，主要有《中国不同储粮生态区域储粮工艺研究》《农产品保护与植物检疫处理技术》《城市绿化病虫害防治》《绿色生态低碳储粮新技术》《低温储粮技术应用与管理》、储粮实用操作技术丛书（《氮气气调储粮操作手册》《粮食出入库操作手册》《膜下环流通风操作手册》《磷化氢膜下环流熏蒸操作手册》）"十一五"国家级规划教材《粮油储藏学》1部等。这些专著和教材是我国粮食储藏专家学者和有关单位基层职工的辛勤劳动、智慧和汗水的结晶，从一个侧面客观、真实地反映了当代中国粮食储藏科技进步的轨迹和水平。在何东平、王兴国、刘玉兰等教授的带动下，江南大学、河南工业大学和武汉轻工大学联合组织、编写出版了11部油脂专业系列教材。玉米深加工科学技术学科在"十二五"期间又出版了一批相关的专业教材和专著，共计19本，其中淀粉及变性淀粉领域9本，玉米发酵领域5本，淀粉糖醇领域2本，玉米食品领域1本。此外，2011—2014年还出版了相关论文集共计21本。这一批教材、专著和期刊的出版，较好的汇集了国内玉米深加工学科相关领域的主要成果和成就，经过系统分析整理了基础性的理论和观点，并有创见地提出了诸多有参考价值的新体系、新观点或新方法，具有较强的创新性、理论性和实用价值。

（7）科普宣传，倡导健康粮油。科普宣传是普及基本知识、提高全民素质的一项重要举措，每年国家粮食局以及各省都设置有专门的科普宣传月，宣传和普及储粮常识、爱粮知识以及惜粮习惯等，举办了科技活动周，加强科普宣传。在国家粮食局统一安排下，组织了科研院所、高等院校及相关单位举行科技列车湘西行、革命老区行等活动，以"科学节粮减损，保障粮食安全"为主题，向当地人民捐赠近千套农户科学储粮仓，举办农户科学储粮、粮油加工、粮油营养健康知识科普讲座，旨在提高社会公众爱粮节粮的意识，宣传以绿色生物、信息技术为主导的节粮减损技术成果，宣传以科学的理念和方法指导粮食消费、科学减损的节粮理念。

世界粮食日国家粮食局及各地有关单位也积极宣传有关粮食的主题，如"发展可持续粮食系统 保障粮食营养和安全"等；国家粮食局针对一些爱粮节粮惜粮专题进行普及宣传，如："爱粮节粮 安全食粮""科学食粮，健康圆梦——粮食科普进社区进家庭进校园""物联网·粮食信息化"等主题；还组织相关高等院校开展了征文活动、辩论大赛、大学生辩论赛、主题摄影展等，如以"粮油健康营养科普"为主题，重点突出创新粮食科普传播方式，丰富科普传播内容，突出"为耕者谋利，为食者造福"的粮食文化，引导城乡居民树立节俭意识、营养意识，让中国人吃得更科学、身体更健康，充分发挥新媒体在科普传播中的作用等相关理论、方法和典型案例分析；国家粮食局科学研究院、成都粮食储藏科学研究所还对市民开放实验室，增加对粮食科技的认识了解。

由国家公众营养改善项目办公室、国家发改委公众营养与发展中心与中国粮油学会粮油营养分会共同策划组织"中国营养粮油入省万里行"活动已经连续举办3年，在全国范围内宣传营养强化和健康倡导的产品以及优质粮油营养产品，以实际行动规范市场，开展粮油营养领域的行业自律、倡导企业责任与诚信，指导公众健康膳食，获得良好的社会反响。

（三）学科在产业发展中的重大成果及应用

1. 重大成果及应用综述

"十二五"以来，国家在粮油科学技术学科发展上进行了持续的投入，支持了大量的科学研究项目，既有从基础理论到应用技术的系统研究，又有子学科间的交叉研究，并取得了一大批先进、实用的新技术、新工艺、新设备等科学技术成果。

（1）在粮食储藏及信息化方面，气调储粮技术、智能化粮库建设以及"四合一"升级技术重大成果的应用，大幅度提升了我国科技储粮技术水平，降低粮食保管人员劳动强度，实现储粮工艺的智能控制，降低了储备粮损失，改善了储粮品质，减少了化学药剂使用量，有利于向着绿色储粮方向发展，使我国储粮技术水平上升到了一个新的历史阶段。信息与自动化的研发成果在粮食储藏方面也有重要的成果应用。如网络化多功能粮情监控系统研究开发与应用示范项目采用信息技术和感知技术、智能化粮库关键技术研发及集成应用示范项目、粮油远程监管系统等成果均在诸多粮库中推广应用，取得了良好效果。大批储藏新技术成果的应用不仅促进了粮食行业的科技进步，也有力地推动了相关学科的发展。

（2）在粮食及油脂加工领域，多项获奖技术获得推广，如稻米深加工高效转化与副产物综合利用、高效节能小麦加工新技术、新型淀粉衍生物的创制与传统淀粉衍生物的绿色制造等项目获国家科技进步二等奖和国家技术发明二等奖的成果在稻米、小麦、玉米深加工企业得到广泛推广应用。另外，玉米深加工学科在糖醇加氢、分离和催化技术及装备、高浓度淀粉液化、糖化技术和氨基酸生产节能减排技术等方面也取得了重要的突破，并带动相关产业取得了长足的发展和进步。我国油脂加工业高新技术产业化、关键技术与重大装备研发，装备水平不断提高。如我国自行设计制造的日处理量 400 ~ 500t 的榨油机，日处理能力 680 ~ 750t 轧胚机，日处理能力 1500 ~ 2000t 调质干燥机等大型预处理压榨设备、大型浸出整套设备、大型炼油装备节能效果显著，广泛用于国内大型油脂加工企业，而且出口到国外。粮油营养学科关注国民营养健康，促进健康营养食物的生产和消费，特别在粮食和油脂加工中保留粮油食品中微量营养元素上做出了指导和建议。主要有：①推广营养强化型粮油食品，如大米、面粉、食用油等中的营养强化技术较成熟，已实现工业化生产。②提出"全谷物食品"及"粮油适度加工"的概念，促进行业工艺升级与技术改进和粮油加工副产物的综合利用。如，我国已建立了年产 5000t 杂粮豆挂面专用预混合粉生产线以及 3000t 杂粮豆挂面生产线各一条。又如，所开发的先进玉米油专有生产工艺技术，既能提高产品得率，又能高效保留玉米油中的营养成分、避免有害成分形成，为消费者提供品质安全、质量上乘、营养丰富的玉米油产品。

（3）在粮食物流及信息技术应用等方面，如粮食储备"四合一"升级新技术应用中的相关部分。粮食储备合理规模、粮食供应链模式、粮食物流园区的设计、粮食物流标准体系、区域粮食物流等基础研究。我国近年自行研制的一系列散粮装卸输送设备、散粮汽车、散粮火车、散粮装卸船设备等"四散"设施。适于高效作业的新型立筒仓、浅圆仓、平房仓。真空干燥、新型就仓干燥、仓房太阳能制冷等节能环保技术。粮食集装箱运输系统、铁路战略装车点、铁水联运散粮无缝化运输、散粮汽车运输等运输组织模式的创新。移动通讯3G、RFID、物联网等信息技术在粮食物流中的应用。

（4）在饲料加工方面，饲料资源开发与高效利用技术和饲料加工装备研发成果均取得卓有成效的应用。我国生产的饲料加工装备总体技术水平与先进国家接近，成为世界最大的饲料加工装备生产国。我国江苏牧羊有限公司、江苏正昌集团等先进企业已经制造出时产50~60t/h的锤片粉碎机、环模制粒机、混合机及配套设备，其生产的混合机、调质器、刮板输送机等装备已经接近国际先进水平；上海春谷公司发明的剪式振筛粉碎机获得国际发明专利，并出口欧美的国家。我国现已能制造从时产10t到时产50t的单条饲料生产线和时产120t的综合饲料生产线。近年来全国年生产饲料加工装备出口产值超过35亿元，成套设备出口到世界几十个国家。另外，在饲料加工工艺方面也取得许多新的创新成果。

2. 重大成果与应用的示例

（1）氮气气调储粮技术应用工程。该项目主要完成单位有中国储备粮管理总公司、成都粮食储藏科学研究所、广西中储粮仓储设备科技有限公司、大连力德气体分离技术有限公司。截至2012年，扩大推广应用了131个库点。4个储粮生态区域（中温干燥、中温高湿、中温低湿、高温高湿）19个分（子）公司的141个直属库累计1010万t气调储粮规模。通过技术推广，优化了气调储粮工艺，提高了充气效率，有效整合了资源，降低了建设和运行成本，并在应用中不断总结、提升和创新，扩大应用范围，实现理论与实践紧密结合，实现了粮库粮食绿色保质储藏。

（2）智能化粮库关键技术研发及集成应用示范。项目所开发的智能化粮库业务支撑平台集成了仓储信息管理系统等9个系统1个平台。由中国储备粮管理总公司、中储粮成都粮食储藏科学研究所、中央储备粮涿州直属库、郑州华粮科技股份有限公司等单位联合完成。项目颁布国家标准1项，行业标准1项，企业标准1项，行业标准报批稿3项，获得专利授权8项，申报软件著作权4项（已获得授权3项）。智能粮库建设已在中储粮规模化推广应用，其中智能通风建设规模近2000万t，智能气调建设规模超过1000万t，智能安防及出入库系统也完成200多个直属粮库的安装建设。

（3）粮食储备"四合一"升级新技术研究开发与集成创新。该技术将机械通风、环流熏蒸、谷物冷却、粮情测控4个单项技术升级为横向通风、负压谷冷、多介质防治、多参数粮情四项综合技术，并在浙江和河北进行了成功实仓测试。为平房仓进出粮作业实现全程机械化扫清了障碍，显著提升了粮食储藏自动化、信息化和智能化水平，对于实现绿色储粮、节能增效、质量安全和品质保鲜都将发挥重要作用。

（4）粮油远程监管技术成果及应用。中储粮粮油远程监管平台依托粮情数据中心有效整合各储存库点多种仓储设备，实现标准统一、远程测控、远程监管及深度挖掘，提供粮情综合情况处理、分析、专家判断等。该技术填补了国内粮油远程监管应用的空白。截至目前，已经完成了中储粮全部直属库的应用覆盖，并不断扩充至代储库点监管。粮油远程监管技术的研究与应用对中储粮整体监管水平的提升起到了重要作用。

（5）稻米深加工高效转化与副产物综合利用创新技术在湖南等稻谷产区的大米厂推广实施产业化，取得了显著经济和社会效益。早籼稻产后精深加工和高效利用关键技术在江西中粮蒸谷米厂推广示范，是我国主要大米出口产品，取得了显著的经济效益和社会效益。

（6）大米主食生产关键技术。该技术是中南林业科技大学、华中农业大学、长沙理工大学、湖北福娃集团有限公司、广东美的电器股份有限公司等9家单位完成攻关。在5个方面予以创新突破——创新大米主食加工用品种筛选技术、创新研发突破大米主食生产中的共性瓶颈技术、创新发明发芽糙米及糙米制品高效加工技术、创新大米主食加工用高效装备、创新主食米制品生产质量保障体系。共研发5大系列30多种新产品，申报专利和软件著作登记权73项（其中授权34项）。技术成果先后在湖南省、广东省、四川省、江苏省等省市30多家企业推广应用，产生了较大的经济效益和社会效益，为我国大米主食安全工业化生产起到了强劲的推进作用。

（7）基于干法活化的食用油吸附材料开发与应用。该项目荣获2014年国家技术发明奖二等奖。完成单位是江南大学、合肥工业大学。研究团队发明干法活化工艺和脱色专用吸附材料以及符合其低活性快滤特性的两步脱色工艺，攻克我国食品油品质易析油、硬化、起砂、起霜和反式酸含量高等技术难题，实现吸附剂生产零废水排放，成本降低50%，并大幅提高了食用油品质和安全性。该技术推广应用10年来，食用油减损20多万吨，抗氧化剂用量减少2000多吨，废水减少1.2亿多吨。

（8）新型淀粉衍生物的创制于传统淀粉衍生物的绿色制造。该项目创制出具有柔性包埋结构的新型糊精类淀粉衍生物、零甲醛高性能的新型胶黏类淀粉衍生物，发明了变性淀粉类淀粉衍生物一步固相催化或酶法逆向催化制备新技术；构建了三联螺旋板式换热系统，创新了淀粉糖类淀粉衍生物节能生产工艺。通过项目实施，近3年累计新增产值5.5亿元，新增利润7549万元，新增税收4511万元。

（9）玉米发酵产氨基酸清洁生产技术。长春大成集团研发了电渗析脱盐生产工艺（代替传统离子交换脱盐）、产酸率和转化率达到国际先进水平的发酵菌种以及发酵工程技术、赖氨酸直接结晶法工艺（代替传统赖氨酸离子交换生产工艺）、赖氨酸结晶母液发酵造粒技术及设备和赖氨酸直接结晶法装置，并示范成功。这两项清洁生产技术在大成集团内全面推广，可实现减排废水300万t，减排化学需氧量3.3万t，削减率达60%。

（10）木薯非粮燃料乙醇成套技术及工程应用。该项目2011年获得国家科技进步奖二等奖。经过年产20万t木薯燃料乙醇示范工程的实施，至今已累计为当地农民增收超过13亿元，并有效降低了汽车尾气中碳氢化合物和氮氧化合物的排放。

（11）散粮物流管控一体化系统应用。中粮工程科技（郑州）有限公司研发的"散粮物流'管控一体化'控制及生产信息系统"将管理系统和控制系统紧密结合，实现作业、计量、能耗、仓容、粮情、品质、设备运行数据自动采集，与计划自动关联、汇总，实现了企业经营计划、生产控制、成本核算、设备管理、粮情测控、计量系统等系统的集成，覆盖粮食现代物流作业的全过程。在锦州港现代粮食物流项目、中粮佳悦（天津）有限公司筒仓项目、深赤湾港务有限公司散粮仓库等多个大型现代粮食物流项目应用，仓容91万t，年作业量近1000万t，提高了作业效率，降低成本，为企业带来了较好的效益。

（12）高效低耗饲料粉碎技术与设备的研究开发与应用。该项目由河南工业大学等单位研发，现被广泛用作饲料产品开发和饲料生产管理的指南。至2013年已推广应用1100多套，近4年实现销售收入1.2亿元，新增利税3000万元。与传统锤片粉碎机相比，节能20%。

（13）馒头连续发酵和醒蒸一体化综合配套技术。该技术主要包括连续发酵技术和醒蒸一体化技术两项关键技术，可实现馒头自动成型、自动摆盘、醒蒸一体、冷却及包装全过程。该项目在传统工艺模式的基础上，精化流程、节省劳动强度，实现从和面到成品冷却全自动化，并在中百集团武汉生鲜食品加工配送有限公司实施了示范且已应用于公司实际生产。

三、国内外研究进展比较

（一）国外研究进展

从全球范围总体看，美国、日本、欧盟、俄罗斯等发达国家在本学科相关领域的科技创新与技术应用有特色且处于先进水平，值得我们学习借鉴。

1. 粮食储藏基础与技术研究密切结合更加系统与深入

发达国家对粮食储藏学科的投入大、渠道多、人才队伍稳定，为开展大量的基础研究项目和多领域的应用基础研究工作提供了大量的资金支持和技术保障。发达国家十分重视储粮科技方面的基础研究，在储粮生态系统理论、储粮害虫微生物区系消长规律、储粮期间粮堆温度、水分、气体成分动态模型、害虫抗药性、信息素、分子生物学、储藏过程检测和监测、药剂研发和信息技术等方面的研究打下了坚实的基础，也形成了较为完整的储粮技术创新体系。

发达国家不断发展和应用储粮新技术，十分重视粮食产后的质量，粮食储藏技术与生产需求紧密结合。①开发适合行业市场需求的绿色储粮技术：提倡采用低温技术、气调技术、非化学防治技术等绿色或无公害储粮技术的应用。②粮食干燥技术与设备应用广泛：粮食干燥设备具有多样化、智能化的特点；耗能低、对环境污染小的低温通风干燥、就仓干燥、远红外干燥、组合干燥技术得到了发展。③粮食储备管理机制完备：严格储备粮管理，针对不同储备周期的粮食分类储存管理，非常重视储存粮食的品质控制。④高度重视粮食流通体系建设：粮食流通体系向着自动化、"四散"化方向发展，尤其是在粮食流通体系建设上非常注重加强科技投入，重视粮库自动化建设，大幅度降低粮油产后流通成本[21]。

2. 粮食加工更加精细化、优质化和健康化

发达国家十分重视稻米和小麦营养特性、加工品质和食用品质的基础研究和新技术开发。在美国、日本发达国家及泰国、菲律宾等主产稻米的国家，现已关注研究稻米淀粉、蛋白质、脂肪等主要成分的分子结构，物理、化学与生物特性，探讨分子结构与物化特性之间的关系及其对产品的影响，为研发高品质米制食品提供参考。加强了对稻米及米制品在分子结构与调控的研究，以期能够实现对大米蛋白、大米淀粉、膳食纤维更为高效的利用。通过对基因的调控和表达，培育出单种或多种营养素含量较高的专用稻米品种。许多国家对米制品加工机制与品质控制进行研究，如通过粉碎、发芽、发酵、复配等营养富集与改良技术，完善加工工艺，生产营养健康、方便美味的米制品。在深加工技术与现代新型米制品方面，开发了脱水方便米制品、膨化米食制品、冻结米食制品、发酵米食制品、保鲜米食制品及基于生物转化技术的发芽米制品。

发达国家尤其是美国，对于玉米深加工学科的投入较大，在基础理论研究和新技术开发及应用领域均处于世界领先的地位。玉米深加工产品正朝着精深化、高值化、功能与营养化、健康化方向迈进，新产品、新技术迅速得以推广和应用。在进行挤压膨化、微囊化等新型加工技术开发的同时，更加注重提升成果的转化效率和工业示范效果，并在保证产品质量与安全的同时突出玉米食品加工过程中的原料减损、过程降耗与减排。

新工艺新方法的运用不但提高了国外玉米深加工综合利用效率，而且使其朝着绿色、清洁化生产转变，如快脱纤维法和快脱胚芽法在玉米原料的加工过程中被应用后提高了加工效率和饲料副产品的价值。在玉米淀粉生产方面，发达国家平均固形物利用率在98%以上，酶法浸泡技术已开始被广泛使用。在小麦制粉生产中，利用生物技术的研究成果，采用安全、高效的添加剂改善面粉食用品质，替代化学添加剂。

发达国家注重粮油加工生物转化技术，利用现代微生物技术、发酵工程技术对粮油加工过程中副产物如麸皮、谷糠、植物油提取废渣等废弃物进行资源化综合转化利用，提高产品的附加值，降低废弃物带来的环境污染。

3. 油脂加工注重新技术应用，加工产品多样化

近年来，油脂加工学科发展较快，油料油脂加工、油脂化工技术得到了较大发展。国际上在油脂加工中多引入了新材料和新技术的应用，膜分离技术用于脂肪酸分离，替代蒸馏、冻化、尿素包合等分离手段；利用改进的分离器获得高含量生育酚的脱臭馏出物；酶法脱胶技术被广泛用于植物油的精炼；酶法脱胶技术被广泛用于植物油的精炼，预计到2016年，将有60家工厂使用酶法脱胶技术；酶促酯交换技术的应用极大地提高了产品得率，并减轻了环境保护压力。2014年，Novozymes公司和Piedmont Biofuels公司进一步开发酶技术并应用于制备生物柴油[22]。

发达国家特别重视生物技术在油脂加工中的应用。一些国家正研究单细胞油脂即微生物油脂替代鱼油和成为多不饱和脂肪酸特种油脂的技术，目前富含 ω-3 脂肪酸微生物油脂已有商业化产品，主要是富含 EPA 和 DHA 的油脂。2012 年 ADM 和 Solazyme 公司合作研发海藻食用油，实现了可用于煎炸的微生物油脂的商业化生产。此外，发达国家一直致力用基因技术培育油脂新品种，如培育高 DHA 油菜籽和高油酸的油料。

近年来，国际上对植物油用于生产化工产品的研究非常重视。如：高油酸大豆油的工业利用；大豆油用于生产纺织润湿剂；经过烯烃复分解方法将大豆油制备成类似石油烃结构的物质；使用油脂分解产物——甘油制备丙烯醛和乳酸；甘油电池的开发等方面已成为油脂化工研究热点。

4. 粮油质检体系完善，质检技术借力多学科融合快速且高效

世界各国都高度重视粮油质量与安全，随着现代科学技术如电子信息技术、生物技术、光机电一体化技术以及新材料技术的不断发展，粮油质量安全学科也获得了较大发展。各国政府在食品安全标准和检验方法的研究投入均有较大增长。

美国等发达国家出台的食品检验方法数量大，检验技术的原创性强，重视绿色高效检测技术研究，发展在线监测、无损检测技术，提高检测精度和可靠性，促进检测装置逐步向集成化、数字化、智能化、自动化、小型化等发展。如美国和日本已成功研制了基于动态图像采集技术对糙米和精米的损伤粒、着色粒、垩白粒等各种不完善粒进行判别的检验仪器。在粮食收购和加工中广泛应用近红外分析技术，实现了粮食品质快速检测和在线质量控制。美国等发达国家还采用官方认证、官方指定、统一采购、定期校正等手段，规范粮油检验仪器设备[23]。

国外许多国家系统开展研究粮油质量安全评价指标体系，重视粮油加工过程中微量营养素、抗营养因子、过敏原以及新污染物的快速检测技术，并不断开发仪器设备。日本对稻米质量品质进行了系统研究，形成了从田间到餐桌的稻米质量评价体系[24, 25]。

5. 粮食物流管理科学并且粮食"四散"技术发达

国外粮食物流学科研究与应用先进性体现在以下几个方面：

供应链管理技术与运营体系以供应链管理替代物流管理，反映出发达国家物流理论与形式更加科学务实。

发达国家粮食储存时间短、数量少，更关注储粮的内在品质和营养变化，注重储粮应用技术的环保提升，以低温、气调、生物、物理和综合防治相结合的绿色储粮技术已成为其主要特色，更加注重节能、环保技术在粮食物流中的应用。

多元化粮食运输方式的研究，对火车、汽车、船舶和集装箱粮食运输的各项经济技术指标进行了仔细的对比分析，对粮食包、散运输各自的优越性及适用的品种、适用范围进行了比较，并提出建立包、散、集装箱共存互补的粮食运输系统。粮食物流系统将会实现各种形式的自动化和集装单元化[26]。

粮食"四散"技术发达，广泛使用散运工具和相应的散粮装卸配套设施，粮食基本实

现"四散"化操作，粮食仓储机械化程度高，产后损失少。

粮食物流信息化研究和应用方面，美国、加拿大、澳大利亚等国的粮食市场化程度高，信息化技术在粮食物流领域中广泛应用。如利用卫星遥感技术装备，预测世界粮食生产情况；通过网络信息和电子商务平台，分析国内和国际期货和现货市场信息，预测全球粮食的需求形势，及时调整粮价和贸易策略；通过研究粮食品质测定方法，运用信息处理技术，开发数据管理系统，把粮食流通中品质测定各个环节通过信息系统结合起来，进行粮食品质跟踪管理，从农场收购粮食到最终消费的全过程实施质量品质跟踪和安全控制，完全信息化管理；并且建有为种植者实时提供市场信息与风险分析服务的信息系统。

6.粮油组分功能性研究深入，全谷物食品方兴未艾

发达国家在粮油食品基础营养功能研究的基础上，更加关注对营养素的新功能以及生物活性物质的研究。如研究燕麦、荞麦、大麦等全谷物的营养素及活性物质的结构和含量；从分子细胞、动物模型、人群等各层面研究营养素和活性物质各自／相互协同作用在免疫调节、改善血脂等方面的健康功效及量效关系等，特别是全谷物中生物活性成分的组成、结构、理化特性及与生物活性之间的内在关系，全谷物的结构对其感官特性与营养特性的影响，全谷物食品加工与储藏保鲜新技术研究是目前国外研究的热点[27, 28]。

国际上对营养成分与基因、环境的交互作用对健康的影响也成为粮油营养学科新的研究热点。运用以多组学为基础的系统生物学方法分析膳食纤维、脂肪酸等特定营养素和基因组的相互作用对基因表达、代谢通路、代谢图谱（指纹）及个体健康状况变化的影响正在不断深入。

此外，粮油营养科学的研究技术和手段更加丰富多样。以组学技术、生物信息学、数据库、生物标记物和成本效益分析方法等为代表的前沿技术推动了粮油营养学科的发展创新。针对不同人群需求的多功能食用油系列产品的开发和生产已初具规模。油料中具有高附加值的生物活性物质的研究开发初见成效。富含生物活性成分的功能性油脂资源的开发不断取得进展。

7.饲料加工注重产品、装备、资源开发一体化和绿色化

欧美发达国家在动物营养与饲料科学方面的基础研究与应用基础研究都进行了大量投入，在此基础上开发了系列饲料产品、饲料加工装备、饲料资源开发与高效利用技术等，总体水平处于领先地位[29]。

国际上饲料产品主要以安全、环保为主流产品，并向精细化方向发展，目标更加具体，产品趋于系列化生产。一些新的饲料产品理念正在形成，如以猪体重为目标提出的精细化猪饲料产品。反刍饲料中以降低氮排泄，通过瘤胃发酵调控提高蛋白利用率。发达国家家禽饲料生产中引入纳米技术，改进饲料的功能和功效。水产饲料的微胶囊技术也广泛使用，减少饲料损失的同时减轻了对水体的污染。

在饲料资源开发与高效利用技术方面，饲料原料（如发酵豆粕、发酵菜籽粕、发酵棉籽粕及其他杂粕等）发酵处理增值加工技术进展较快。这些技术在发酵菌种的研发、发酵

工艺创新方面均取得显著成效。另外,小麦蛋白肽、大豆肽、菜籽蛋白肽等生产技术也在国际上进行了应用。目前在西方发达国家,以发酵饼粕及大宗低值蛋白质资源生产为基础的生物饲料的加工、营养特性研究取得了显著成就。

8. 发酵面食结合食文化深究产品特性,并发展保质保鲜技术

发达国家面包主食产业现代化水平较高,生产技术和装备逐渐趋向自动化,主食产业化程度已达到了80%以上。发达国家在发酵面食的特性研究方面做了大量系统而深入的工作,如对面粉与面团的特性研究,揭示它们与发酵面食品质之间的对应关系,实现了工艺技术条件的量化,保障味道、口感、内部结构品质的优化工艺条件。开发合理而先进的生产工艺和技术,大力发展发酵食品的减菌化加工技术和保鲜技术等[30]。

发达国家十分重视弘扬自己的食文化,以达到扩大本国影响力和农产品贸易优势地位的目的。根据市场和消费者的需求,不断研究新的技术与加工工艺,在发酵面食品种上创新,并建立现代冷链物流体系,通过采用GPS等先进的管理手段实现产品流通中的动态位置管理、运行速度管理等,对产品实施即时运行管理,确保产品品质和安全。

对发酵面食的保鲜技术特别是抗老化技术方面的改进:一是通过加强生产环境的卫生管理以避免有害微生物的侵染;二是通过创新抗老化工艺技术延缓发酵面食的老化,使其在较长时间内拥有良好的食用品质,延长货架期,满足商业化和工业化生产的需求。近年来,国外研究人员还加强了发酵面食营养性与健康性的研究,尤其是发酵面食营养效价对粮食利用与节约的研究。

9. 粮油信息系统较完善且共享平台使用广泛

发达国家在粮食收获阶段及储藏阶段信息技术的研究与应用较为先进和成熟,粮食生产机械化程度高。美国、俄罗斯等通过卫星遥感、GPS对农作物种植密度、生长情况进行分析,对农作物产量、种植面积进行预测,根据农作物的生长状况信息决定是否采取除虫或施肥增产等措施。粮食质量检测技术成熟,装备自动化程度高,收割设备、仓储设备自动在线采集粮食质量信息并储存,携带到仓储、加工、贸易环节,实现了粮食质量的可溯源机制。粮食加工阶段,大量采用CCD、计算机、伺服驱动系统等先进技术,具有自动检测、自动报警、自动纠错功能,甚至达到无人操作[31]。

发达国家粮食行业信息共享平台使用广泛,提供粮食品种、市场、期货、贸易、价格、天气多方面信息服务,指导和服务农场的生产和经营。其粮食质量溯源系统体系成熟,在制造及加工行业多都引入制造执行系统(Manufacturing Execution System,MES)理念,能通过信息传递,对从订单下达到产品完成的整个生产过程进行优化管理。

(二)国内研究存在的差距

我国粮油科学与技术学科在近些年来已取得世人瞩目的发展,粮食储藏应用技术已达到国际领先水平,粮油加工工艺和装备与饲料加工装备已达到或接近世界先进水平,发酵面食等学科在管理和控制方面都有所提高,食品安全检测方法与技术不断更新等,但总体看，粮油各分支学科发展不平衡，总体水平与发达国家相比，还存在一定的差距。

1. 基础理论研究薄弱，不够细化与深入

储粮生态理论研究、储粮害虫抗药性分子生物学研究、储粮品质变化机理研究、粮食储藏稳定性与各生态因子关系研究、粮食热物理特性和通风干燥基础理论研究等还缺乏深入研究。从分子层面阐明粮油产品加工品质及食用特性形成的机制研究不够，玉米组分功能特性、玉米淀粉分子结构、变性淀粉改性机制、玉米生物转化过程及调控机理、低质饼粕类资源的深度开发利用等方面的科学理论研究均存在一定差距。粮油质量快速检测技术基础研究比较薄弱，导致质量安全控制技术规范比较缺乏，粮食质量安全追溯体系缺乏技术支撑。粮油信息基本功能还不完善，管控一体化系统中所涉及的信息及决策缺乏智能机制研究。粮食、油料新资源和植物油脂制品营养成分及功能活性物质数据库建立、粮油制品与慢性疾病防控和健康关系、不同加工精度粮油产品中特征植物化学素对人体健康影响、预防和控制慢性疾病的粮油制品消费方式与作用机理等基础研究亟待加强。我国传统粮油主食品工业化的研究不足，发酵工艺、面团性质、加工与保鲜、营养与健康等基础研究还不够深入，没有形成系统而实用的理论体系。杂粮深加工产品缺乏，产业化程度较低。

2. 科技成果产业化转化力度不够，对产业发展的支撑作用不强

由于科研队伍的人才水平和研发水平偏低，技术创新少，对产业发展支撑作用弱，存在"三多三少一脱节"现象，即提高产量的技术多，改善质量、生态和环境保护的技术少；引进外业的技术多，自主知识产权的创新技术少；一般性科技成果多，重大突破性科技成果少；项目研究和成果转化脱节，很多技术成果处于资料状态，适用技术的推广和应用还存在障碍。目前，我国粮油加工技术进步贡献率为35%，与发达国家普遍70%以上的水平相比有较大差距。在储粮生物防治、储粮害虫综合治理、粮食质量安全管理和测控、粮食储藏与安全关键机械装备以及自动化、信息化、集成技术等先进成果和技术集成成果的转化和产业化水平较低，亟须推广和普及。粮食物流"四散"技术和设备、农村粮食产后集约化服务、市场信息与风险分析服务等亟待推广。

3. 资源综合利用率低，粮油产品加工工艺尚需进一步创新

我国对粮食资源高效利用、综合利用研究水平偏低，原料损耗及生产能耗大，新型绿色加工技术应用不足。目前，我国稻谷加工的大米成品率为65%，小麦加工的面粉率仅为75%，且地区差异也较大，同品种面粉出粉率相差3%～4%，可食粮食资源的损失率在5%左右。此外，我国仅有10%的粮食转化为工业品，每年约有3000万t稻壳、1000万t米糠、2000万t碎米没有得到有效合理地开发利用（发达国家粮食加工转化增值比为1∶7，而我国仅为1∶1）。我国玉米深加工企业原料利用率偏低，有4%左右的原料未利用，主要成为含可溶性糖类、蛋白质等的高浓度有机废水排出，造成了资源浪费和环境污染。我国淀粉加工企业的干物质回收率、水耗、自动化程度等方面与发达国家仍存在一定的差距。我国对油脚、磷脂、脱臭馏出物、废白土、油料及壳、蛋白乳清、豆渣、胡麻胶

等副产品的整体利用率不足 10%。大豆蛋白已经得到较好开发利用，但油料蛋白开发利用技术仍需要进一步发展。我国在低质饼粕类资源的深度开发利用的创新研究不够，产品种类少，技术水平不高。能量饲料资源的科学利用尚有差距。优质牧草资源有限，青贮技术推广应用水平与发达国家仍存在较大差距。

4. 粮油加工技术装备智能化水平还需进一步提升

目前，国内用于粮食加工的大型成套设备在高效、低碳、节粮、环保、智能化等方面还有待进一步提高，较突出的是加工企业集约化程度不高，加工工艺不完善，产品质量不稳定，单位能耗高。我国正式注册的日加工小麦能力 50t 以上的面粉加工企业近万家，遍及城乡，小型分散，小麦粉日加工能力超过 1000t 的面粉厂总生产能力的 17% 左右，而美国在 50% 以上。我国粮食加工装备的科研成果在装备制造业中的转化率不足 60%，自主化率仅为 45% 左右，多数国产加工装备的研发还处于仿制和结构改进阶段，缺乏核心技术，对设备引进和消化吸收后没有进行再创新。在饲料行业，美国和欧洲饲料产量的 80% 是由大型企业生产的，而中国大型饲料企业产量占总产量的比例在 40% 以下。饲料加工设备在功能性、生产效率、可靠性和环保性能等方面尚存在差距。在油脂加工中，综合加工利用水平较低，产品低值高损现象明显。制油机械装备自主创新能力不强，设备的运行稳定性和自动化、机电一体化水平还有待进一步提高。在粮油质量检验方面，我国已经开发或正在开发的粮油质量检测仪器较多，但分析仪器的国产化程度仍然较低，特别是具有集成化、数字化、智能化、自动化、小型化检测装置还主要依赖国外购置，购置成本高。

（三）产生差距的原因

我国粮油科学与技术学科发展现状与国外发达国家相比存在较大的差距，分析其原因，主要有以下几个方面：

1. 高端人才缺乏，学科建设与高层次科技创新人才培养机制不完善

尽管这些年国家在学科建设的人才方面有了一些新举措，吸引和培养了一批高学历人才，引进了一些年轻博士从事本学科的研究和教学工作，但是由于学科多年来底子薄、起点低、受传统思想束缚，导致在行业有影响力的学科带头人、跨学科的创新型人才、在国内外具有较高知名度的领军人才还很缺乏，现在的人才队伍已不能满足实际需求和未来发展的需要，亟待从学科建设和高层次科技创新人才汇聚以及培养水平等方面去提升，从源头上解决了制约我国粮油学科科技创新的瓶颈。

在学科人才培养方面，粮油科学与技术方面的大学科研究较为分散和重复，复合型人才及应用型人才培养需要加强。目前，国内设立油脂加工专业学科的高校不多，油脂加工常作为食品科学与工程专业中的一个专业方向，油脂专业人才结构性矛盾较突出。发酵面食从业人员大部分学历低，缺乏基本的专业理论知识，多以传统操作方法或积累经验指导生产，难以培养高层次的专业人才。粮食信息与自动化学科在国内还没有设置相关课程，缺乏交叉学科、多元素的培养策略。粮食行业信息化培训机制的不完善，也使得人才培养问题成为粮食信息化发展的瓶颈问题。粮食物流学科缺少体现行业特点的课程体系，通晓运输、仓储、计划调配等各环节的综合知识型粮食物流人才匮乏。总之，高端人才缺乏，学科建设与高层次科技创新人才培养机制不完善是学科发展的关键瓶颈。

2. 技术创新体系尚未建立，协作体制不健全

尽管这些年我国粮油学科的项目研究向着产学研结合方向发展，取得了较大成效，但单打独斗、小打小闹的局面仍然比较突出。本学科在科研、生产、设计、制造等环节分离，无法形成合力，不能达到优势互补，自主创新能力弱化，由此可见，多部门、多学科、多层次、全方位的协同创新科技体系不完善，制约着粮油学科重大理论与技术的突破。

3. 科技资金投入不足

我国对于粮油食品学科建设与科技研发投入长期不足，专业科研机构较少。虽然国家在"十二五"期间对粮油学科建设、基础科学研究投入有了较大增长，但整体科研投入还是不够，缺乏长效机制。目前，我国粮油大学科建设和发展主要依靠国家的项目资金投入并依托科研院所和大专院校实施推动，自2003年科研院所改制成科研企业并实施自负盈亏以后，项目经费又非常有限，一方面要在有限资金内做好项目；另一方面还得投入市场求生存，极大地分散了科研企业的研究精力，诸如基础研究等课题很难自主投入去深入研究。粮油企业对高新技术的应用研究投入也更是有限，远低于发达国家水平。因此，学科投入与机制体制扶持力度还需要加强，为粮油学科发展提供保障。

4. 科技成果转化与创新平台缺乏

粮油学科的转化平台还是主要依赖行业外的企业进行转化，很多时候平台转化能力跟不上行业的发展，如粮食储藏与安全科技成果转化和产业化的机制与工程化平台缺乏，不能有效地促进粮食储藏与安全科技创新、成果转化和推广，致使我国粮食储藏与安全科技成果转化率和产业化率较低。玉米科技创新平台缺乏，产品创制能力以及工程化能力明显不足，从而导致了技术系统集成创新能力差，不少有价值的成果不能高效地转化为市场产品。

四、发展趋势与展望

（一）战略需求

在国家强农惠农政策支持下，我国粮食产量稳步增长。2014年，我国粮食产量实现"十一连增"，全年粮食总产量达60709.9万t，比上年增加516万t，增产0.9%[32]；企业粮食收购量达到36490万t，其中最低收购价和临时收储粮食12390万t，促进种粮农民增收550亿元以上，有效地保护了种粮农民利益和生产积极性。粮油加工业规模化、集聚化发展势头强劲。2014年，粮油加工业总产值2.45万亿元，同比增幅7.5%，保持较快发展；规模以上粮油加工企业数量占比进一步提高，小麦、玉米、饲料规模以上企业占比达70%以上，食用植物油规模以上占比超过60%，稻谷规模以上企业首次超过50%。随着人们收

入水平的不断提高，粮油消费结构进一步升级，谷物直接消费呈现下降态势，肉蛋奶水等产品消费比重增加。2013年，全国居民人均消费粮食148.7kg（其中谷物138.9kg），植物油12.7kg；城镇居民和农村居民恩格尔系数分别由1978年的57.5%和67.7%分别下降到35.0%和37.7%。

在我国经济结构战略性调整加速推进，粮食贸易全球化、粮食购销市场化程度不断加深的背景下，一方面，受耕地、淡水等资源环境约束，粮食连续增产的难度越来越大，随着人口增加、消费结构升级、城镇化进程加快，粮食需求将继续刚性增长，"紧平衡"将成为我国粮食供求的长期态势。另一方面，国内粮食生产连年丰收，而粮食需求增速放缓，粮食高产量、高收购量、高库存量"三高"叠加。我国粮食安全面临着重大挑战：一是粮食生产成本"地板"不断抬高，进口粮价与国内粮价之差逼近"天花板"，粮食价格面临双重挤压；二是进口粮食创历史新高，2014年达到1亿t，其中大豆进口7140万t，高粱、大麦等品种进口约2500万t。三是部分粮食重金属、真菌毒素超标，对保障粮食数量安全、质量安全及食品安全都带来了严重威胁。四是粮食过度加工、副产物综合利用程度低，粮食产后损失问题仍然比较突出。据测算，全国农户储粮、储藏、运输、加工等环节损失浪费粮食每年达350亿kg以上。五是粮食仓储作业机械化程度低、人工成本高、作业环境差，传统的粗放作业模式难以满足安全高效、节能环保的要求。六是人们的营养不平衡，科学膳食结构有待进一步提高，特别是肉类、油脂消费过多，造成人们营养不平衡，慢性疾病增多。

习近平总书记指出，保障国家粮食安全是一个永恒的课题，任何时候这根弦都不能松，中国人的饭碗任何时候都要牢牢端在自己手上，我们的饭碗应该主要装中国粮。李克强总理提出，要守住管好"天下粮仓"，做好"广积粮、积好粮、好积粮"三篇文章。2013年中央确立了"以我为主、立足国内、确保产能、适度进口、科技支撑"的国家粮食安全新战略。2014年召开的全国粮食科技创新大会提出：粮食科技必须聚焦行业重大需求，实施科技兴粮工程，促进粮食流通科学发展，支撑国家粮食安全。按照中央和行业对粮食科技创新提出的新要求，今后粮油科技发展必须以优质营养、方便特色、高效智能、绿色低碳、创新设计和行业需求为导向，重点在粮食收储模式创新、加工节粮提质增效、质量安全、营养技术、信息化建设等环节大力提升科技创新水平[33, 34]。

1. 加快转变粮食收储模式，实现收储现代化

重点解决粮食产后收储环节损失，建立粮食分类收储技术体系，创新粮食收储模式。在农户储粮环节，要着力解决现有的农户科学储粮仓对家庭农场、合作组织、大农户不适用、不够用的问题，抓紧研制适合大户科学储粮的新装具；在企业仓储环节，攻克平房仓、粮食进仓出仓作业难的问题，加快粮食进出仓机械设备的研发；在储粮、生物技术应用方面，要紧贴节能减排、建设生态文明的要求，研究低温节能储藏保质技术、开展物理、绿色防治技术，广泛应用非化学药剂杀虫技术；在粮食烘干环节，充分利用秸秆、稻壳等综合利用技术，减少秸秆燃烧和粮食烘干能源消耗带来的污染和排放。

2. 加快粮油加工节粮提质增效关键技术研发，推动粮食产业链优化升级

聚焦我国粮油加工领域的减损提质、营养健康转型升级及增值增效的战略需求，加快粮油加工、节粮提质增效关键技术的研发，延伸产业链条，提高粮食资源综合利用率。重点解决目前粮油加工业目前存在的成品粮过度加工严重；粮油产品结构不合理，新型营养健康粮油产品比重偏低；粮油、饲料加工专用装备制造水平和自动化水平不高以及粮油及副产物资源饲料加工转化利用率偏低等突出问题。

3. 加快粮食质量安全关键技术研究，完善粮食质量安全体系

进一步加快粮食质量安全关键技术研究，完善监测预警技术体系，建立快检技术体系，健全污染粮食处置技术体系等。在粮食质量安全监测方面，着力研究粮食收购、售卖现场品质快速检验技术，把粮食质量安全隐患解决在购销活动的源头；在污染粮食的处理方面，要积极研究运用粮食毒素消减技术，彻底解决因恶劣气候和储藏条件差等原因导致粮食被污染的问题，使污染被降解的粮食资源绝对安全可靠。

4. 加强粮油营养技术研究，强化居民营养改善

深入开展粮油营养技术研究，确保粮油产品安全、优质、营养，保障食物有效供给，优化食物结构，强化居民营养改善。重点以营养健康为目标，将粮食加工与营养膳食模式相结合，开展粮油营养、安全和功能性评价研究；预防和控制慢性疾病的粮油制品消费方式与作用机理研究。

5. 依托现代信息技术，加快粮食行业信息化建设

充分利用物联网、大数据、云计算等信息技术手段，加快信息化建设，建设智慧粮食，提升粮食行业收储、物流、加工、电子交易等业务流程的自动化、信息化和智能化管理水平。重点开展基于物联网技术粮食从收购、仓储、加工流通环节直到市场销售质量追溯研究；利用大数据分析建立智能模型，建设智慧粮食系统，为粮食的监管和调控提供支撑；加快粮食行业信息化建设标准体系规范建设，实现互联互通、信息共享、业务协同；加强物流新装备、高效衔接技术集成研究。

（二）研究方向和研究重点

1. 粮食储藏

（1）应用基础研究。①储粮虫霉绿色防控研究。重点研究储粮害虫抗性机理，我国储粮害虫区系和抗药性调查；储粮害虫生态行为和防控机理；粮堆生态系统生物群落演替规律，构建预测预报模型；虫霉发生发展演替规律的与影响因子基础。②新型粮食收储模式研究。重点研究粮食产后服务中心模式及运行机制；粮食收获后不落地收储整理作业模式和配套技术规范；适用于新农合组织的粮食收购分类标准体系及新型粮食收储管理体系。③粮油储藏保质减损研究。重点研究粮食储藏生态理论及粮堆生态系统与储粮保质保鲜基础；粮食品质劣变机理和敏感特征指标快速检测技术；高水分粮保质保鲜干燥和减碎机理；粮油品种与储藏加工特性关系。④粮食收储环境粉尘控制机理研究。重点研究粮食收

储过程粉尘特性、粉尘分布及扩散特性；粮食粉尘爆炸机理和不同条件下燃烧特性；大型粮堆火灾监控及应急处置方法。

（2）关键技术和产品研发。①储粮虫霉绿色防控关键技术研发。重点研发储粮害虫综合诱杀新技术和产品；气调储粮品质控制技术；粮油储运全环节的生物、物理等绿色防治储粮虫霉技术；以及减少化学药剂使用的综合治理技术和产品；高效低毒防治储粮害虫的熏蒸剂和保护剂；基于新型传感器的储粮虫霉检测技术和产品。②粮油储藏保质减损关键技术研发。重点研究储备粮库保质保鲜工艺技术组合优化；稻谷和糙米低温保鲜储藏工艺组合技术与装备；成品粮应急低温储粮技术；稻谷保质干燥新装备和水分在线监测及品质信息即时反馈控制系统；高水分粮食入仓安全处置新技术；防止长期储粮水分减量新技术；粮食节能保质干燥新工艺与装备；利用太阳能等新能源低温储粮和节能干燥技术。③粮食收储环境粉尘控制关键技术研发。重点研究高大平房仓粉尘抑制技术和装备；粮食仓储企业粉尘爆炸风险监测技术与装置；适宜新仓建设和旧仓改造的保温气密新工艺及新材料。

（3）集成与应用示范。①储粮虫霉绿色防控技术应用示范。在全国开展储粮虫霉预测预报系统工程、适用于农户储粮新仓型或新模式的农户绿色安全储粮虫霉防治技术、国家储备粮库储粮虫霉综合防治技术示范。②粮食产后收储服务中心科技支撑示范工程。在粮食主产区建设产后收储服务中心，开展从田间到收纳库不落地配套收储装具和装卸设备示范。③现代粮仓绿色生态低碳智能储藏科技示范工程。在七大储粮生态区粮库开展横向通风储粮和机械化进出仓作业的绿色生态低碳智能储藏成套技术应用示范；建设利用太阳能等新能源的低温储粮或节能干燥应用示范粮库[35]。

2. 粮食加工

（1）应用基础研究。①粮食加工转化基础研究。重点研究粮食食用品质、加工品质评价新方法；粮食适度加工食用品质、营养品质变化规律；大米、小麦粉加工精度与产品货架期关系及调控；米面主食产品抗老化、保鲜保质机理与调控。②粮食功能组分、生理活性与加工过程调控研究。重点研究粮食中多糖、膳食纤维、植物甾醇、抗氧化组等的生物活性及其在加工过程的变化和保留；粮油功能性碳水化合物、活性蛋白（肽）等的分离鉴定及其在食品应用过程中的结构 – 特性关系；全谷物食品及健康谷物食品配料的品质形成机理及其加工过程调控。③粮食安全保障支撑技术研究。重点研究建立按营养、品质、安全、加工用途分类的我国粮食资源分类评价体系、供求趋势变化分析体系及资源合理利用决策分析系统；大宗粮食加工转化技术经济指标评价体系、预测模型和基础数据平台及调控决策分析系统。

（2）关键技术与产品研发。①粮食加工转化关键技术研发。重点研发大宗粮食转化新技术、新产品；成品粮适度加工技术与标准规范；全谷物及杂粮产品加工新技术、新产品与标准规范；专用小麦粉、专用米加工质量控制新技术；营养保留和营养重组型大米、小麦粉质量控制技术；污染及劣质粮食生物加工转化技术。②粮油主食制品产业化关键技术研发。重点研发米制品、面制品等大宗主食产品关键生产技术，建立生产环境、工艺设备、原料成品及过程质量控制、包装保鲜、贮存运输、供应网点、主食厨房、应急加工配送等技术规范标准；大宗米制主食新技术、新工艺和新产品；脱水即食米饭及配菜加工工艺与快速复水、延长货架期技术。③粮油副产物高效利用关键技术研发。重点研究粮油副产物稳定化技术和集并模式；粮油副产物加工优化升级技术；粮油副产物加工利用技术规范和产品标准；粮油副产物加工新产品、新工艺、新技术。④粮油及其制品加工装备升级研发。重点研发低破碎率稻谷碾米关键技术和设备；面制主食品加工大型成套自动化和智能化升级装备；脱水即食米饭和传统米制品加工关键技术与装备；节令性米面制品成套自动化智能化加工关键技术与装备；薯类主食品成套自动化智能化加工关键技术与装备。

（3）集成与应用示范。大米、小麦粉适度加工新标准、新产品推广应用示范；大宗米面主食生产配送技术规范应用示范；粮油加工副产物集并模式和高效利用技术应用示范[36]。

3. 油脂加工

（1）应用基础研究。重点研究植物油加工精度与营养品质和食用品质之间的关系；植物油货架期品质和风味变化规律、形成机理与调控方法；脂肪酸的种类、比例以及甘三酯结构与分子营养学关系和保健功能；结构脂质的结构形成机理与功能性质的关系。

（2）关键技术与产品研发。重点研发健康植物油适度精炼关键升级技术、营养脂质新产品；煎炸、起酥、凉拌、调味等各类家庭专用油脂和食品工业专用油脂；小包装食用油产品；适合不同消费群体的功能性油脂（如运动员专用、降血脂、促进生长发育、减肥等）；油茶籽、月见草、紫苏、葡萄籽、红花籽、茶叶籽、沙棘、山苍子、核桃和杏仁等特种油料制油和饼粕利用关键技术；利用生物技术制备特殊功能微生物新油脂；米糠、玉米胚芽集中制油和饼粕等综合高效利用升级技术；大豆和双低油菜籽等新型溶剂连续浸出工艺技术和设备；油菜籽和花生等高效与安全的非溶剂制油新工艺和装备；膜分离等技术与装备在油脂废水处理和回收油脂中应用；大型成套高效节能油脂加工升级装备和自动化、智能化控制技术。

（3）集成与应用示范。健康植物油适度加工、功能性脂质新产品产业化应用示范；大型成套智能化和高效节能油脂专用加工升级装备应用示范；米糠集中制油和饼粕综合高效升级利用产业化推广示范[37]。

4. 粮油质量安全

（1）应用基础研究。重点研究异常气候、病虫害与粮食霉变和真菌毒素污染关系及风险预警模型；水土重金属污染与粮食重金属污染关系及风险预警模型；粮油储藏加工有害因子产生、变化与控制机理；粮油添加物安全性与工艺必要性评价；粮油产品未知添加物监测调查与安全风险评估；转基因粮油基因成分加工迁移变化规律及食用安全评价；粮食收获、储藏和加工过程中微生物区系及其变化规律；产毒微生物的产毒、成灾机制和内部、环境因素等对产毒的影响调控机理；真菌毒素和重金属污染粮食脱毒机理和制品的安全性评价。

（2）关键技术和产品研发。①收获粮食质量安全监测技术体系研发。重点研究监测采样、检验、安全分级、信息共享技术规范和标准；区域性粮食质量安全风险预警与分类收购指导信息推送服务体系。②污染区域粮食收储加工与质量安全控制技术研发。重点研究污染区域粮食强制检验、安全标识、跟踪追溯、准出管理等系统集成技术标准规范；真菌毒素和重金属污染粮食的生物、理化脱除技术工艺与装备；污染粮食综合利用途径及规范标准。③"放心粮油"保障体系研发。重点研究"放心粮油"产品监测预警体系、安全信用评价体系和数据共享平台，健全相关模式、规范和标准，开发"放心粮油"产品质量安全查询服务系统。④粮油快速检测关键技术研发。重点研究粮油现场常规质量、食用品质和安全卫生指标的高精度、便携快速检验升级仪器；粮油高效、绿色无损和在线快速检测技术与仪器；粮油食品添加剂安全评价与检测新技术；粮油加工中微量营养素、抗营养因子和过敏原等快速检测新技术；粮油质量安全特征指纹图谱和掺伪快速识别技术；粮油有害物质高通量快检技术和仪器；粮油产品转基因成分快速检测技术；高精度便捷储粮生物危害早期监测预警升级技术和设备。⑤粮油有害微生物的鉴别关键技术研发。重点研究粮油有害微生物的分子鉴别技术和防控技术；绿色、高效的防霉剂及其应用技术与设备；粮油食品添加剂化学替代的生物技术工艺和装备。

（3）集成与示范。粮食质量安全风险全产业链监测预警应用示范；粮食污染警示区域干预性收购快检分类与质量信息跟踪溯源技术应用示范；放心粮油供应体系风险监测与企业质量安全信用评价查询技术体系应用示范[38]。

5. 粮食物流

（1）应用基础研究。①现代粮食物流组织运营模式研究。重点研究新型粮食收储运模式与体系；粮食运输的组织、管理与物流、信息流和资金流的现代运营模式；跨省长距离粮食物流的成本效率和最优运输距离计算模型；减少各类粮食运输损耗综合成本效益预测分析；"走出去"粮食企业的组织运营和物流模式。②研究粮食供求平衡预测，建立粮食供求平衡模型；粮油应急调度辅助决策支持技术；建立粮油物流综合信息服务决策支持平台。

（2）关键技术与产品研发。①粮食物流体系整合布局研究。重点研究基于物联网、云计算技术的粮食物流监管及信息服务技术；粮食物流专用装备的信息化接口技术；粮食物流动态追踪专用仪器；粮食物流园区智慧化综合信息集成平台；农村粮食现代物流体系。②现代粮食物流作业与装备标准体系研究。重点研究符合清洁、减损、节能、低噪、经济、高效作业要求的系列化粮食收储设施、运输工具、装卸机械作业规程与装备技术标准体系，粮食物流信息编码及物流信息集成技术。③粮食物流高效衔接装备关键技术研究。重点研发运载机具和装卸机具技术与装备标准化；中转仓储设施配套技术、船船直取等衔接配套技术、大型粮食装卸车点配套技术以及铁路站场高效粮食装卸技术及标准化。④粮食物流关键装备研发。重点研发单元化粮食物流新技术、新装备；粮食物流单元的标记、跟踪技术以及粮食物流信息港技术；标准化船型、装卸设施和设备优化等内河散粮运输技术；高大平房仓散粮进出仓清理和输送装卸设备；平房仓粮食集中接收、发放新工艺和成套装备；成品粮物流新技术与装备。

（3）集成与应用示范。新型标准化粮食收储作业成套技术设备应用示范；现代粮食物流装备集成应用示范[39]。

6. 粮油营养

（1）应用基础研究。①粮油健康消费指南研究。重点研究我国居民膳食结构特点及变化趋势；不同膳食对健康的影响及作用机理，谷物消费减少与慢性疾病增长的内在联系；不同人群的谷物健康消费指导模型；我国粮油及制品营养成分数据库及膳食营养专家指导系统。②粮油成分和活性物质营养机理研究。重点研究粮油营养成分和活性物质及其协同作用在免疫调节、改善血脂、预防癌症以及心血管疾病的健康功效关系；脂肪分子结构的代谢特征及其与血脂和体重控制的关系；全谷物食品、营养强化粮油食品及低能值粮油食品的消化代谢特性和营养作用机理；粮油营养成分在加工中变化规律；加工和烹饪对粮油营养素利用率的影响规律；粮油中内源毒素和抗营养因子的毒理和对人们健康的影响。

（2）关键技术和产品研发。重点研发团体与家庭营养日餐基本模型及产品设计系统；特殊人群营养日餐与健康粮油食品关键生产技术；新型营养强化粮油食品关键生产技术；减少加工过程中微量营养素损失的新技术和新产品；提高粮油营养素在人体中消化吸收利用效率技术；功能性碳水化合物和功能性蛋白多肽新产品；粮油中内源毒素和抗营养因子控制和降解新技术。

（3）集成与应用示范。我国居民基础膳食营养搭配专家服务平台应用示范；典型人群营养改善日餐应用示范[40]。

7. 饲料加工

（1）应用基础研究。重点研究粮食营养和消化特性与饲料加工之间的关系；粮食、油料及副产物蛋白质（氨基酸、肽）和能量利用效率评定新方法；饲料原料及混合料在加工中的流变学特性；饲料高效粉碎模式与机理；动物机能调节剂作用机理；粮油饲料功能性碳氮有效释放与吸收机理；碳氮营养素对养殖动物抗逆境与抗病功能的调控机理。

（2）关键技术与产品研发。①饲料加工关键新技术研发。重点研究减少抗生素使用的新型粮油生物饲料技术；蛋白原料替代的新型粮油饲料资源技术；应用生物工程技术、低成本干燥技术等高新技术生产优质蛋白饲料的新工艺；饼粕高效脱毒提高大宗饼粕的饲用效价技术；绿色环保、高效及功能型饲料添加剂。②饲料加工关键装备升级研发。重点研发高效、节能、环保饲料加工新型饲料设备；垂直式饲料厂新工艺；准确饲料生产与质量控制新工艺；清洁饲料工厂工艺设计及全厂自动化控制升级技术；饲料产品质量在线监测等检测设备与技术。

（3）集成与应用示范。新型优质蛋白饲料和新型能量饲料原料产业化示范；饲用浓缩植物蛋白及其肽产业化示范；高效、节能、环保、自动化、智能化饲料加工技术与设备应用示范[41]。

8. 发酵面食

（1）应用基础研究。重点研究发酵面食原料品质、卫生和安全性评价方法，发酵面食加工工艺、配料及其相互作用对产品风味、口感、结构等的影响，不同配料面团的流变学特性及组分相互作用机理，发酵剂对面食风味、营养和食用品质的改善作用及调节机理，老面发酵剂菌种调查和评价，发酵面食中淀粉回升新机理与延缓老化调控机理，发酵面食品质改良技术及改良剂特性评价方法，发酵面食产品保鲜和保质期。

（2）关键技术与产品研发。重点研发馒头、包子等大宗发酵主食产业化生产工艺技术与设备，建立生产环境、工艺设备、原料成品及过程质量控制、包装保鲜、贮存运输、应急配送技术规范标准，主食厨房和连锁网点发酵面食工艺升级技术与质量管控规范，营养、功能及抗老化发酵面食新产品，冷冻发酵面食新技术和新产品，老面发酵优化技术，传统风味的新型复合发酵剂，发酵面食保鲜工艺与设备，新型高效安全发酵面食品质改良剂。

（3）集成与应用示范。标准化大型馒头包子等发酵面食生产与配送示范，标准化主食厨房和连锁网点发酵面食生产与营销示范[42]。

9. 粮油信息与自动化

（1）应用基础研究。重点研究目标价格、政策性粮食监管、预警预测、质量安全追溯、应急调度的辅助决策和信息服务决策支持模型，建立面向粮食行业的信息化标准体系，有效保障粮食生命周期整个产业链条上各类生产经营（包括生产、收购、仓储、加工、物流、销售等各类型企业）与行业管理之间信息的互联互通。

（2）关键技术和产品研发。重点研究基于大数据技术的粮情信息采集与获取技术，基于粮情信息数据汇聚、存储、挖掘和应用的和面向粮情云平台多参数检测与粮食供需平衡与预测、库存监管、目标价格和质量安全可追溯等业务的共性技术，基于互联网＋和工业4.0的贯穿粮食生产、储备、市场到消费等各环节的支撑技术与产品，实现全产业链的管理信息化、生产智能化。

（3）集成与应用示范。粮油信息服务平台工程。形成涵盖种植、气象、收购、储藏、流通、加工、消费、贸易、政策等多信息、多部门有机配合的大粮情信息网络平台，实现粮食动态与服务信息的共享和互联互通；数字粮库工程。运用库存粮食识别代码和传感器等信息技术，加快提升粮库的智能管控一体化水平，实现对粮食库存的动态监管；粮食质量溯源示范工程。构建海量的粮食质量数据库，利用粮食质量分析模型，同时以识别代码作为技术载体，探索建立"从田间到餐桌"的粮食质量全过程追溯体系[43]。

（三）发展策略

国家粮食局任正晓局长在全国粮食科技创新大会上强调，实施科技兴粮工程，促进粮

食科技创新发展，是落实创新驱动发展战略的迫切要求，是贯彻国家粮食安全战略的根本
要求，是实现粮食流通科学发展的根本途径。为加快推进粮食产业现代化建设，发挥粮油
科技的支撑引领作用，在未来5年粮油学科建设发展中，应积极做好以下工作：

1. 聚焦行业需求，加强粮油科研顶层设计

紧紧围绕粮安工程、粮库建设、智慧粮食、节粮减损、质量安全、应急保供、加工转
化、主食产业、营养健康等重大需求，采用系统工程方法，加强科技创新顶层设计，打通
产品链条、流通链条、管理链条及关键领域、关键环节的技术难点，梳理凝练重大科研项
目，组织跨学科、跨行业联合攻关，实现科研与应用的高效对接。

2. 加强粮食安全战略研究，推进产业发展模式创新

深入研究世情国情粮情，把握粮油科技主攻方向和技术发展趋势，围绕粮食供求、价
格、成本，粮食产业规划、粮食储备和物流经营组织管理方式和模式等粮食行业急需解决
的关键性和战略性问题，为完善粮食生产流通产业政策提供科学依据和思路建议，积极探
索建立粮食生产、流通和管理新模式，提升粮食产业软实力，发挥科技创新和管理创新双
轮驱动作用，以科技创新推动提升行业管理水平，以管理创新和模式创新为科技创新提供
更大空间。

3. 加强示范工程引领，提升原始创新集成创新能力

大力组织开展以示范工程建设为核心的科技创新工程。围绕解决生产和管理中急需解
决的热点难点问题，有针对性地研究提出系统解决方案，通过加强生产工程示范和管理工
程示范，提高科技创新设计和组织的规模化、集成化、工程化、协作化水平，消除碎片化
倾向，提升原始创新能力，及时检验创新成果的有效性、适应性，促进创新成果的完善、
提升和转化推广。

4. 加大粮油科技投入力度，提高财政科研经费使用效率

粮油科技属于社会公益科技范畴，是农业科技的重要组成部分。建议国家加大对粮油
科技投入力度，对战略发展、储藏保鲜、质量安全、品质营养、标准化、信息化等公益研
究及推广服务给予长期稳定支持；在粮食收储、加工转化、质量安全监管、信息化等集成
创新和工程示范方面给予重点支持；在粮油加工、深加工关键技术和新装备开发方面给予
重点扶持。完善粮油科技成果评价与推荐制度，规范成果评价程序和推荐行为，促进科技
成果的推广转化。建立健全粮油科技成果和信息发布制度，加强公益性科研成果和基础数
据的社会共享，强化对科研成果应用跟踪评价。

5. 整合粮油科技资源，构建科技兴粮创新体系

加强公益性粮油科研体系建设，以任务分工为纽带，以建立稳定支持机制为杠杆，以
严格绩效考评为要约，加强整体规划，梳理整合粮油科技资源，依托行业公益性科研院
所、院校、检验机构等，形成公益性科研与技术服务体系。加强粮油产业技术联盟建设，
发挥行业龙头企业科技创新主体作用，建立产学研用紧密结合的技术创新体系。加强公益
科研体系与产业技术联盟的共建和融合，加强产学研用交流合作互动；充分利用公益性科

研机构科研条件，为联盟企业提供开放实验室和科研平台服务。

6. 加强粮油科技人才队伍建设，积极调动科研人员积极性

加强粮油学科重点方向学科带头人培养和科研团队建设。创新科研人才培养机制，鼓励青年科技人员承担任务，合理配备科研团队技术力量。改革科技人才评价机制，尊重科研工作规律，鼓励探索，宽容失败。鼓励科研人员定期深入农村、粮库、粮油加工企业及基层管理部门开展调研，加强与基层结对子，建立科研工作站、联系点、示范点，注重接地气，提高解决实际问题能力。完善科研人员激励机制，积极创造条件改善提高科研人员待遇，提高成果转化分配比例，让广大科技人员名利双丰收[44, 45]。

—— 参考文献 ——

［1］粮食储运国家工程实验室. 粮食储藏"四合一"升级新技术通过专家评审［J］. 粮油食品科技, 2014, （06）：122.

［2］陈正行, 王韧, 王莉, 等. 稻米及其副产品深加工技术研究进展［J］. 食品与生物技术学报, 2012, （04）：355-364.

［3］王瑞元. 我国油脂加工业的发展趋势［J］. 粮食与食品工业, 2014, （05）：1-3.

［4］谭晓风, 马履一, 李芳东, 等. 我国木本粮油产业发展战略研究［J］. 经济林研究, 2012, （01）：1-5.

［5］吴铭, 郭立泉, 王淑荣. 生物技术在粮油食品工业的研究进展［J］. 食品工业, 2014, （12）：217-221.

［6］李培武. 粮油产品质量安全检测技术研究动态［J］. 食品安全质量检测学报, 2014, （08）：2356-2357.

［7］邓中学. 积极适应市场化新形势强力推动粮食电子商务［J］. 农业发展与金融, 2004, （11）：46-47.

［8］胡非凡, 吴志华. 中国粮食物流回顾与2014年展望［J］. 粮食科技与经济, 2014, （02）：5-13.

［9］江门市南方输送机械工程有限公司［J］. 粮食流通技术, 2014, （06）：52.

［10］姚轶俊, 姚惠源. 全谷物食品及其健康因子的现代营养学研究现状与展望［J］. 粮食与食品工业, 2015, （02）：3-8.

［11］刘艳春. 微生物发酵饲料在动物生产中的应用［J］. 中国畜牧业, 2015, （04）：46-47.

［12］乔玮, 郝华, 彭会, 等. 抗菌肽作为饲料添加剂的研究进展［J］. 生物技术通报, 2014, （10）：43-48.

［13］李亚杰, 张健梅. 微胶囊的研究进展［J］. 中国畜牧兽医文摘, 2013, （10）：177-178.

［14］张彬彬, 王志琴, 宫泽奇, 等. 我国青贮机械装备发展现状及趋势分析［J］. 中国奶牛, 2014, （Z2）：22-24.

［15］苏静静, 姜小苓, 胡喜贵, 等. 影响馒头品质的相关指标分析［J］. 麦类作物学报, 2014, （06）：860-867.

［16］刘晨, 孙庆申, 吴桐, 等. 三种不同发酵剂馒头风味物质比较分析［J］. 食品科学, 2015, （10）.

［17］组合式馒头生产线［J］. 农产品加工, 2013, （02）：78.

［18］王晶磊, 肖雅斌, 李增凯, 等. 储粮粮情测控系统的应用效果研究［J］. 粮食与食品工业, 2013, （05）：68-70.

［19］张志明, 兰波, 刘建荣, 等. 数字化技术在粮食熏蒸磷化氢浓度远程检测中的应用［J］. 粮食储藏, 2015, （02）：27-29.

［20］李树冰, 马雪, 杨立刚, 等. 我国食品可追溯体系的发展现状及对策［J］. 中国市场, 2013, （38）：44-46.

［21］C.H. Bell. A review of insect responses to variations encountered in the managed storage environment［J］. Journal of Stored Products Research，2014 (59): 260–274.

［22］ Bowden N. Development of the first efficient membrane separations of cis fatty acids［J］. Inform, 2014, 25(9): 558–560.

［23］ Virginia García–Cañas, Carolina Simó, Miguel Herrero, et al. Present and Future Challenges in Food Analysis: Foodomics［J］. Anal. Chem., 2012, 84 (23)：10150–10159.

［24］ Di Wu, Da–Wen Sun. Advanced applications of hyperspectral imaging technology for food quality and safety analysis and assessment: A review — Part I: Fundamentals［J］. Innovative Food Science and Emerging Technologies，2013 (19)：1–14.

［25］ Di Wu, Da–Wen Sun. Advanced applications of hyperspectral imaging technology for food quality and safety analysis and assessment: A review — Part II: Applications［J］. Innovative Food Science and Emerging Technologies，2013 (19) 15–28.

［26］ 朱东红，慕艳芬.国外粮食物流发展概述及启示［J］.世界农业，2007，（3）：7–9.

［27］ Dayısoylu, K. S. et al. Functional food or functional component? Functionality in foods［J］. Journal of Food. 2014，39（1）：57–62.

［28］ Annica A.M. Andersson, Lena Dimberg, Per Åman, Rikard Landberg. Recent findings on certain bioactive components in whole grain wheat and rye［J］. Journal of Cereal Science, 2014（59）：294–311.

［29］ 白文良，王卫国，王亚琴，等.饲料加工科学与技术发展研究 // 粮油科学与技术学科发展报告（2010—2011）［M］.北京：中国科学技术出版社，2011.

［30］ 姚惠源.我国主食工业化生产的现状和发展趋势［J］.现代面粉工业，2010，（4）.

［31］ 张锡贤，孙苟大，朱庆锋.粮食仓储物流企业中信息化技术的全面应用［J］.粮油仓储科技通讯，2012，28（4）：54–56.

［32］ 国家统计局.中国统计年鉴［M］，北京：中国统计出版社，2015.

［33］ 吴子丹.大力实施科技兴粮工程全面提高科技对粮食行业发展的支撑能力（在全国粮食科技创新大会的报告）［EB/OL］.http://www.chinagrain.gov.cn/n16/n3615/n3676/n5148814/n5150452/5161124.html，2014–11–16/2015–09–12.

［34］ 国家粮食局科学研究院.“十三五”科技发展战略研究报告［R］.内部资料，2015.

［35］ 中国粮油学会.粮食储藏分科学技术学科发展报告（2014—2015）［R］.待出版，2015.

［36］ 中国粮油学会.粮食加工分科学技术学科发展报告（2014—2015）［R］.待出版，2015.

［37］ 中国粮油学会.油脂加工分科学技术学科发展报告（2014—2015）［R］.待出版，2015.

［38］ 中国粮油学会.粮油质量安全分科学技术学科发展报告［R］.（2014—2015）［R］.待出版，2015.

［39］ 中国粮油学会.粮食物流分科学技术学科发展报告［R］.（2014—2015）［R］.待出版，2015.

［40］ 中国粮油学会.粮食营养分科学技术学科发展报告［R］.（2014—2015）［R］.待出版，2015.

［41］ 中国粮油学会.饲料加工分科学技术学科发展报告［R］.（2014—2015）［R］.待出版，2015.

［42］ 中国粮油学会.发酵面食分科学技术学科发展报告［R］.（2014—2015）［R］.待出版，2015.

［43］ 中国粮油学会.粮油信息与自动化分科学技术学科发展报告［R］.（2014—2015）［R］.待出版，2015.

［44］ 中共中央国务院办公厅.关于深化科技体制改革加快国家创新体系建设的意见［EB/OL］. http://www.gov.cn/jrzg/2012–09/23/content_2231413.htm,2012–09–23/2015–09–12.

［45］ 中共中央国务院办公厅.关于加大改革创新力度加快农业现代化建设的若干意见［EB/OL］. http://www.gov.cn/zhengce/2015–02/01/content_2813034.htm,2015–02–01/2015–09–12.

撰稿人：胡承森　唐瑞明　朱之光　张建华　卞　科　杜　政　林家永　刘　勇

专题报告

粮食储藏学科的现状与发展

一、引言

　　我国是人口大国，也是粮食生产、消费大国，粮食供需总体上长期处于紧平衡状态，粮食安全始终是关系国民经济发展、社会稳定和国泰民安的全局性重大战略问题，我们必须贯彻落实习近平总书记关于"中国人的饭碗任何时候都要牢牢端在自己手上，我们的饭碗应该主要装中国粮"的指示和李克强总理"守住管好'天下粮仓'，做好'广积粮、积好粮、好积粮'三篇文章"的讲话精神，粮食要"买得进、存得好、卖得出"，为国家安全和社会稳定做出贡献。一方面，采用科学合理的粮食储藏技术保持粮食品质、减少虫霉危害和有毒有害物质的污染，不仅可以大大提高储粮经济附加值，还确保了作为食品消费源头的粮食质量的安全性，保障人们的营养与健康；另一方面通过粮食储藏技术来减少粮食产后损失，开发"无形粮田"，可以增加粮食有效供给量，确保国家粮食安全。

　　粮食储藏学科的主要内容是研究粮食储藏的理论、方法、技术及设施设备，主要包括：研究粮食的科学储藏理论，涵盖储粮生态系统理论、控制生态环境因子变化的技术理论，建立以粮食生态理论为基础的质量检测、粮食干燥、机械通风、粮情测控、低温储藏和气调储藏等仓储作业自动化升级与信息化管理；开发环保、高效的接卸、清理、输送等粮食出入仓工艺及成套设备；研究储粮昆虫和微生物的生态学原理、储粮害虫抗药性产生的机理和快速检测技术、储粮有害生物的无公害生物防治原理和技术，构建和完善储粮有害生物的综合治理体系；研究粮食安全储藏的技术与设施设备，涵盖粮食仓储结构的力学性能、分析理论、结构优化、设计方法、工程抗震防灾及与之相适应的仓储工艺、技术及设施设备。

　　粮食储藏学科近年来也得到了快速发展，储粮生态理论指导储粮技术进一步全面系统深入研究，指明了储藏技术基础理论研究发展方向；氮气气调等新的储粮技术显露出主要储粮技术地位，推动了绿色储粮及节能减排向前迈进，低温储粮技术仍然是未来储粮技术发展方向；信息化、智能化技术不断融入到储藏过程的各个环节，高效、环保的装卸、清理、输送、储藏、检测等粮食专用成套设备得到广泛应用，使粮库作业逐渐由传统的"人工作业"向现代的"智能作业"转变，智能化粮库建设和"四合一"升级新技术得到创新发展；储粮害虫防治从分子生物学、基因遗传等方面进行了深入研究；《粮油储藏技术规范》等国家标准及行业标准的正式发布，储粮技术体系也逐渐趋于完善；学科培训、技术交流等活动开展得有声有色，储粮新技术大大得到推广普及，为粮食储藏学科的发展做出了应有的贡献。

二、近 5 年的研究进展

（一）学科研究水平大幅提高

1.基础理论研究上新台阶，大有突破

（1）储粮生态系统理论体系研究进一步深入和细化。"十一五"期间建立了中国储粮生态系统理论体系，为储粮技术和管理的科学化、标准化、规范化，提出了全新的评价方法，对优化储粮技术，提高储粮经济和社会效益具有重要意义[2]。在此基础上这些年再进行了深入细化研究，论证了我国不同的地理、气候、粮食品种和储藏特点、害虫分布以及各种生态因子相互影响规律；提出了 7 个生态区域的安全储粮技术对策；提出了不同区域储粮温、湿度变化对储粮品质和粮食品质变化规律影响的数学表达；制定了不同储粮生态区域的粮油储藏技术标准[11]，颁布了《粮油储藏技术规范》国家标准，各种技术规程都配套到位，储粮技术体系逐渐趋于完善。

（2）丰富升华了储粮通风理论。首创了储粮通风控制窗口理论和模型，针对粮堆湿热转移造成发热劣变的机理研究，建立了不同粮食品种的平衡水分（EMC）与吸附 / 解吸相对平衡湿度（ERH）以及温度（T）之间变化规律的数学模型；论证了粮堆和大气的温湿度"窗口"条件在通风过程中漂移规律，对预防结露和提高通风效率具有关键作用；研究提出了储粮横向通风理论并开展了实仓应用研究。

（3）杀虫机理研究取得重要进展。储粮害虫防治是粮食储藏学科的一项重要内容，基于常规治理方法的研究已不能满足现在新显露出的突出问题（如抗药性等），亟待从杀虫机理上进行深入研究，从源头上突破，寻找新的防治方法，采用分子生物学技术研究了主要储粮害虫磷化氢抗性分子遗传情况，提出了基于抗性分子学的熏蒸策略，提出了抗性害虫治理新方法，建立了磷化氢抗性害虫的击倒时间与抗性关系的数学模型和快速检测方法，建立了磷化氢抗性害虫的交互抗性和抗性遗传模型；研究了储粮中虫、霉活动位点的空间定位和危害度预测研究、嗜虫书虱磷化氢抗性种群化学通讯系统适合度代价及分子机理研究；研究了食品级惰性粉磨损节间膜杀虫机理和技术应用，研究了食品级惰性粉气溶胶气固两相流主动杀灭（接触）粮堆内活动害虫的应用机理与应用技术。

（4）低温或准低温、气调储粮等理论研究得到了创新发展。研究了低温储粮新工艺和经济优化模式，建立了低温和准低温储粮新指标体系[16]。在气调储粮工艺方面，全面系统研究了不同温度、不同浓度、不同虫种、不同粮种的氮气气调储粮防虫、品质变化规律等基础数据参数，摸索出了氮气气调储粮成套工艺，还研究了氮气膜分离充环气调储粮工艺理论。

（5）其他基础理论研究不断完善。包括：粮堆温度、湿度和水分一体化检测理论研究，散装储藏粮堆的各向异性理论研究证明，粮堆压力分布规律研究，散装粮体积测量机构的研制与体积算法研究，多参数的储粮粮情检测系统的基础和应用技术研究，成品粮（大米）的储存品质基础和保鲜技术研究等。

2. 应用技术研究与实践结合，成效显著

近年来，粮食储藏应用技术得到大力度推广[10]，大幅度降低了储粮损失，延缓了储粮品质变化，减少了化学药剂使用量，提升了仓储自动化程度，使我国储粮应用技术整体达到国际领先水平，主要体现在以下 5 个方面：

（1）绿色、无公害储粮技术广泛推广应用。目前绿色、无公害储粮技术主要有低温、气调等储粮技术，其中：水源热泵、光伏及隔热涂料等低温储粮技术得到迅速发展，控温氮气气调储粮新技术得到广泛应用，使我国绿色储粮技术整体达到国际领先水平。其中：在北方地区，充分利用冬季自然低温环境优势，借助智能化保水通风、夏季保温隔热技术的应用，使粮堆常年处于低温或准低温状态，延缓了储粮品质变化，确保了储粮安全。控温氮气气调技术属首创，已在南方地区的中储粮直属库和部分省级储备粮库得到大力推广应用，取得良好的效果，氮气气调总仓容超过 1000 万 t 储粮规模，仓容位居全球之最。

（2）"四合一"储粮技术得到广泛应用并创新发展。以粮情测控、环流熏蒸、机械通风和谷物冷却机低温储粮技术为核心的四项储粮新技术在国家储备粮库建设重大工程中的研究开发和大规模应用，大幅度降低了储备粮损失，改善了储粮品质，减少了化学药剂使用量，获得显著的经济效益。近年来，又开展了包括横向通风技术、负压分体式横向谷物冷却机通风降温技术、多介质环流防治储粮害虫技术和粮情云平台多参数检测系统为核心内容的工艺匹配和优化集成的"四合一"升级新技术研究，部分成果已经开始推广应用。

（3）现代信息化技术融入粮食储藏应用中并快速发展[11]。仓储智能化是以信息化提升传统粮食产业升级，也是一个复杂的系统工程，涉及多学科、多地区，涉及传感器技术、射频识别技术、综合布线技术、计算机技术、软件技术、网络通讯技术、自动化控制技术、决策支持系统技术、安全防范技术、多媒体可视化技术等技术手段。目前，信息和自动化控制技术的研究与应用已经在粮食储藏学科得到快速发展，主要有"智慧粮食"和"智能化粮库"两方面应用，如中储粮总公司建设的智能化示范库，实现了管理信息化、作业自动化、监控可视化、数据实时化、办公自动化、信息网络化。随着仓储信息化不断深入，智能化、信息化系统或设备也随之成功开发应用，如浅圆仓新型智能化数控布粮器、国家储备粮数量安全监控系统、基于 RFID 的粮食管理信息化技术集成系统、库存粮食识别代码技术等。

（4）粮食干燥、智能通风技术得到深入研究并扩大应用。在粮食干燥技术方面，继续研究完善了粮食干燥技术基础理论，粮食就仓干燥技术在国家粮食储备库中广泛应用；进一步开展农户远红外对流粮食干燥技术研发，为保证收获后粮食安全提供保障。在智能通风技术方面，进一步完善智能通风基础支撑理论，提升通风效率，有效防止了粮食水分转移和粮堆结露，避免出现无效通风和有害通风的状况，降低通风能耗50%左右，有效减少储粮水分损失，实现保水通风，提升了粮库智能化管理水平。

（5）研究推广了农户粮食产后减损储粮技术，减损增效明显。"十二五"期间通过国家粮食科技支撑计划的实施，全面完善了粮食产后损失及减损关键技术理论基础，开发了系列农户科学储粮仓型，制定了相关技术标准，初步建立了农户科学储粮技术和标准体系，完成了《"十二五"农户科学储粮建设规划》编制工作，在全国25个省（自治区、直辖市）实施农户科学储粮专项工作，深入开展了农村粮食物流、大农户粮仓等项目，推广使用先进的农户储粮技术和科学实用的农户储粮系列装具，减损增收效果明显，社会效益、经济效益显著。

（二）学科发展取得多项成就

1. 科学研究取得重要成果

（1）取得的主要成果。2011—2015年，粮食储藏学科获得一批重要科技成果奖励；出版、发表一批重要学术著作和科技论文，申请授权一批重要专利，完善了粮油储藏技术标准体系。

1）荣获中国粮油学会科学技术奖一等奖2项。

2）出版著作7部、手册4种、编辑论文集6本，获得专利41项，制修订标准37项。

（2）完成的重大科技专项。共完成国家"863"计划、"'十二五'国家科技支撑计划"等7大项29个粮食储藏重大科技专项。

1）国家"863"计划有两个课题：储粮生物危害物监测数字化技术课题、小麦储藏物流微环境多元参数优化与综合控制技术研究课题。

2）"十二五"国家科技支撑计划有：储粮粮情关键因子调控及害虫生物防治技术的研究与示范、粮食特性参数数字化模拟技术研究、粮食流通监测传感技术研究与设备开发、小麦储藏粮情关键因子调节控制技术研究示范及储粮生态体系模型建立、无公害虫霉防治技术、粮食仓储特征监测安全关键技术研究与示范、小麦收购品质质量近红外快速检测技术研发与示范、玉米储运特性参数与数字化模拟技术研究与应用、植物油脂储存数量监测（清仓查库）关键技术设备研发与示范、储粮害虫在线检测仪器开发。

3）与澳大利亚国际合作项目有：油仓储害虫诱杀治理技术合作研究、储粮害虫捕食螨生物防治技术合作研究。

4）粮食公益性行业科研专项有：储粮通风、临界温湿度及水分控制技术研究项目、储粮虫霉监测与生态控制技术研究项目、规模化农户储粮技术及装备研究、储粮安全防护技术研究项目、利用害虫和稻谷气味信息对储藏稻谷进行安全预警分析、储藏稻谷的真菌、细菌 PCR-DGGE 谱图数据库研究、粮食干燥节能综合技术。

5）院所开发研究专项：农户远红外对流粮食干燥技术开发及装备研制。

6）农业部行业专项：适于不同区域农户小型储粮设施研究与示范推广。

7）国家自然科学基金委项目有：粮食热特性参数测试及仓储试验研究、小麦受蛀蚀性害虫侵害后品质变化机理及危害度预测研究、全麦粉储藏过程品质劣变控制机理的研究、储藏期内转 Bt 基因稻谷对储粮害虫的影响及其机理研究、储粮害虫谷蠹气味信息特征研究、稻谷黄曲霉毒素污染的电子鼻检测机理研究等。

（3）加强了科研基地与平台建设。在教育部、国家粮食局及河南省等政府部门的大力支持下，新建立了 4 个研究中心、工程实验室和协同创新中心。

1）建立了"粮食储藏与安全教育部工程研究中心、国家粮食局储藏物保护工程技术中心、粮食储藏与安全教育部工程研究中心、国家粮食局储藏物保护工程技术中心，分别挂靠于河南工业大学和中储粮成都粮食储藏科学研究所，从事粮食储藏技术研发、项目研究、成果转化、技术咨询、技术培训及推广应用。

2）建立了粮食储运国家工程实验室。该项目建设的目的在于与相关技术平台建设结合，共同构建国家粮食储运技术开发、工程设计、成果转化和科技咨询与管理的完整体系。国家粮食局科学研究院和项目共建单位河南工业大学、南京财经大学建设的 3 个技术工程平台均已初步具备年承担多项国家重大工程化项目的研发、设计、工程技术推广和实施能力，已完成多项研发成果。

3）粮食储藏学科领域加入首批国家"2011"计划协同创新中心——国家级"2011"计划河南粮食作物协同创新中心获得批准，其中依托河南工业大学建设绿色粮食储藏加工分中心。同时省级高等学校创新能力提升计划——粮食储藏安全河南省协同创新中心（2012.9—2015.9），获得批准立项并授牌。中心主要开展小麦、玉米绿色无公害储粮技术和储藏智能检测技术及装备研发等方面的科技协同创新工作，包括承担科学研究课题、工程项目、高层次人才培养、技术推广与服务等。建设目标为围绕中原经济区小麦玉米产后安全储藏减损的科技需求，进行绿色储藏技术协同研发、科学研究、人才培养等，从而降低粮食储藏损耗和保障粮食品质，实现粮食安全储藏，建立粮食储藏安全领域集科研、开发、中试、质检、培训、技术示范推广和服务的科技创新体系，提高了粮食储藏安全保障能力。

（4）理论与技术突破。主要在氮气气调绿色储粮、储粮通风控制窗口理论、优化集成"四合一"升级新技术、粮库智能化建设等方面取得了突破性的进展。

1）首次将氮气气调与控温结合大规模应用于粮食储藏，集科技研发、工程建设与实践应用于一体，规模大，投资大，既有工程建设与设备研发等硬件方面的工作，又有工艺应用和基础数据支撑等软件方面的内容，是理论和技术结合的突破，创新开发了一种粮仓覆膜密闭系统，用高浓度氮气有效代替了化学药剂防治储粮害虫，实现了绿色储粮。

2）首创了储粮通风控制窗口理论和模型，在国际上提出了储粮通风的窗口理论，论证了粮堆和大气的温湿度窗口条件在通风过程中漂移规律，对预防结露和提高通风效率有关键作用，将储粮横向通风理论与实践结合。

3）集成创新了粮食储藏"四合一"升级新技术。通过横向通风理论和技术集成等自主创新，形成了包括横向通风技术、负压分体式横向谷冷通风技术、多介质环流防治储粮害虫技术和粮情云平台多参数检测系统为核心内容的工艺匹配和优化集成的"四合一"升级新技术。

4）粮库的智能化建设取得突破性进展[11, 12]。首次系统地将信息化、自动化、数据流、搜索引擎等技术应用于粮库，将粮食质量检测定等系统用于生产试验，采用智能品质检测仪器实现盲检，定等数据仪器自动生成、网络传输，可有效避免违反规定抬级抬价、压等压价、人情粮等现象发生。

2. 学科建设进一步完善

（1）学科结构。在粮食储藏学科建设中，学科结构主要是以粮食储藏基础理论和应用技术相结合，系统研究设计三位一体模式的学科结构。主要依托国内4所高校（河南工业大学、南京财经大学、江南大学、武汉轻工大学）负责培养粮食储藏相关专业高校毕业生，促进粮食储藏学科的发展。

在4所高校中设置的粮食储藏特色领域涉及的国家本科专业有粮食工程、结构工程、食品科学与工程、生物工程等。在硕士研究生教育和人才培养层面有农产品加工与贮藏工程、粮食、油脂及植物蛋白工程、土木工程、计算机科学与技术、储粮昆虫学、粮食信息学等以及食品工程专业学位教育与人才培养。在河南工业大学还有粮食储藏领域服务国家特殊需求项目的博士人才培养和粮食储藏科学与技术领域的国家级协同创新人才培养，以及本学科领域相关的博士后流动站。

（2）学科教育。在师资队伍建设、课程体系、教学条件等都有了较大提升和完善，为培养高素质的人才奠定了坚实的基础。

1）高等学校师资队伍。目前国内拥有4所高校设置粮食储藏专业，粮食储藏专业师资力量强，教师具有良好的业务素质和较高的学术水平与教学水平，拥有教授、教授级高工、副教授超过百人，教师队伍具有合理的年龄结构和学历结构，年富力强，充满活力，同时也大力引进了博士等高学历人才充实到教师队伍。专业负责人具有丰富的教学和管理经验，专业教师有工程实践经验。

2）课程体系与教材。在课程体系设置上，主要包括通识教育课程（人文社科、自然科学技术技能等，约36%）、学科平台课程（31%）、专业平台课程（约16%）、专业实践类课程（约17%）。粮食储藏专业特色课程包括粮油储藏学、粮食化学与品质分析、储藏物昆虫学等。

3）教学条件建设等情况。一是教室和实验室。每所高校都有自己的教室，教室包括普通教室、多媒体教室、语音室等，由教务处负责管理，学校所有教室统一调度、统筹安排使用。实验都在专用实验室进行，实验室的安排一般由任课教师与主管实验室的专职人员协调、安排实验。二是实践平台。每所高校都有自己的实践平台，如河南工业大学扩建了 $5000m^2$ 的粮食储藏平台专用科技研发实验楼和总容量 720t 小麦储藏中试模拟试验仓；南京财经大学建设有 2 万 m^2 粮食工程教学与科研实训基地，建设了 $2350m^2$ 的专用实验室，有中试大圆仓 1 个（储粮 42t）、大方仓 1 个（储粮 30t）、小圆仓 10 个（每个储粮 4.4t）、缓冲仓 1 个（储粮 14t）。

（3）学会建设。粮食储藏学科中有专门对口的中国粮油学会储藏分会，储藏分会是中国科学技术协会领导下的中国粮油学会二级非法人资格的专业学术组织，1985 年成立以来，一直挂靠在中储粮成都储藏科学研究所，经过近 30 年的发展，是连接大专院校、科研单位及粮食仓储企业的重要纽带，已经发展成为了体系健全、制度完善及管理服务到位的分会之一，是粮食仓储行业不可缺少的技术交流平台，在我国粮食仓储管理与技术推广应用和国际储藏物保护方面得到了全面发展，享有较高声誉，展示了较强的影响力和号召力。近年来，组织了绿色储粮、节能减排、精细化管理、智能化粮库建设与应用等专题学术研讨会议，为基层粮库提供了一个集学术交流、技术咨询、技术服务和技术推广于一体的专业学术平台，开展了务实和卓有成效的专业技术服务工作。储藏分会还承担了大量粮食仓储行业内有利于提升民生的公益事项，充分发挥了社会团体为政府分忧的角色，如实用技术推广、行业学科发展、科技进步奖推荐等。

（4）人才培养。主要通过在校教育、职称评审、职业技能培训、加速科研团队建设、广泛开展学术交流、提高学术出版期刊质量、深入进行科普宣传等，取得显著成效。

1）学校教育。根据《国家中长期教育改革和发展规划纲要（2010—2020）》的精神，粮食储藏学科的学校教育指导思想是"以行业需求为导向、以能力培养为目标、以业务和综合素质兼具为追求"，着力提升学生的工程素养，着力培养学生的工程实践能力、工程设计能力和工程创新能力，以适应社会的发展需求。

近年来，在学校教育的专业设置上紧跟社会需求和市场的发展；在学生培养过程中注重培养学生的批判性思维和跨学科思维以及面向行业科技发展解决实际问题的能力，积极营造独立思考、自由探索、勇于创新的良好环境，培育学生的国际视野；在学科人才培养上，目前已形成从本科生到硕士、博士研究生的成熟人才培养体系，毕业生从事粮食储藏学科方面的工作比例也在逐年提升。

2）职称评审。本学科注重职称评审工作，粮食储藏科技工作者职称结构合理，老、中、青相结合，拥有大批的中高级技术职称人才，年轻的高学历技术人才在行业学术上也逐步显露、发挥重要作用。

3）职业技能培训。是学科发展的一项重要工作，主要包括专业技术培训、职业技能认定以及学术交流培训，目前行业有关粮食储藏学科组织培训的单位主要有国家粮食局、中储粮总公司、中国粮油学会储藏分会等，其中：国家粮食局主要组织各省等单位进行职业技能认定（含初、中、高级粮油保管员和粮油质检员，中高级技师等），中储粮总公司主要组织对系统内进行专业技术培训，中国粮油学会储藏分会主要组织全国粮食储藏行业进行学术交流和技术培训。

4）科研团队的发展状况。在我国，粮食储藏学科科研团队主要依托科研单位和高等院校，主要有国家粮食局科学研究院、中储粮成都粮食储藏科学研究所、河南工业大学、南京财经大学、武汉轻工大学等单位，在重大研究上发挥各自优势强强联合攻关，目前科研人才队伍稳定，新生力量也在不断成长，粮油储藏科技人才队伍良性发展。

（5）学术交流。近5年来，国内粮食储藏学术交流十分活跃，也非常重视国际学术交流，采取把专家"请进来"和"走出去"的形式，极大提升了本学科在国内外粮食储藏科技界的影响力和知名度。

1）国内学术交流。主要有两个方面：一是中国粮油学会储藏分会每年至少组织2次学术交流会，包括全国粮油储藏学术交流会、粮油储藏技术创新与精细化管理研讨会、节能减排与绿色储粮研讨会、智能化粮库建设研讨会等。二是主要以国家粮食局等单位组织的科研单位、高等院校为主的学术交流或专题研讨会，如食品安全国家标准研讨会、全国粮油标准化技术委员会工作会议、中国昆虫学会学术年会等。这些会议主要围绕《国家粮食安全中长期规划纲要》（2008—2020年）和"十二五"国家科技支撑项目对粮油科技的总体要求，以科学发展观为指导，总结与交流了我国粮食储藏学科的理论创新、技术创新以及仓储管理创新等方面的新成果、新经验，探讨粮食储藏技术创新的新途径、新课题和新方法。

2）国际学术交流。近年来，粮食储藏学科重视国际学术交流，不断提升学科发展的学术水平，推动中国粮食储藏技术在国际储藏物保护领域的影响力，采取把专家"请进来"和"走出去"的形式，进行广泛的学术交流，主要体现在以下几个方面：

一是把专家"请进来"开展学术交流。先后在北京、南京、郑州、成都连续4年组织了中加储粮生态研究中心暨粮食储运国家工程实验室工作研讨会，中加储粮生态研究中心是国家粮食局科学研究院、河南工业大学、成都粮食储藏科学研究所、南京财经大学和加拿大曼尼托巴大学合作建立的科研、学术交流和教育培训平台。该中心依托中加两国优越的储粮研究平台与雄厚的科研队伍，交流包括中加两国在内的世界各国的研究成就、积累的成功经验、可用的关键技术与设备、先进的管理模式和方法，提高中加储粮生态研究水平，开发储粮新工艺，解决中加储粮问题。通过搭建此世界范围内储粮生态系统研究网络平台，相互学习，相互沟通，取长补短，造福人类，惠及于民。国家粮食局科学研究院、中储粮成都粮食储藏科学研究所、河南工业大学等单位还多次接待外国考察团，如：美国（堪萨斯州立大学储粮害虫防治专家Subi教授、粮食安全生产专家Kingsly教授）；澳大利亚（默多克大学副校长和收获后生物安全研究领域首席科学家任永林教授）、非洲考察团、捷克考察团等专家开展学术交流。

二是让专家"走出去"开展学术交流。2014年11月24—28日，国家粮食局科学研究院、中储粮成都粮食储藏科学研究所等单位组织 10 多人参加了在泰国清迈举办的第十一届国际储藏物保护工作会议（IWCSPP）。会上中国代表团交流了《中国农户储粮减损技术》《可见/近红外高光谱成像技术鉴定储粮害虫》《粮仓横向通风系统》等研究报告。本届大会有来自全球 41 个国家的 350 余名代表参加，汇集了来自各国科研院所、大学、企业的科学家、技术顾问、专业技术管理人员一起交流讨论储藏物保护的最新进展，开阔了眼界。

另外，我国还在 2012 年派人参加了第 9 届国际储藏物气调与熏蒸大会（土耳其），与捷克农作物研究所开展了储粮害虫生物防治害虫技术合作研究等。

（6）学术出版。2011 年以来，粮食储藏学科不断发展，正式出版了一批专业书籍；高度重视提高学术期刊的出版质量。

1）专著与教材。主要有:《中国不同储粮生态区域储粮工艺研究》《农产品保护与植物检疫处理技术》《城市绿化病虫害防治》《绿色生态低碳储粮新技术》《低温储粮技术应用与管理》、储粮实用操作技术丛书（《氮气气调储粮操作手册》《粮食出入库操作手册》《膜下环流通风操作手册》《磷化氢膜下环流熏蒸操作手册》）、"十一五"国家级规划教材《粮油储藏学》1 部等。这些专著和教材是我国粮食储藏专家学者和有关单位基层职工的辛勤劳动、智慧和汗水的结晶，从一个侧面客观、真实地反映了当代中国粮食储藏科技进步的轨迹和水平。

2）学术期刊。主要有《粮食储藏》《粮油仓储科技通讯》两种期刊，这两种期刊是粮食仓储行业技术交流的重要载体。5 年来，在努力提高编辑人员的专业素质，严格审稿把关，提高出版质量等方面做了大量工作，为行业的技术推广和成果转化发挥了重要作用。

（7）科普宣传。一是举办科技活动周，加强科普宣传。在国家粮食局统一安排下，组织了科研院所、高等院校及相关单位举行科技列车湘西行、革命老区行等活动，以"科学节粮减损，保障粮食安全"为主题，向当地人民捐赠近千套农户科学储粮仓，举办农户科学储粮、粮油加工、粮油营养健康知识科普讲座，提高社会公众爱粮节粮的意识，宣传以绿色生物、信息技术为主导的节粮减损技术成果，宣传以科学的理念和方法指导粮食消费、科学减损的节粮理念。二是多形式多渠道进行科普宣传。每年的 10 月 16 日的世界粮食日国家粮食局及各地有关单位也积极宣传有关粮食的主题，如"发展可持续粮食系统 保障粮食营养和安全"等；国家粮食局针对一些爱粮节粮惜粮专题进行普及宣传；国家粮食局科学研究院、成都粮食储藏科学研究所还对市民开放实验室，增加对粮食科技的认识了解。

（三）学科在产业发展中的重大成果、重大应用

1. 重大成果和应用综述

"十二五"以来，国家在储藏学科发展上进行持续投入，支持大量的科学研究项目，从基础理论到储藏应用技术进行了系统的研究，取得了一大批先进、实用的新技术、新

工艺、新设备等科学技术成果，特别是在气调储粮技术、智能化粮库建设以及"四合一"升级技术重大成果的应用，大幅度提升了我国科技储粮技术水平，降低粮食保管人员劳动强度，实现储粮工艺的智能控制，降低了储备粮损失，改善了储粮品质，减少了化学药剂使用量，有利于向着绿色储粮方向发展，使我国储粮技术水平上升到了一个新的历史阶段。

2. 重大成果与应用的示例

（1）氮气气调储粮技术应用工程[9]。该项目获 2013 年度中国粮油学会科学技术奖一等奖，主要完成单位有中国储备粮管理总公司等单位。该项目经过 8 年努力，从科技研发、示范应用、技术推广三个层面，全面系统研究了应用基础理论、技术工艺、制氮设备等，通过示范应用获得了实仓应用关键技术参数并通过专家验收，在此基础上进行了大范围技术推广。该项目研究了氮气气调储粮防虫、品质变化规律等基础数据参数，摸索出了氮气气调储粮成套工艺，研发了节能化储粮专用制氮设备，开发了气密等相关工艺材料，建立了一套专有的氮气气调储粮技术体系和应用工艺，发表了 30 多篇相关论文，正式出版了《氮气储粮应用实践》和《氮气气调储粮技术应用》2 部专著，申请了 5 项专利，发布了 3 个企业标准。自 2008 年推广应用至今，总公司在 4 个储粮生态区域 19 个分（子）公司的 141 个直属库超过 1000 万 t 气调储粮规模。

（2）智能化粮库关键技术研发及集成应用示范[12]。该项目获 2014 年度中国粮油学会科学技术奖一等奖。项目由中国储备粮管理总公司、中储粮成都粮食储藏科学研究所等单位联合完成。智能化粮库是信息化和自动化的有机融合，项目为进一步确保中央储备粮"数量真实、质量良好"高效管控提供了全新成套技术措施。实现了管理信息化、作业自动化、监控可视化、数据实时化、办公自动化、信息网络化。项目颁布国家标准 1 项，行业标准 1 项，企业标准 1 项，行业标准报批稿 3 项，获得专利授权 8 项，申报软件著作权 4 项（已获得授权 3 项），发表论文 10 篇。项目示范效应显著，2014 年上半年在 7 个储粮生态区域的 13 家直属库扩大试点，2014 年下半年计划在 100 多家中央直属粮库推广。

（3）粮食储备"四合一"升级新技术研究开发与集成创新。国家粮食局科学研究院在粮食储备"四合一"技术基础上，牵头进行了"四合一"技术创新升级，通过横向通风理论和技术集成等自主创新，形成了包括横向通风技术、负压分体式横向谷冷通风技术、多介质环流防治储粮害虫技术和粮情云平台多参数检测系统为核心内容的工艺匹配和优化集成的"四合一"升级新技术，在浙江省和河北省进行了成功实仓测试。为平房仓进出粮作业实现全程机械化扫清了障碍，显著提升了粮食储藏自动化、信息化和智能化水平，对于实现绿色储粮、节能增效、质量安全和品质保鲜都将会发挥重要作用。该技术特点可以概括为："风道上墙、机械作业，全程覆膜、负压通风，系统均匀、节能降温，绿色防治、经济高效，网路共用、功能互补，数据共享、智能监控。"

三、国内外研究发展比较分析

（一）国外粮食储藏学科发展情况[5,14]

1. 资金投入多渠道，人才队伍稳定

发达国家对粮食储藏学科的投入大、渠道多、人才队伍稳定，为开展基础研究项目和多领域的应用基础研究工作提供了大量的资金支持，如：澳大利亚从事储藏科研的主要有联邦科学院的粮食储藏科学研究所，科研经费资助包括政府的拨款、国际机构、主要粮食协会和商业公司资助等，科研机构还包括 4 个农业主产省的农业部的粮食储藏科技研究所、4 个省的大学；美国从事粮食储藏的研究机构有普度大学粮食质量实验室和粮食产后教育研究中心、北达科他州立大学推广服务中心、堪萨斯州立大学的国际谷物培训计划中心等近 10 家；英国、法国、德国等欧洲国家也有相关的粮食储藏科研机构，这些机构中都设有一系列的储藏技术研究和技术推广机构；加拿大曼尼托巴大学和农业研究机构，长期开展储粮生态系统研究，取得世人瞩目的研究成就。这些国家的高投入为学科发展培养留住了人才，增强了各发达国家粮食储藏学科研究的创新能力，既重视粮食储藏科技基础研究，又注重技术推广，为科技创新和技术转化提供强有力的支撑。

2. 重视基础研究，全面系统而不失深度

发达国家重视储粮科技基础研究，如储粮生态系统理论、储粮害虫微生物区系消长规律、储粮期间粮堆温度、水分、气体成分动态模型、害虫抗药性、信息素、分子生物学、储藏过程检测和监测、药剂研发和信息技术等方面研究取得了坚实基础，为储粮技术创新发展提供了强有力支持。美国、加拿大、英国和日本等国通过建立计算机数学模型，以实现对储粮害虫和微生物的发生、发展、危害程度、扩散分布趋势以及储粮质量安全的预测预报。还开发了模拟专家技能的计算机专家系统，如美国的"Stored Grain Advisor"，澳大利亚的"Grain Storage Tutor"等。

3. 粮食储藏技术因地制宜，不断创新发展

发达国家重视粮食产后的质量，粮食储藏技术与生产需求紧密结合，提倡采用低温技术、气调技术、非化学防治技术等绿色或无公害储粮技术的应用，如在亚洲的日本，其储备体系全部采用的低温及包装技术，仓房设备主要是制冷及湿度控制系统和相应的仓顶冷气分布管道，主要是其大米及糙米储藏采用了准低温的体系，除在新粮入仓之初外，只要保障制冷除湿装置正常工作，即可保证储粮的安全，几乎无需担心虫霉危害；在澳大利亚、美国、俄罗斯等国将二氧化碳气调储粮技术和氮气储粮技术都得到了商业应用。随着甲基溴的淘汰和害虫对磷化氢抗药性问题的日益严重，从事新熏蒸剂的开发投入力度增大，如硫酰氟已经可以在美国、瑞士、意大利、英国等国用于储粮害虫防治。

在发达国家，粮食干燥技术与设备应用广泛，粮食干燥设备具有多样化、智能化的特点，美国以横流式、就仓干燥机为主；加拿大的横流式、混流式干燥机各占连续式干燥机

的50%，就仓干燥机也较为普及；欧洲各国普遍采用混流式干燥机；日本则应用干燥稻谷效果较好的低温批式循环干燥机。普遍采用燃油、天然气、石油液化气等相对清洁的燃料，燃烧效率高、耗能低、对环境污染小。为节省能源和保持品质出发，满足不同客户的要求，提高产品的附加值，良好地保持粮食干燥后的质量，必须采用先进的干燥技术与工艺，因此低温通风干燥、就仓干燥、远红外干燥、组合干燥技术得到了很好的发展。

4. 严格粮食储备管理，注重过程监测

在国外每个国家都根据本国国情、所处地理位置，建立了完备的粮食储备管理机制，严格储备粮管理，针对不同储备周期的粮食分类储存管理，非常重视储存粮食的品质控制。粮食入库前，对储备特许经营企业的仓储设施条件进行核查，只允许企业自有的仓储库点收储粮食，而不允许转给其他企业代储；粮食入库时，对粮食质量、数量等进行实时控制，符合质量要求的粮食才能入库储存；粮食入库后，实行系统化储粮管理，实时监测储粮风险因子，通过早期干预，比如控制储存粮食温湿度、在收获前对真菌进行防治等方法来确保库存粮食的储存安全，做到早发现、早处理，确保粮食储存安全。

5. 高度重视粮食流通体系建设，向着自动化、四散化方向发展

随着信息化技术的不断发展，世界主要粮食生产国和贸易国对粮食储备和流通一直给予高度重视，尤其是在粮食流通体系建设上非常注重加强科技投入，重视粮库自动化建设，如自动扦样、数据传输、网络监控等，欧、美、加、澳等经济发达国家和地区，都已先后完成了对传统粮食储藏和流通基础设施的技术改造和优化升级，在粮库建设时一般根据不同的储、运功能选择不同的仓型，配套了具有高度机械化、自动化的干燥、清理、进出仓、输送、通风、熏蒸、谷冷机等粮食仓储与物流设备，各主要环节基本实现了计算机自动控制和智能化管理，建立起了规划科学、仓型合理、技术完善、设备配套、调运流畅、机械化自动化水平高的集约化的现代散粮储运系统，粮食散运量已高达80%，大幅度降低了粮油产后流通成本，储运成本仅为我国的75%，显著增强了其国际市场的竞争力。

（二）国内研究存在的差距

总体来讲，我国粮食储藏科技在近些年来已取得世人瞩目的发展，形成了有中国特色的粮食储藏理论，氮气气调等粮食储藏应用技术已跃居国际领先的地位，但是我国在粮食储藏科学技术理论基础与装备水平落后于发达国家，粮食储藏学科的发展还滞后于社会需求，与发达国家粮食储藏学科发展相比还存在一定差距，主要反映在以下4个方面[1]：

（1）无公害、绿色储藏技术发展缓慢。随着人们生活水平的不断提高和消费结构的升级对绿色食品的需求快速增长，对粮油食品的原材料质量也提出了更高的要求，这些转变都对我国粮食储藏技术提出了更高的要求。许多发达国家出于环境保护、食品安全和增加国际市场占有率等方面的考虑，明确提出了出口粮食中"零害虫"和无杀虫剂残留，严格禁止某些化学药物在粮食储存中的应用，无公害、绿色或有机储粮技术已经成为国际粮油产后储藏科技发展的主流。目前我国在气调技术有了较快的发展，研究突破了技术瓶颈，已经超过了 1000 万 t 的储粮规模，属于国际领先水平，而低温绿色储粮技术发展相对较慢，惰性粉、生物制剂、诱杀害虫等非化学防治储粮技术有所发展，但普及率还是较低，实用性和经济性还需要进一步研究提高；以储粮生态理论为基础的粮食干燥、粮情测控、智能通风等储粮技术升级研究和技术服务还不能满足广大粮油仓储、物流企业的需求。

（2）基础研究薄弱，不够细化和深入。目前，我国在科学研究方面多数项目题目看似很大、新颖，似乎能研究解决所有问题，但有的题目和研究内容相差甚远，真正项目研究内容与投入不匹配，项目实际完成显得较虚。主要表现为储粮生态理论研究、储粮害虫种群动态、储粮昆虫化学生态学基础理论研究、微生物及真菌毒素危害研究、储粮害虫抗药性分子生物学研究、储粮品质变化机理研究、粮食储藏稳定性与各生态因子关系研究、粮食热物理特性和通风干燥基础理论研究、害虫防治和低温或准低温储粮经济阈值研究等基础研究工作较薄弱，不够细化深入，同时储粮害虫种群动态检测和预报预测系统有待改进。

（3）技术产业化转化力度不够，技术水平发展不平衡。我国在项目研究和项目成果转化存在脱节，科研院所和高等院校没有自己的转化基地，很多技术成果处于资料状态。若要进行成果转化一般都依托外面的单位进行加工，导致转化水平也参差不齐。主要体现在：粮食仓储企业绿色、智能储粮技术集成应用普及率低，现代生物技术、信息技术应用水平低，在储粮生物防治、储粮害虫综合治理、粮食质量安全管理和测控、粮食储藏与安全关键机械装备以及自动化、信息化、集成技术等领域与国外差距较大，无法实现粮情监管的动态化、智能化和精细化，储粮损耗大、成本高、效益低，先进成果和技术集成较少，这些成果的转化和产业化水平较低；粮食收购环节质量快速检测和预测预警技术落后，缺乏粮食收购、售卖现场品质快速检验技术，无法从粮食购销的源头解决粮食质量安全隐患；粮食收储运机械化和跨省物流"四散化"（散装、散卸、散运、散储）程度低，物流组织方式落后，作业效率低，物流成本高，特别是占全国总仓容 80% 以上的平房仓粮食进出仓机械化程度低、劳动强度大、作业环境恶劣的问题还没有解决。

（4）农村和非国有小型仓储企业储粮损失问题仍然突出。我国很多先进的粮食储藏技术在大型粮食仓储企业得到了广泛的应用，而农村和非国有小型仓储企业技术落后，储粮损失和品质下降问题突出，特别是我国农村粮食收储环节技术和设施落后，适宜新型农业经营组织的收储运技术缺乏，农户粮食收储运损失浪费严重。"十五"以来，尽管国家在农村产后减损方面做了大量工作，但是我国农村人口多、面积大，储藏方式多样化、小规模，粮食储藏技术普及不够还很落后，农村粮食产后平均损失高达 6% 以上，因此，农村粮食产后保质干燥、雨天应急处理、清理整理、安全储粮技术、集约化服务以及农村粮食物流等急需大力发展。

（三）产生差距的原因

我国储藏学科发展现状与国外发达国家相比较存在较大的差距，分析其原因，主要有以下 4 个方面：

（1）学科建设与高层次科技创新人才培养机制不完善。尽管这些年国家在学科建设的人才方面有了一些新的举措，也吸引和培养了一些高学历人才，引进了一些年轻博士从事储藏研究和教学工作，但是由于储藏学科多年来底子薄、起点低、受传统思想束缚，导致在行业有影响力、学科带头人等顶级人才还很缺乏，以至于行业中"院士"头衔还处于"零状态"，由此可见，现在的人才队伍已不能满足实际需求和未来发展的需要，亟待从学科建设和高层次科技创新人才汇聚以及培养水平方面去提升，从源头上解决制约我国粮食储藏科技创新的瓶颈。

（2）协作体制不健全。尽管这些年我国粮食仓储行业的项目研究向着产学研结合方向发展，取得了较大成效，但是单打独斗、小打小闹的局面仍然比较突出，无法形成合力联合攻关研究出具有行业影响力的大项目。由此可见，多部门、多学科、多层次、全方位的协同创新科技体系不完善，制约着重大理论与技术的突破。

（3）资金投入不够。我国储藏学科建设和发展主要依靠国家的项目资金投入并依托科研院所和大专院校实施推动，自2003年科研院所改制成科研企业并实施自负盈亏以后，项目经费又非常有限，一方面要在有限资金内做好项目，另一方面还得投入市场求生存，这样一来分散了科研企业的研究精力，给科研企业带来了非常大的难度，诸如基础研究等课题很难自主投入去深入研究。因此，学科投入与机制体制扶持力度还需要加强，为粮食储藏学科发展提供保障。

（4）转化平台缺乏。储藏学科的转化平台主要还是依赖行业外的企业进行转化，很多时候平台转化能力跟不上行业的发展，如粮食储藏与安全科技成果转化和产业化的机制与工程化平台缺乏，不能有效地促进粮食储藏与安全科技创新、成果转化和推广，致使我国粮食储藏与安全科技成果转化率和产业化率较低；粮食储藏科技创新平台缺乏，基础研究不足，致使原始性科技创新能力不足，自主创新能力不强。

四、发展趋势与展望

（一）战略需求

粮食储藏学科建设和发展服务于行业战略需求，有利于保障国家粮食安全，储粮科技向着"低损失、低污染、低成本"和"高质量、高营养、高效益"方向发展[2-4]。减少粮食储藏期间的数量损失、质量损失，延缓粮食在储藏期间的品质劣变，防止粮食在储运期间被有毒有害物质污染，保护生态环境、确保相关人员的身体健康；加强绿色储粮技术研究，促进节能减排，保证符合"绿色"标准的粮食在储藏环节采用绿色储藏技术[6]；加强应用基础研究，建立和完善粮食储藏技术标准体系，加大转化服务于生产[10]；加大粮食储藏科技人才培养规划的顶层设计，为粮食储藏行业的可持续发展提供强有力的支撑；加强信息化、智能化研究，搭建信息化平台，全面提升粮食储藏技术集成与信息化水平[11]；围绕国家"粮安工程"和千亿斤粮库建设，重点开展安全绿色储粮、粮食质量安全等方面的研究，为科技兴粮、人才兴粮工程迈出新步伐、提供科技支撑。

（二）研究方向及研发重点

1. 研究方向

（1）加强基础理论学术研究，注重点面结合，系统全面有深度，完善理论构架。

（2）加强储藏技术研究与创新平台建设，高效实用发挥效能，提高自主创新能力。

（3）加强技术集成、创新与引领，促进科技成果转化服务于行业需求。

（4）构建绿色储运技术体系，推动行业向着绿色、生态、和谐的方向发展。

2. 研发重点

（1）重点研究推广绿色储粮技术。保证符合绿色标准的粮食在储藏环节采用绿色储藏技术，向下游的运输和食品加工环节提供绿色的粮油原料。积极开展低温储粮技术研究。制定低温储粮技术规程，推广低温储粮技术。根据我国不同储粮地域的生态特点，科学、合理地实施自然通风、机械通风、粮食冷却或地下储粮。

（2）积极发展氮气气调储粮技术，研究新型气密材料和密封技术，研究储粮保质和防治虫霉最佳气体配比，进一步研究节能降耗设备，提高经济性，加大应用效果评估，扩大技术推广应用。

（3）积极发展智能通风技术，提高系统准确性和稳定性，加大智能通风技术推广应用。

（4）积极发展储粮有害生物物理防治技术，包括高温闪热、低温冷冻、气调（高 CO_2 或低 O_2）、辐射、惰性粉、干燥、撞击、筛理、阻隔等，也包括上述某些技术结合压力突变处理。

（5）积极开展高效低毒防治储粮害虫的熏蒸剂、保护剂研究。

（6）积极发展储粮害虫生物防治技术，包括昆虫激素类，植物源农药，微生物源农药，捕食性昆虫、寄生蜂利用、遗传防治等。

（7）深入开展储粮害虫分子生物学遗传研究，提出基于分子生物学遗传的抗性治理方法。

（8）积极开展储粮生态系统相关基础理论性研究工作。

（9）积极开展储粮专用仪器设备的研究开发等。目前粮食储藏所用的仪器并没有统一的标准和规范，处于小而混乱的状态，同时相关的便携式仪器比较缺乏，如开发检测储粮品质和虫霉危害状况的仪器，检测储粮害虫危害状况的仪器等。

（10）积极开发粮食储藏"四合一"升级新技术的研究。

（11）积极发展自动化、智能化储粮技术，加大智能化粮库建设，包括粮食储备管理信息系统、出入库自动化系统、储粮信息自动采集系统、粮食品质智能定等系统、储粮虫霉防治专家系统和远程咨询服务支持系统、仓储人员电子计算机远程培训示教系统等。

（12）根据不同生态储粮区域仓储环境，综合利用空调控温、粮面压盖、智能通风等实用技术，积极开发推广粮食减损组合技术。

（13）积极发展现代粮食物流技术，切实解决粮食"四散"作业中装卸、运输、储存设施的匹配。对散粮远程集装箱陆运、海运技术装备和虫霉防治技术应给予足够的重视，加速相关配套技术的研究。

（三）发展策略

我国是人口大国，也是粮食消费大国，保障粮食储备的数量和质量绝对安全是事关国家经济发展、社会稳定的重大问题。因此，粮食储藏学科在未来的良性发展至关重要，在保障国家粮食储备安全上扮演重要角色，必须具备正确的发展策略，轻重缓急地解决粮食储藏过程中的实际问题，提高行业技术水平。重视基础理论系统研究，以储粮生态理论各区域储粮特点和技术需求为切入点，解决技术集成创新应用基础数据支撑缺乏问题；继续实施"粮食丰产科技工程"，解决粮食产后减损问题，推广和普及储粮减损技术与装备；实施"粮食数量质量安全物流工程"，借助现代化技术手段优化升级储粮技术，进一步研究适合于不同区域的储粮技术与设备，主要解决粮食在储藏过程中的数量质量安全以及配套物流问题；实施"保证口粮绝对安全工程"，研究成品粮储藏技术、保鲜技术、快速检测技术与设备、特殊地区军粮供应包装技术等，重点解决老百姓口粮绝对安全。

—— 参考文献 ——

［1］靳祖训. 粮食储藏科学技术进展［M］. 四川：四川科学技术出版社，2007.

［2］陶诚. 我国粮食储藏科技成就与发展趋势 // 中国粮油学会储藏分会2006学术年会论文集［C］. 2006.

［3］中国科学技术协会. 粮油科学与技术学科发展报告2010-2011［M］. 北京：中国科学技术出版社，2011.

［4］国家粮食局. 2012粮食发展报告［M］. 北京：中国科学技术出版社，2012.

［5］国家粮食局. 出访考察报告汇编［D］. 2011-2013.

［6］中国粮油学会储藏分会. 第二届中国粮食储藏技术与管理论坛论文集［C］. 2008.

［7］中国粮油学会储藏分会. 粮油仓储管理提升高级研讨会论文集［C］. 2013.

［8］刘新江. 中国不同储粮生态区域储粮工艺研究［M］. 成都：四川科学技术出版社，2014.

［9］卜春海. 氮气储粮应用实践［M］. 成都：四川科学技术出版社，2014.

［10］国家粮食局. 粮食科技"十二五"发展规划. 国粮展［2012］4号.

［11］国家粮食局. 第四届粮食储藏技术与管理学术交流会论文集［C］. 2012.

［12］中国粮油学会储藏分会. 粮库智能化建设与应用研讨会论文集［C］. 2013.

［13］庞映彪. 低温储粮技术应用与管理［M］. 成都：四川科学技术出版社，2014.

［14］剪福记，Digvir S. Jayas，张强，等. 加拿大曼尼托巴大学在粮食储藏研究上的最新进展［J］. 粮食储藏，2014（3）：1-13.

撰稿人：　郭道林　靳祖训　周　浩　王殿轩　曹　阳　张华昌

　　　　　陶　诚　李福君　吴子丹　熊鹤鸣　卞　科　宋　伟

　　　　　杨　健　严晓平　付鹏程　丁建武　唐培安　王亚南

粮食加工学科的现状与发展

一、引言

粮食加工学科是粮油科学技术学科的重要分支学科，粮食加工学科涵盖的面很广，包括稻谷、小麦、玉米三大主粮和杂粮薯类及其延伸的米、面食品加工。粮食加工学科是粮食加工业发展的重要科技支撑。

中国是全球粮食生产大国，2014年中国粮食总产量达到6.07亿t，实现半个世纪以来首次连续11年增产，创历史新高，创造了用仅占世界8.06%耕地面积，生产了占全球25%粮食的奇迹，为保障世界粮食安全做出了重要贡献。

中国也是世界粮食加工大国，光就稻米和小麦加工而言，加工企业数量和加工能力居世界首位。2014年我国大米总产量达1亿t、面粉总产量为9000多万吨，创历史新高。粮食加工产业在总体满足城乡居民基本生活需求，产品结构调整取得较大进展，新产品、名优产品不断涌现。

粮食加工是农作物加工的基础产业，在食品工业中处于支柱地位。粮食加工技术是粮食加工产业发展的重要科技支撑，近5年来，中国在稻米、小麦、玉米深加工、杂粮薯类及米制食品加工工艺、生产技术、加工装备等领域取得了数以百计的重大科研成果，成果水平已达到或接近世界先进水平，有力支撑了中国粮食加工产业的迅猛发展，粮食加工业的发展是农业产业化的重要出路，粮食加工业的发展不仅对全面提高人民的生活水平、扩大劳动就业，而且对于提高农民收入，带动区域经济发展等具有十分重要的现实意义和深远影响。

本学科在2011—2015年正值国家启动和实施国家和省部"十二五"科技支撑计划项目和国家粮食局启动粮安工程、粮食公益性行业科技专项时期，本学科抓住机遇，积极申报和争取以上各类科技项目外，还争取到多项国家"863"项目和国家自然科学基金项目。在国家"十二五"科技支撑计划项目：大宗粮食绿色加工技术与产品和主食工业化关键技术与装备及其产业化示范、粗粮及杂豆食用品质改良及深度加工关键技术研究与集成示范等研究取得突破。在近5年的项目实施中，在稻米、小麦、玉米、杂粮、薯类及米制品加工工艺、生产技术、加工装备等领域已取得了重大科研成果，成果水平已达到或接近世界先进水平，其中获得1项国家技术发明二等奖和3项国家科技进步二等奖，有力支撑了我国粮食加工产业的迅猛发展[1-7]。

本学科发展报告还就大中型粮食加工企业、工程中心、大专院校、科研院所的科技研发水平，粮食加工学科的发展及取得的成就，学科建设及学科在产业发展中的重大成果及应用进行总结；并对国内外研究进展进行比较，就国内研究存在的差距及产生差距的原因进行分析；报告还就发展趋势及展望与战略需求进行讨论，并就本学科"十三五"研究方向及研发重点提出了建议。

二、近5年的研究进展

（一）本学科主要研究内容和取得的成果

本学科在2011—2015年积极承担国家和省部"十二五"科技支撑计划项目，还争取到多项国家"863"项目和国家自然科学基金项目。在稻米、小麦、玉米、杂粮、薯类及米制品加工工艺、生产技术、加工装备等领域已取得了重大科研成果。

1. 稻谷加工的研究内容和取得的成果

稻米深加工高效转化与副产物综合利用创新技术和早籼稻产后精深加工和高效利用关键技术与推广应用取得突破；稻米主食生产关键技术及产业化研究取得成功；研究与开发了有机糙米粥口感好和减少营养物质流失的生产工艺与技术；研究成功蒸煮特性和口感好的营养复合米生产工艺及关键设备；研究成功方便米饭关键技术与产业化示范、研究成功高品质方便米饭烹制技术、无菌化处理技术、常温保鲜米饭技术[8-14]。

2. 小麦加工的研究内容和取得的成果

近5年来，小麦加工科学技术开发得到了快速的发展，国家"十二五"科技支撑计划项目：大宗粮食绿色加工技术与产品、主食工业化关键技术与装备及其产业化示范、面粉清洁高效加工关键技术研究与集成示范、粮食绿色加工大型装备的研制与集成、鲜湿面条及挂面高效生产关键技术与装备及其产业化示范和速冻主食工业化技术及其产业化和研究取得突破。国家自然科学基金委也批准了有关小麦和面制品深加工的项目20余项，小麦面粉中面筋蛋白组分对面条品质影响机理研究、小麦面粉中的脂质对面条品质影响机理研究、小麦面粉熟化过程品质变化规律研究、小麦后熟过程面筋蛋白变化对品质影响及控制机理研究、小麦淀粉粒机械损伤特性及机理研究等项目研究取得重大进展。

3. 玉米深加工的研究内容和取得的成果

"十二五"以来，在玉米淀粉技术领域，60万～120万 t/a 的大型化、自动化的淀粉生产线已实现完全国产化生产和成套出口；挤压技术、微波技术、超声波技术等新型变性手段取得突破，在玉米发酵技术领域，通过以现代生物科学技术的研究成果为基础，结合现代工程技术、控制技术等手段，使玉米淀粉发酵产品已远远超出酒精、味精、氨基酸等传统发酵制品的范畴，渗透到食品工业、发酵工业、化学工业、能源工业、纺织工业等各个方面，在提高农副产品附加值、缓解能源供应和环境恶化、提升产业层次、绿色改造传统产业和保障人类健康及生产环保产品等方面发挥了重要作用。在淀粉糖醇技术领域，加氢装备和催化剂技术的迅速发展，推动我国的甘露醇、山梨醇等产品收率和产品质量达到国际领先水平，在世界市场上占据了重要的地位。在玉米食品加工方面，通过选择不同种类的酶并控制酶解条件已制备出具有不同生物活性的功能性多肽制品，酶技术在利用玉米芯生产玉米木糖和低聚木糖等方面的应用也得到了进一步的深化。

4. 杂粮和薯类加工的研究内容和取得的成果

近年来，国家"十二五"科技支撑计划的项目"粗粮及杂豆食用品质改良和深度加工关键技术研究与集成示范"和"现代杂粮食品加工关键技术研究与示范"取得技术研究成果。为杂粮产业的深度发展起到了积极的推动作用。

薯类加工成果显著。国家"十二五"支撑计划项目甘薯主食工业化关键技术研究与产业化示范课题通过研发甘薯全粉加工、全薯粉丝加工、紫薯全粉及薯泥加工甘薯食品加工关键技术及新工艺、开发全粉、全薯粉丝、紫薯全粉、紫薯冷冻薯泥等主食新产品，解决以高淀粉甘薯和紫薯甘薯为原料工业化生产新型绿色加工食品的关键技术问题，为加速我国甘薯食品加工业产业的发展提供了科技支撑。

5. 米制品加工的研究内容和取得的成果

近年来，通过优良发酵菌株的筛选、分离鉴定，研究发酵微生物的生长条件，专用发酵剂制备、发酵米食的品质特征形成机理，发酵米食工艺研究，开发了米发糕、甜米酒等工业化产品，以及米面包、米蛋糕及发酵米饮料等新型发酵产品。利用微生物菌群的作用，将原料中的淀粉分解成低聚糖或单糖，蛋白质分解为氨基酸和多肽，脂肪分解为短链的挥发脂肪酸和酯类物质，微生物的代谢产物与原料分解产物共同形成了发酵食品特有的风味和技术和米饭、米酒、饮料等高含水量的新产品，研究优化灭菌工艺，使保质期达到半年以上[15-20]。

（二）本学科发展对国民经济发展和提高人民生活水平的作用和地位

1. 本学科发展对国民经济发展的作用和地位

粮食加工学科是粮食加工业发展的重要科技支撑，粮食加工业是农产品加工业的基础产业，是食品工业的支柱产业，是关系国计民生的工业，是国家经济发展水平和人民生活质量的重要标志。

2. 本学科发展对提高人民生活水平的作用和地位

随着社会的发展，科学技术的进步，人民生活水平的提高，人们的饮食结构也发生了很大的变化。粮食加工学科的研究顺应时代潮流，注重粮食基本原料及其加工副产品营养品质研究，注重向产品低热量、高营养、均衡营养、新型多样化、安全化的方向发展。生产各种米、面主食及主餐食品、方便食品、焙烤食品、营养保健食品和婴儿食品，提高饮食的营养效价，改善膳食结构，对提高居民的健康水平和身体素质发挥了重要作用。

3. 本学科发展在全面建设小康社会中的作用、地位

稻米是我国最大主要粮食作物，年总产量近2亿t左右，占全球总产量的1/3。大米是我国人民的主食，全国2/3人口以大米饭为主食，也是我国食品工业的主要原料，具有几千年历史的年糕、汤圆等传统食品都是以大米为原料，所以大米加工技术直接影响到人民生活水平和食品工业发展，对国家粮食安全和人民的生活具有重要的现实意义。

小麦是我国主要粮食作物之一，年总产量1亿t左右，占全球总产量的1/5。小麦粉是主要的面制食品原料和人们主食口粮，小麦加工技术直接影响到人民生活水平和食品工业发展，同时对在新的粮食安全观指导下构建国家粮食安全体系具有牵引带动作用和不容忽视的战略意义。

玉米是"粮—饲—经"三元结构属性的粮食作物，在我国农业生产和国民经济发展中占有重要的地位。发展玉米深加工业对于促进农业增效、农民增收、粮食增产和发展地方经济、满足市场需求有着积极的影响。玉米深加工无论是对地方经济发展，还是在国家宏观产业布局中都占据着十分重要的地位，对于延长玉米加工产业链条、提升原料增值空间、促进国民经济的发展起着日益重要的作用。

我国杂粮和薯类不仅品种资源丰富，具有相对低廉的成本优势和独特的保健功能，杂粮产量约占粮食总产的10%，播种面积约占16%。长期以来，杂粮加工越来越受到政府的重视，发展杂粮产业，对于保护耕地、减少水土流失、培肥地力、建设生态农业和促进农业可持续发展意义重大。

（三）大中型粮食加工企业、工程中心、大专院校、科研院所的研发水平

1. 大中型粮食加工企业科技研发水平

我国粮食加工大中型企业大多数建有研发机构，其主要解决生产中出现的问题、市场中反馈的问题以及开发新产品。中粮集团下属的中粮营养健康研究院是目前国内粮食加工企业中所建规模最大的研究机构，主要以应用研究为主，确立了应用基础研究、加工应用技术、品牌食品研发和知识管理平台四个研发集群，目标是立足生命科学、致力营养健康，以客户为导向，科技支撑产业链、研发创新好产品，引领中国人的饮食生活方式，最终达到促进全民健康。

玉米深加工领域的大型加工企业与高校和科研院所合作，承担了多项国家科技支撑计划、国家"863"计划课题等国家及省部级项目，并获得国家技术发明二等奖等多项荣誉，在玉米深加工新技术开发、新产品创制和玉米组分的综合利用等方面有着很强的研发实力。

2. **本学科科研工程中心的科技研发水平**

国家粮食局在粮食行业具有优势的高校、重点科研机构和大型科技型企业，组建了谷物加工工程技术研究中心、粮油资源综合开发工程技术研究中心、粮油质量检测工程技术研究中心等10家工程中心。湖北、河南等产稻谷和小麦大省建立了省级稻谷和小麦加工工程技术研究中心。本学科科研工程中心为粮食加工产业的技术革新和升级起到了强有力的支撑作用。

3. **本学科大专院校的科技研发水平**

江南大学食品学院、河南工业大学粮油食品学院、武汉轻工大学食品科学与工程学院、南京财经大学食品科技工程学院是在我国同类学科中创建早、基础好的以粮食加工为优势特色学科的院校。他们主持承担与粮食加工领域相关的"十二五"国家科技支撑计划项目、国家"863"项目、国家自然科学基金项目、省部级攻关项目，在粮食加工和深加工基础理论、粮食资源的开发利用研究中做出巨大贡献，部分研究内容达到国际水平，多项专利成果转化为生产力，论文论著催化粮食加工行业科技进步。研究水平引领粮食加工学科发展，在粮食食品加工的多个领域取得了显著成绩，国际影响力显著提高，部分相关研究已经达到国际先进水平。从SCI论文发表上来看，我国粮食深加工领域的相关论文基本都以高校为第一单位发表；在专利申请方面，大专院校也占据了接近40%的申请比例；在获得国家级奖励方面，"十二五"期间粮食加工行业获得的2项国家技术发明二等奖和3项国家科技进步二等奖均是由高校作为第一承担单位获得的，充分体现了大专院校在我国粮食加工科技进步方面的重要地位和发展水平。

4. **本学科科研院所的科技研发水平**

国家粮食局科学研究院、中粮工程科技有限公司等国家级粮食科学研究院在粮食加工新技术研究、新技术辐射、新成果转化做出了巨大贡献，已成为我国粮食加工技术的聚集地和扩散源。省、直辖市级粮食科学研究所以及部分地市级粮食科学研究所属于综合性开发应用型研究所，具有地方特色，是推进地方粮食工业发展的重要力量。如江苏省粮食科学研究设计院是集科研、设计、安装及生产经营为一体的省级科研设计单位，主要从事粮食、农副产品深加工技术的开发和设计，其开发的模拟移动床色谱分离技术、自动离子交换技术、连续结晶技术、蒸发结晶技术和高压加氢技术，广泛应用于淀粉糖和糖醇工业的生产，极大地提高了行业生产技术水平。

5. **本学科发展对粮食加工产业的带动与发展**

我国是全球第一大稻谷和小麦生产国，第二大玉米生产国，是粮食生产和消费大国。中国是世界粮食生产大国，2014年中国粮食总产量达到6.07亿t，实现半个世纪以来首次连续11年增产，创历史新高，创造了仅占世界8.06%耕地面积，生产了占全球25%粮食的奇迹，为保障世界粮食安全做出了重要贡献。我国也是世界粮食加工大国，粮食加工涵盖的面很广，包括稻谷、小麦、玉米三大主粮及其延伸的米、面食品加工。我国多品种杂粮及薯类加工也属于粮食加工范畴。粮食加工业是农产品加工业的基础产业，是食品工业的支柱产业和人类的生命产业。粮食加工科技是粮食加工产业发展的重要科技支撑,有力地支撑了我国粮食加工产业的迅猛发展。

(四)粮食加工学科的最新研究成果进展

近5年来我国在稻米、小麦、玉米深加工、杂粮和薯类加工及米制食品加工工艺、生产技术、加工装备等领域取得了数以百计的重大科研成果,许多科研成果水平已达到或接近世界先进水平,有的成果已达国际领先水平。

1. 稻谷加工学科的总体研究水平

我国稻谷加工学科的总体研究水平达到世界先进水平。稻谷加工技术和装备研究与制造水平达到世界领先水平。稻谷加工工艺合理完善,稻谷加工设备产品门类齐全、性能先进可靠、价格合理,不仅可以满足各地区、各品种稻谷的加工需求,而且部分设备由于具有先进的技术、较高的性价比,远销亚洲、非洲和拉丁美洲等全球主要产稻区,占据30%左右的国际市场份额。

稻米深加工高效转化与副产物综合利用创新技术在国内取得突破,生物酶、分离重组、分子修饰、挤压、超细粉碎等稻谷加工新技术的研究取得自主创新的突破性成果。早籼稻产后精深加工和高效利用关键技术与推广应用取得突破,在高品质蒸谷米加工关键技术和产业化取得突破,生产效率比国外提高1.5倍,成本较国外下降20%,出米率提高18%以上(达71%),营养品质大幅度提高,其中维生素 B_1、维生素 B_2 和铁含量分别增加267%、67%和135%。

稻米主食生产关键技术及产业化研究取得成功,在高品质方便米饭烹制技术、无菌化处理技术、方便米饭配菜等工艺技术取得突破。

米制品加工在稻米淀粉组分、米淀粉糊化、米淀粉老化与凝胶化等基础理论和米制食品生产关键技术取得新突破,我国米制品开发研究水平达到世界先进水平。

2. 小麦加工学科的总体研究水平

小麦加工学科紧紧围绕小麦化学与加工、面制食品加工理论与应用、安全检测与控制技术等研究方向。通过近5年研究和攻关,已经取得了高效节能小麦加工新技术、清洁安全小麦加工新技术、传统面制食品加工技术、副产物利用技术等,研制了适合中国国情的高效节能小麦面粉加工技术,研制了面条、馒头、饼干等30种食品专用小麦粉,开发了方便面自动化生产线、馒头工业化生产线、水饺自动生产线[21]、饼干生产线、挂面生产线等,开拓出磨撞均衡出粉的制粉新技术、特殊物料分级新技术、三相小麦淀粉分离新技术等多项具有中国特色的小麦湿法和干法加工创新技术,并在近千家新建或改造企业中运用并获得了巨大的经济效益和社会效益。

3. 玉米深加工学科的总体研究水平

玉米深加工学科在"十二五"期间有玉米深加工领域或国家自然科学基金的项目共117项,项目经费总额5871.5万元,玉米深加工学科直接相关的项目有3项,总经费达

2447 万元，主要集中在玉米组分互作规律及调控技术、主食工业化技术及装备开发以及产业节能减排和技术升级等领域。

在"十二五"期间，玉米淀粉、淀粉糖醇和玉米发酵等产业的降低能耗和资源消耗取得突破性成果。玉米淀粉、淀粉糖等大宗产品产量稳居世界第二位；味精、赖氨酸、柠檬酸、甘露醇、山梨醇等产品不仅产量稳居第一位，产品收率和产品质量达到国际领先水平。

4. 杂粮和薯类加工学科的总体研究水平

总体上看，近年来我国与杂粮品种配套的加工技术和加工工艺研究有了显著进步，甘肃、山西、内蒙古等省（区）都相继建立了一批专业杂粮生产基地，产业化程度有所提高，在面向市场发展提高杂粮科技总体水平等方面取得了明显成效，杂粮出口创汇也正在稳定增长。

5. 米制品加工学科的总体研究水平

大米主食生产关键技术创新与应用取得了重大创新。该项目是中南林业科技大学、华中农业大学、长沙理工大学、湖北福娃集团有限公司、广东美的电器股份有限公司等 9 家单位完成的攻关项目，在大米主食加工用品种筛选技术、大米主食生产中的共性瓶颈技术、发芽糙米及糙米制品高效加工技术、大米主食加工用高效装备、主食米制品生产质量保障体系等 5 个方面创新突破，该成果获得 2013 年度湖南省科技进步一等奖，共研发 5 大系列 30 多种新产品，申报专利和软件著作登记权 73 项（其中授权 34 项），发表了包括被 SCI 和 EI 收录的论文 198 篇。技术成果先后在湖南省、广东省、四川省、江苏省等省 30 多家企业推广应用，产生了较大的经济效益和社会效益，为我国大米主食安全工业化生产起到了强劲的推进作用[22-32]。

南方谷物方便食品专用配料制备及品质改良关键技术研发取得重大创新。该项目由广东省农业科学院蚕业与农产品加工研究所、华南理工大学等 10 家单位共同完成的攻关项目，该成果获得了 2013 年度广东省科技进步一等奖。该项目研发了粮油制品专用蛋白与活性短肽配料的绿色制备与修饰改性及应用关键技术：突破了大宗粮油加工副产物中变性蛋白质的可溶化技术难题，研发了高溶解性和高纯度米糠、大豆和花生蛋白配料产品；建立了短肽制备及在粮油制品中稳态化应用的关键技术。建立了南方米粉丝品质的质构评价新方法，制定了加工用大米原料标准，建立了南方米粉丝产品国家地理标志保护标准及其 HACCP 质量控制体系。项目共申请国家发明专利 24 项，其中 12 项获得授权；发表学术论文 47 篇，其中 SCI 收录论文 17 篇。研发新产品 19 个，其中 9 个获得绿色食品证书。制定标准 7 个，其中参与制定国家标准 2 个、广东省地方标准 1 个。获国地理标志保护产品 1 个，为促进南方传统粮油食品产业的技术升级和提高农业效益发挥了重要推动作用，应用前景十分广阔。

（五）粮食加工学科发展及取得的成就

1. 科学研究成果

（1）获奖项目、申请专利、发表论文、制定修订标准、开发新产品等方面成果显著。

加速了粮食加工学科的发展，有力推动了粮食加工产业的技术进步。

1）稻米、小麦加工。2011—2015年粮食加工学科重要成果中获得国家级奖项6项，中国粮油学会科学技术奖一等奖4个，省、部级科学技术奖一等奖项目10个。申请及授权专利419个。出版相关著作、教材、手册和论文206本（篇）。颁布和制订的粮油学科标准53个。

2）玉米深加工。在"十二五"期间，玉米深加工科学技术学科累计获得国家技术发明奖3项，获得省部级奖励11项，行业协会奖励2项。玉米深加工相关专利申请总量达2019件，专利申请总量仅次于美国，位居全球第二位。其中发明专利申请量1652件，实用新型专利申请量367件，32.19%的专利已获授权且处于保护状态。从专利申请所属的技术领域来看，玉米深加工学科专利申请主要集中在食品加工（14.93%）、生物化工（7.82%）、高分子和有机化学（4.26%）和谷物加工分离技术（2.62%）等领域。玉米研究领域（含育种研究）SCI论文发表总数达9793篇，我国在该领域的SCI论文发表总量达2125篇，并保持了稳定的增长，在全球所发表的玉米领域的SCI论文所占比例由2011年的18.4%增长到2014年的26.8%，平均被引频次均超过了3.0，并超过了全球2.7左右的平均被引频次。"十二五"期间，正式颁布实施的制定、修订的玉米深加工相关国家标准和行业标准共计42项，其中国家强制标准29项，国家推荐标准10项，行业标准3项。为促进玉米深加工产业健康发展，保障玉米深加工产品品质、推动国内外玉米深加工贸易等方面发挥了重要的作用。L-阿拉伯糖、L-核糖核苷、异麦芽酮糖醇等具有独特生理功能的新型产品已逐步得到开发，在玉米食品加工方面新开发以玉米为原料的主食产品如速食玉米粥、玉米方便面、玉米窝窝头、玉米面条、全玉米营养粉等。

3）杂粮和薯类加工。2011—2015年，获得中国粮油学会科学技术奖4项，其中二等奖3项、三等奖1项；获得省部级奖10项。共申请和获得专利103项，其中发明专利近百项。发表论文1000多篇。制定修订标准5项。开发系列杂粮和薯类加工新产品近40项。

（2）实施重大科技专项。粮食加工科学技术学科在"十二五"期间承担的国家级科技计划项目有主食工业化共性技术研究及大宗粮食绿色加工技术与产品和主食工业化关键技术与装备及其产业化示范关键装备研制、玉米淀粉加工关键技术研究与示范、玉米主食工业化生产关键技术及其产业化示范、粗粮及杂豆食用品质改良及深度加工关键技术研究与示范、甘薯现代产业链关键技术研究及产业化等"十二五"科技支撑计划项目。

（3）科研基地与平台建设。在国家发改委、科技部和有关省政府的关心支持下，粮食加工科研基地与平台建设取得重大进展。

"十二五"期间，国家发展和改革委员会批准建立了小麦和玉米深加工国家工程实验室、稻米深加工国家工程实验室、粮食发酵工艺与技术国家工程实验室及粮食加工装备国家工程实验室等粮食加工学科的国家工程实验室，国家工程实验室根据国家农业科技发展的重大需求，重点建设粮食深加工公共技术平台。

国家计委批准建设玉米深加工国家工程研究中心，是农业和粮食深加工领域首家国家级工程研究中心，该中心的主要任务是以市场为导向，以玉米深加工为主要研究方向，应用高新技术，瞄准国际国内的科学前沿及高附加值、高技术含量的产品进行工程化研究，为玉米淀粉及其深加工产品的规模化生产提供共性技术和关键技术，不断开发新产品，不断消化吸收创新引进的技术和设备，不断转化淀粉深加工产品的技术成果，为行业的发展提供高新技术、技术信息和技术咨询服务。

获科技部批准建设国家杂粮工程技术研究中心，国家马铃薯工程技术研究中心。国家杂粮加工技术研发分中心（北京），农业部农产品加工局认定的国家级杂粮加工分中心。依托于中国农业科学院作物科学研究所，主要从事粮食作物营养品质检测和功能成分检测以及杂粮加工技术研究和产品开发。

同时国家还建设了一批国家级、省部级国家工程实验室、技术工程中心、实验室和示范基地等，为粮食加工学科的技术研究开发及产业化奠定了良好的基础。

（4）理论与技术突破。

具体体现在以下诸多方面：稻米深加工高效转化与副产物综合利用创新技术在国内取得突破，在湖南等稻谷产区的大米厂推广实施产业化，取得了显著经济效益和社会效益。早籼稻产后精深加工和高效利用关键技术与推广应用取得突破，在江西中粮蒸谷米厂推广示范，是我国主要大米出口产品，取得了显著经济效益和社会效益。

高效节能小麦加工新技术、清洁安全小麦加工新技术、传统面制食品加工技术、副产物利用技术等，研制了适合中国国情的高效节能小麦面粉加工技术创新成果已在全国几十家面粉厂应用推广，取得了显著经济效益和社会效益。

玉米深加工中模拟移动床（simulation moving bed，SMB）色谱分离技术，是一种高效先进的吸附分离技术，已应用于石化行业、糖醇食品行业、医药行业等，与传统的色谱分离技术相比，其特点是实现了连续分离操作，分离效率高，可同时分离出多种组分，提纯效果较一般色谱高出40%，并且可降低设备投资，因而使加工成本降低50%以上。从应用效果与应用范围来说，我国的模拟流动床技术已经达到世界先进水平。酵母是玉米发酵转化利用领域常用到的微生物之一。北京大学在合成生物学研究中取得重大突破，利用合成生物学方法探讨了模拟细胞极化的环路设计原理，设计并构建出了可自组织细胞极化的合成调控网络并在酵母中构建出了人工的极化网络，利用嵌合信号蛋白工具箱在空间上指导磷脂酰肌醇-3磷酸合成与降解。该成果为研究生命的自组织机制提供了一条有潜力的新途径。

杂粮及全谷物方便主食品加工关键技术取得突破。集成应用杂粮、杂豆物理改性技术、颗粒细度优化控制技术、预混合粉复配技术，在不该变传统挂面生产装备的基础上，率先突破了苦荞等高杂粮添加量面条加工过程中产品难以成型，食品品质差的瓶颈难题，在不添加辅助配料的前提下，杂粮豆的添加量可达到60%以上，产品品质符合《花色挂面》（LS3213-1992）行业标准的要求，并成功实现批量工业化生产；集成应用高温高压瞬时物理改性、颗粒适度破碎及高温二次α化加工技术，解决全谷物杂粮速食粉产品口感粗糙、冲调易结块等瓶颈难题。

2. 学科建设

（1）学科教育。目前，我国约有 146 所高校设置与粮食加工相关的食品科学技术与工程专业学士学位，约 38 所高等学校具有硕士学位授予权，15 所高等学校具有博士学位授予权。

江南大学、河南工业大学、武汉轻工大学是业内以粮食加工为优势特色学科的高校。其中江南大学已是以粮食加工为优势特色学科的"211"重点建设高校和"985"平台建设高校，并有博士和博士后授予权。该三所高校荟萃了一大批在国内外颇有影响的专家型学者和教授。教师队伍以博士为主，拥有实力强大的教学、科研团队。各校与国际著名的有粮食加工学科的大学以及相关研究院建立了人才培养、学术交流、科研合作关系，建设与国际接轨的教材和课程体系。承担国家"863"计划项目、国家科技攻关项目、国家自然科学基金项目、省市攻关项目等各类科研项目，在粮食加工领域取得了一批优秀成果。积极服务国家和地方经济建设需求，有力地推动了行业的技术进步。

以江西工业贸易职业技术学院、黑龙江粮食职业学院、吉林粮食高等专科学校为代表的一批建于 20 世纪中、后期的原省级粮食学校，现已经建设成为学科门类齐全的综合性普通高等院校，但仍然保持粮食工程专业为优势特色学科。课程体系建设突出粮食加工学科的特色，突出职业教育；教材编写紧密结合粮食加工业的发展，着重技能教学；理论联系实际，教学课堂与实验实训场所融为一体；毕业学生深受粮食行业各企业的欢迎。

（2）学会建设。食品分会是中国粮油学会最早建立的分会，近 5 年积极开展学会自身建设，除坚持每年举办学术研讨会以外，还大力发展新会员，近两年发展新会员 600 多人，并不断扩大会员单位，目前已有 20 多所知名高校和研究院所为食品分会会员，极大地提高了分会的影响力和对行业的科技推动力。玉米深加工学科是一个高度交叉的综合性应用学科，中国淀粉工业协会、中国发酵工业协会、食品工业协会、食品科学技术学会等行业及学术组织都涉及玉米深加工学科的一个或多个加工方向。中国粮油学会玉米深加工分会是针对玉米深加工学科各主要研究方向的专业学术组织，自 2010 年成立以来，积极配合总会开展各类国际、国内学术活动，在促进玉米深加工学科技术进步、科技工作者交流互动和为政府制定政策、建言献策等方面发挥了重要的作用。

（3）人才培养。以江南大学、河南工业大学、武汉轻工大学为例，粮食加工学科人才培养的条件和水平得到极大提升。

江南大学食品学院现有在校学生 2500 余人，其中博士生 220 余人、硕士生 780 余人、本科生 1500 余人。学院实施"3+1"的工程化、国际化、学术型、创业型四大类个性化人才培养，实施导师制、建立开放实验室、设立课余研究项目等方式，有力地支撑了研究性工程创新人才培养的目标。在 2012 年教育部的全国一级学科评估中，食品科学与工程学科蝉联第一。2011 年，食品科学与工程本科专业顺利通过了美国 IFT 国际食品专业认证，标志着江南大学食品人才培养已达到国际先进水平。

河南工业大学粮油食品学院 50 多年来为粮油食品行业培养了万余名本科生和研究生，成为我国培养粮油食品领域高素质应用型人才的重要教育和科研基地。2013 年开始招收博士研究生。

武汉轻工大学食品科学与工程学院目前在校全日制本科生近 2000 人，硕士研究生 200 余人。其中粮食、油脂及植物蛋白工程学科为湖北省特色学科、湖北省高校有突出成就的创新学科。2014 年学院被人社部、教育部联合授予"全国教育系统先进集体"荣誉称号。该校毕业学生以能吃苦、能干事、能创业深受行业的喜爱。

（4）职称评审。总体上粮食加工领域科技工作人员的职称结构持续的合理化，呈现正高、副高、中级职称均衡发展态势，为我国粮食加工学科领域的基础研究、科技创新与产业化示范提供了强大的脑力支撑。当前江南大学、中国农业大学、河南工业大学、武汉轻工大学、南京财经大学、华南理工大学、西北农林大学等大专院校、中国农业科学院、各省级粮食科研院、农业科学院等科研院所以及中粮工程科技有限公司等转制院所具有一批职称结构不断优化的科技工作者，其中高级职称约 1060 人、中级职称约 640 人。

（5）职业技能培训。主要是专业技术培训、特有工种设置和培训等。粮食加工学科的许多专家积极参与了由国家粮食局组织编写的《制米工国家职业标准》，并于 2005 年 11 月在全国施行。并以此标准为依据，组织编写了培训教材。制米工职业共设五个等级，分别为：初级（国家职业资格五级）、中级（国家职业资格四级）、高级（国家职业资格三级）、技师（国家职业资格二级）、高级技师（国家职业资格一级）。江西、黑龙江省等进行了制米工职业技能培训考核，湖南粮食集团有限公司等大型企业组织了企业范围制米工职业技能培训考核。中国粮食行业协会大米分会于 2012 年、2014 年组织进行了国内制米工技师职业技能培训考核。职业技能培训有助于培养专业技能型人才、发展生产力。高技能人才作为我国人才队伍的重要组成部分，作为技术工人队伍的核心骨干，在加快产业优化升级、提高企业竞争力、推动技术创新和科技成果转化等方面具有不可替代的重要作用。

在复合型人才培养、创新型科技研发的同时，粮食加工领域的企事业单位还承担了大量的职业技能培训工作，如河南工业大学的粮食培训技术发展中国家培训班和发展中国家粮油食品技术培训班，湖南省农业集团有限公司的发展中国家粮油作物及灌溉系、综合利用技术培训班等。科研团队的发展状况良好。

（6）学术交流。近 5 年来，粮食加工学科更加注重组织学术交流活动，形式多样，效果凸显，为广大粮食加工科技工作者搭建了广阔的学术交流平台。

1）国内学术交流。"十二五"期间，粮食深加工研究领域举办相关的国内学术交流达 20 余次，在我国举办的相关国际学术交流活动达 6 次。这些学术会议的召开对于推动科技成果转化、强化科技工作者与企业联系和促进学科繁荣健康发展起到了积极的作用。

2）国际学术交流。在国家粮食局、中国粮油学会、国家粮食局科学研究院和各合作单位的共同努力下，历时 4 年多的时间，中国粮油学会与加拿大杂豆协会和加拿大投资方（即埃尔伯塔杂豆种植委员会和萨斯卡通杂豆作物发展委员会）于2014年3月正式签订了中加杂豆利用项目合作协议，开始合作项目研究的第一期工作，形成了中加杂豆面条开发项目、中加杂豆馒头开发项目、中加杂豆饼干开发项目3个课题。中美杂豆健康论坛：2011—2012年，中国食品科学技术学会与美国驻华大使馆农业贸易处进行专题合作，与美国农业部、美国内布拉斯加州农业厅、美国内布拉斯加州大学林肯分校、美国内布拉斯加州干豆协会等机构在华举办中美健康论坛之干豆在食品工业中的应用研讨会，以"关注豆类食品·关注营养健康"为主题，为中美两国的食品科技工作者首次搭建了独特的以杂豆食品的开发为主题的沟通平台，得到了中美食品科技界的广泛认可与关注。

（7）刊物与学术出版。食品分会拥有《粮食与食品工业》专刊，全面反映粮食加工学科的最新研究成果，为粮食加工企业提供最新、最先进的生产技术，也成为加工企业技术交流的重要刊物平台，对推动粮食加工科技的发展发挥了重要作用。玉米深加工科学技术学科在"十二五"期间涌现出一批相关的专业教材和专著，共计19部，其中淀粉及变性淀粉领域9部，玉米发酵领域5部，淀粉糖醇领域2部，玉米食品领域1部。此外，2011—2014年还出版了相关论文集共计21部。这一批教材、专著和期刊的出版，较好地汇集了国内玉米深加工学科相关领域的主要成果和成就，经过系统分析整理了基础性的理论和观点，并有创见地提出了诸多有参考价值的新体系、新观点或新方法，具有较强的创新性、理论性和实用价值。

（六）学科在产业发展中的重大成果、重大应用

1. 重大成果和应用综述

近5年我国粮食加工领域取得了多项技术进步奖，如稻米深加工高效转化与副产物综合利用、高效节能小麦加工新技术、新型淀粉衍生物的创制与传统淀粉衍生物的绿色制造等获国家科技进步二等奖和国家技术发明二等奖的成果在稻米、小麦、玉米深加工企业得到广泛推广应用。

2. 重大成果与应用的示例

高效节能小麦加工新技术在国内近100家面粉加工企业应用，产生了显著的经济效益和社会效益。

2011年龙力公司的玉米芯废渣制备纤维素乙醇技术与应用项目获得国家技术发明奖二等奖，选育出了高产纤维素酶工业化生产菌株，采用深层液体发酵方式就地生产纤维素酶，攻克了酶水解效率低且成本过高的技术难关。工艺过程为先采用酶法提取玉米芯中的半纤维素用于生产木糖糖醇、低聚木糖等高附加值产品，然后将玉米芯废渣中的木质素分离、生产高值化工产品，最后利用同步糖化发酵技术将废渣中的纤维素转化为乙醇，解决了原料不以收集和储存、预处理技术不成熟且成本较高、半纤维素难以被转化成乙醇等难题。发明和集成了玉米芯木质纤维素生物炼制的新工艺，并实现了纤维素乙醇的产业化。

2013年江南大学针对淀粉酶法转化利用开发的一系列新型酶制剂的重大淀粉酶品的

创新、绿色制造及其应用项目获得国家技术发明二等奖；2014 年江南大学牵头的涉及新型糊精制品、淀粉胶制品创制和淀粉衍生物及淀粉糖绿色合成与制造的新型淀粉衍生物的创制于传统淀粉衍生物的绿色制造项目获得国家技术发明奖，都在玉米深加工企业推广应用，在糖醇加氢、分离和催化技术及装备、高浓度淀粉液化、糖化技术和氨基酸生产节能减排技术等方面也取得了重要的突破，并带动相关产业取得了长足的发展和进步。该技术的应用和实施，有助于开拓淀粉深加工的新思路，有助于推动淀粉加工行业技术革新，拓宽了传统产品的应用范围，满足了应用行业对淀粉衍生物的需求，具有良好的行业导向和引领作用。通过项目实施，近 3 年累计新增产值 5.5 亿元，新增利润 7549 万元，新增税收 4511 万元。

三、国内外研究进展比较

（一）国外研究进展

1. 稻谷加工学科的国外研究进展

推进产业结构调整与升级。着力发展专用米、留胚米等新型营养健康产品，加快推动主食品工业现代化和产业化。重点推广高效节能稻米加工新工艺及新设备。推广稻谷低温干燥、产地脱壳、糙米调质、低温升碾米先进实用技术。加大节能减排力度。加速提高产品质量安全水平，建立产品质量安全追溯监管体系。加速研究粮食食品现代技术。研究主食食品生物技术、现代高效分离技术、非热杀菌技术、现代食品干燥技术、淀粉物理改性技术。着力推广副产品高效增值深加工技术。推广稻壳发电及热能利用等技术装备、米糠加工膳食纤维新技术、谷物胚芽生产保健食用油等加工新技术。

2. 小麦加工学科的国外研究进展

采用新技术、提高资源利用率，利用高新技术大力开发和充分利用小麦资源及其副产品，使其增值，已是一个主要的发展趋势。美国制粉工业粉路比较长，设备比较先进，加工设备主要来自欧洲，自动化水平比较高，智能化传感器广泛应用，故障率比较低，普遍采用计算机管理系统。

营养、卫生、安全和绿色成为加工产品的主流，从全球范围来看，营养、安全、绿色、休闲成为小麦加工的主流和方向。卫生和安全成为小麦加工业的首要任务。美国早在 20 世纪 70 年代就建立了各种谷物的营养、卫生和安全的标准体系，规定了谷物的各种营养成分和卫生、安全的标准。对谷物的农药残留和重金属含量等都做了严格的规定。对小麦制品面粉也有严格的标准，特别对添加剂的安全性极为重视，都必须经 FDA 批准方可使用，并严格按规定剂量使用。联合国食品卫生法典委员会（CAC）已将 GMP 和 HACCP 作为国际规范推荐给各成员国。

深加工、多产品是高效增值的重要途径，小麦深加工和综合利用是企业集团发展的重点。美国在食品、医药、化工、造纸、纺织、建材等工业都是小麦产品的下游市场。美国把未来小麦产品新用途的开发作为未来小麦加工业发展的重点,除了国内市场以外,美国小麦产品还大量出口,并且已由过去的小麦原料出口发展到以加工产品出口,多元化的市场极大地拉动了美国的小麦经济。

产品标准体系和质量控制体系越来越完善,采用良好生产操作规程(GMP)进行厂房、车间设计,进行危害分析及关键控制点(HACCP)上岗培训,加工生产中实施GMP、HACCP及国际标准组织(ISO)9000族系管理规范。国际上对食品的卫生与安全问题越来越重视,相关国际组织和各国都为食品的营养、卫生等制定了严格的标准,建立一个现代化的科学食品安全体系,以加强食品的监督、监测和公众教育等[33]。

3. 玉米深加工学科的国外研究进展

玉米深加工学科经费投入力度大,科研队伍实力雄厚,发达国家尤其是美国,对于玉米深加工学科的投入力度较高,为开展大量的理论基础研究项目和应用基础研究工作提供了大量的资金支持。美国一年的科研经费达上千亿美元,科研实力雄厚,在玉米深加工基础理论研究和玉米深加工新技术开发及应用领域均处于世界领先的地位。2011—2014年被SCI收录的玉米领域的论文数量中前10名的科学研究机构,美国占据了7席。

美国的美国农业部农业研究局、爱荷华州立大学、伊力诺依大学、明尼苏达大学、堪萨斯州立大学、普渡大学等科研机构和科研高校十分重视玉米深加工学科的基础理论研究及新技术开发和推广,为科技创新和技术转化提供强有力的支撑,玉米深加工企业对于该学科的科研投入十分关注,75%的科研投入来自企业,ADM、美国玉米制品国际有限公司(CPI)、国民淀粉公司等玉米深加工企业都拥有独立的、高水平的研发中心和研发队伍,其研究领域涵盖玉米深加工技术及基础理论研究,产生了一系列重要的科研成果。

玉米深加工技术研究发展迅速,新产品、新技术迅速得以推广和应用。在国际上尤其是在欧美等发达国家,随着生物技术、现代食品技术的飞速发展,玉米深加工领域也进入了快速发展时期。尤其是色谱分离、膜分离技术等食品组分分离纯化技术以及基因工程、酶工程、发酵工程等生物技术,使相关产业的基础研究及技术理论体系不断完善,极大地提高了玉米深加工领域的技术水平和产品的市场竞争力,使得玉米深加工产品不断地向精深化、高值化、功能与营养化、健康化方向迈进。在进行挤压膨化、微囊化等新型加工技术开发的同时,更加注重提升成果的转化效率和工业示范效果,并在保证产品质量与安全的同时突出玉米食品加工过程中的原料减损、过程降耗与减排等,从而促进产业经济效益的提升和良性发展。总体来看,欧美先进国家的玉米深加工领域不单单局限在单一技术模块,国外玉米深加工领域的新技术开发工作与生产结合极为紧密,近年来一大批新技术成果已在产业中得到应用并取得了一定的效果。

目前,国外玉米深加工产业在传统的食品、工业领域中已成为应用的龙头,产品品种多达3500多种。同时,玉米深加工产品的应用领域仍在继续拓展。目前国外玉米深加工产品最新应用领域还包括:在化工领域作为替代石油、天然气以及煤等不可再生的资源生产化学品的重要原料;建筑、装饰领域中的增稠剂、黏合剂、涂料等;铸造和陶瓷制造领域中的脱膜剂、防裂剂；食品领域中的功能性食品添加剂、乳化剂等；在日用化工、医药等领域也有着广泛的应用。玉米深加工综合利用效率较高，向绿色、清洁化生产转变。国外玉米深加工学科在节能、节水、节约原料和提高产品质量、提高原料综合利用率、降低成本费用和减轻环境污染等方面做了大量的研究工作，取得了较好的应用进展。

在玉米原料的加工过程中采用快脱纤维法和快脱胚芽法，提高了加工效率，同时提升了饲料副产品的价值。在氨基酸、有机酸生产领域，国外大型企业从发酵控制到分离提取等几乎都采用了优化控制和新的分离提取工艺，产率大大提高。玉米淀粉生产方面，国外企业平均固形物利用率在98%以上，酶法浸泡技术已开始被广泛使用，通过循环利用，吨淀粉耗水仅2t左右。美国ADM公司在玉米深加工的过程中，实现了对玉米原料中各组分的完全转化利用，整个生产过程中无污染物排放。

4. 杂粮和薯类加工学科的国外研究进展

发达国家或地区杂粮加工的特点是机械化、自动化、规模化、集约化、品种多样化，严格作业，清洁卫生，环保意识强，达到无污染综合治理。例如加拿大、美国、日本在绿豆、薏米等杂粮的脱壳、脱皮、清选分级等初加工方面技术先进，在燕麦、荞麦、高粱等杂粮功能成分研究和产品开发方面做了深入的研究，同时亦建立了先进的快速检测技术，且加拿大、美国、日本开发的多种杂粮初加工产品、功能性产品已大量进入市场。

美国马铃薯加工制品的产量和消费量约占总产量的76%，马铃薯食品多达90余种，在超级市场，马铃薯食品随处可见。全国有300多个企业生产油炸马铃薯片，每人每年平均消费马铃薯食品30kg。加上用来加工成淀粉、饲料和酒精等的加工量已占到马铃薯产量的85%左右。目前，美国以马铃薯为原料的加工产品品种已超过100种。日本马铃薯年总产量351.2万t，仅北海道每年加工用的鲜薯259万余吨，占其总产量的86%。其中用于加工食品和淀粉的马铃薯约为205万t，占总产量的72.4%。加工产品主要有冷冻马铃薯产品，马铃薯条（片）、马铃薯泥，薯泥复合制品，淀粉以及马铃薯全粉等深加工制品，全价饲料等。德国每年进口200多万吨马铃薯食品，主要产品有干马铃薯块、丝和膨化薯块等，每人每年平均消费马铃薯食品19kg；英国每年人均消费马铃薯近100kg，全国每年用于食品生产的马铃薯450万t，其中冷冻马铃薯制品最多；瑞典的阿尔法·拉瓦—福特卡联合公司，是生产马铃薯食品的著名企业，年加工马铃薯1万多吨，占瑞典全国每年生产马铃薯食品5万t的1/4；法国是快餐马铃薯泥的主要生产国，早在20世纪70年代初就达2万多t，全国有12个大企业生产马铃薯食品，人均消费马铃薯制品39kg。在甘薯深加工技术方面研究和开发较深入的主要是日本，日本自20世纪80年代以来，最先选育出紫色甘薯品种，并开发出紫薯为主要原料的麦片、薯条、薯片、饼干、面条、粉条、面包、糕点、馅料、速溶营养复合粉等食品。

（二）国内研究存在的差距

我国粮食加工科技和产业虽取得飞跃发展，总体水平已接近国际先进水平，但离国际先进水平尚有一定差距，粮食加工业总体上还是属于粗放型产业。我国目前数以万计的粮食加工主体则是遍布城乡的小型企业，加工的粮食数量占粮食加工总量的70%左右，与美国、欧洲、日本相比较差距较大，如全美国只有近100家面粉加工企业，日加工能力超过1000t的面粉厂占总生产能力的50%以上，而且集约化程度很高，我国粮食加工片面注重产品外观的白度和亮度，致使粮食过度加工，既使粮食中的营养素大量流失，又大量浪费宝贵的粮食资源的问题较突出。质量标准尚停留在传统的物理指标，缺乏营养和卫生标准，食品质量安全追溯体系尚待建立。主要差距表现在产业结构不够合理；质量保障体系不够完善，质量安全水平有待提高；技术进步基础薄弱，自主创新能力不强；综合利用水平偏低，加工产业链较短；政策支持力度不够，加工调控机制尚不完善。

1. 稻谷加工学科国内研究存在的差距

我国大米产业结构不够合理，发展方式仍较粗放，稻米的过度加工现象比较普遍，尤其稻米加工全产业链建设与发达国家差距较大，严重影响稻米资源的高效利用，在日本稻米产业链从稻谷种植、收割、储藏、加工一直到大米和副产品稻壳、米糠、米胚、碎米的深加工的链条，节点分明，技术全面，真正使稻米资源转变为食品资源获得高额经济效益，这方面差距较大。

大米的营养强化还可以通过稻谷生长过程中施肥的方式进行生物强化，意大利学者施肥时添加硒酸钠和谷胱甘肽过氧化物酶，食用大米20d后可以提高血清中硒含量和谷胱甘肽过氧化物酶活性。目前大米的营养强化主要是生产强化的颗粒，然后与一般大米混合食用，但大米的营养强化举步维艰，主要原因还是高投资、消费者的接受程度以及对营养强化知识的了解，另一方面政府也应重视政策支持。

2. 小麦加工学科国内研究存在的差距

小麦加工产业链短、资源转化增值度低、深加工效益差。我国小麦资源丰富，居世界首位，但资源转化增值程度偏低，整体水平亟待进一步提高。在加工量方面，目前我国工业食品每年使用粮食为4000万t，占粮食总产量的比重只有8%，远低于发达国家60% ~ 80%的水平。在深加工增值方面，缺少粮食加工增值转化的高科技核心技术，以粮食为原料的主食品加工增值平均低于1:2，远低于发达国家1:5以上的水平。

我国小麦加工产业高附加值产品比例偏低，小麦加工企业总体上以初级加工为主，以半成品居多，制成品少，产业链条短，产品结构不合理。以小麦加工为例，低附加值的普通粉占主导，高附加值的专用粉仅占11%左右，专用预混合粉和营养强化粉比例不到1%；另一方面，资源综合利用水平差，大量的副产物（麸皮、次粉、胚芽等）没有被综合利用实现有效增值。即便加工水平较先进的大中型小麦加工企业，这类问题也比较突出。目前我国每年加工产生的粮食副产物1500万t、小麦麸皮250万t，小麦没有得到有效、合理地开发利用。

过分重视加工精度，对营养安全重视不够，随着小麦加工技术的发展，如今小麦加工行业普遍追求产品外观精度，越来越精细，过度加工现象严重，一方面造成粮食资源极度浪费，另外导致作为人类膳食主要原料的小麦产品的营养越来越低。统计数据显示，20世纪 80—90 年代国内小麦加工产品小麦粉出率在 85% 左右，目前这一比例下降到 73% 左右。据国内粮油加工业统计资料，2012 年全国小麦粉加工业实际加工处理小麦 13000 万 t，以此计算，当年约有 1560 万 t 可食用的小麦粉产品被浪费，这一数量相当于当年小麦总产量的 12.9%。

技术标准体系落后，粮食质量与食品安全问题突出。我国小麦加工技术标准体系落后、食品安全卫生检测监测能力薄弱，轻视小麦加工过程清洁生产，农药残留、真菌毒素、有害微生物污染等涉及食品安全的问题依然突出，小麦加工产品质量安全保障体系还不够完善。

高新技术在小麦加工与转化利用方面的应用较少，小麦加工技术研发和工程化能力还比较落后，在许多方面仅为发达国家 20 世纪 70—80 年代的水平；先进的小麦加工工艺技术与优化设计的成果较少，技术集成度不高；科技成果的转化率和产业化水平较低。

我国小麦加工行业科技投入少，研发力量分散，科技创新体系还不完善。而国家科技经费 80% 以上投入在产前和产中领域，对于产后投入较少，严重缺乏自主知识产权的技术储备。同时，我国小麦加工行业创新意识不强，没有建立必要的研发机制，缺少产学研创新平台。多数国产小麦加工技术的开发还处于仿制、改进阶段，缺乏扎实的基础研究和引进消化吸收后的再创新，尤其是加工设备机电一体化水平、工程化和成套化还有很大差距。

3. 玉米深加工学科国内研究存在的差距

玉米深加工科研投入仍然偏低，企业科研力量薄弱，欧美先进国家的玉米深加工领域不单单局限在单一技术模块，已经形成了涉及基础研究、新技术开发、新产品创制的从专用型新品种选育到产品加工及精深化利用的集成化产业体系。我国玉米深加工行业对科研的重视程度、资金投入与欧美相比存在较大差距，尤其是企业对于玉米深加工的研发投入及重视程度严重不足。与美国玉米深加工科研经费主要来自于企业不同，我国从事玉米深加工的企业，其研究开发经费占销售收入的比例很小，普遍达不到国家规定的 3% ~ 5% 的要求。我国玉米深加工企业新产品开发、产品改良、技术革新严重依赖于大专院校和科研院所。与发达国家相比，尤其是行业内领先的大企业相比，我国玉米深加工企业的科研装备落后，科研队伍的人才水平和研发水平偏低，多集中于技术改良方面，很少有技术创新，在玉米深加工方面的基础研究更是几乎没有，制约了我国玉米深加工行业的发展和创新能力的提升。

我国玉米深加工学科起步较晚，与发达国家对玉米深加工科学基础研究的高度重视和大量投入相比，我国对该方面基础性研究投入明显不足。我国玉米深加工科学技术领域基础研究层次偏低，较多地停留在采用现有玉米原料辅以配方改良、工艺改进的阶段，没有从分子层面等阐明产品加工品质及食用特性形成的机制，从而不能够形成指导技术创新以解决共性关键问题的理论体系。在玉米组分功能特性、玉米淀粉分子结构、变性淀粉改性机制、玉米生物转化过程及调控机理等方面的科学理论研究均存在一定的差距,并进一步影响了在下游深加工技术领域技术的发展。以变性淀粉科学技术为例,我国尽管在改性技术的研究上投入了相当多的精力,但由于关键理论研究基础的缺乏,某些高附加值产品的品质与国民淀粉等公司的产品仍存在较大的差距。

我国玉米深加工行业在自动化控制、资源综合利用、节约能源、提高效率和减轻环境污染等方面与国外先进水平均存在着一定的差距。我国玉米深加工企业的玉米原料利用率偏低,有 4% 左右的原料未利用,主要成为含可溶性糖类、蛋白质等的高浓度有机废水排出,造成了资源浪费和环境污染。

4. 杂粮和薯类加工学科国内研究存在的差距

我国杂粮资源缺乏系统深入的基础研究,长期以来杂粮的功能性主要依据药理性能,定性进行表述,缺乏对杂粮活性成分的定量分析,没有建立基础数据库,对影响杂粮口感与消化性的机理缺乏深入研究,食品高新技术在杂粮食品开发中的应用研究缺乏,对杂粮及其产品的品质评价体系标准的缺乏等。

我国薯类加工业目前存在着加工专用型薯类新品种推广速度慢,加工企业的原料需求与种植生产相脱节,原料生产与需求存在季节性矛盾以及原料品种、品质的结构性矛盾,薯类加工污染虽然是一种可降解、环境可修复的污染,但由于加工期集中、集约化程度低,废水治理难度大,副产物综合利用率低,资源浪费严重。加工技术水平和加工产品档次偏低,大型薯类加工企业较少,工艺技术和设备落后,产品缺乏科技含量,加工产品花色品种少,档次较低,附加值低,难以进入大型超市和国际市场;新型薯类食品的研发和生产跟不上市场的需求。

5. 米制品加工学科国内研究存在的差距

米制品如年糕、米线、儿童米粉、元宵、米面包、点心、松饼、饮料、鱼肉酱、宠物食品、人造肉等是以米粉为原料加工而成的,但米粉的生产技术远远落后于小麦粉的加工,如年糕、汤圆、儿童食品通常使用低直链淀粉的糯米粉,然而米线、米制发酵食品加工以高直连淀粉制备的米粉品质最佳,因此针对不同米制品的品质要求和工艺技术开展大米理化特性、颗粒大小分布、吸水特性、吸油特性、乳化特性、糊化特性等功能特性的研究对于以大米为主食的亚洲尤为重要。近 5 年来,挤压技术在米制品研究开发中的应用越来越广泛,如布勒帝斯曼公司(无锡)、中粮集团(张家港)、美国 PATH 公司、菲律宾 Superlative Snack 公司、哥斯达黎加的 Vigui 公司以碎米等为原料,添加适宜的添加剂利用冷热两种挤压方法生产各种营养强化大米,并主要销往发展中国家,工艺技术的不同,强化大米的营养保留程度、外观以及口感存在较大差异。韩国学者在糯米粉挤压膨化过程中填充 CO_2 以提高米制品的膨化度,淀粉与蛋白以及美拉德反应对米制品品质和风味产生重大影响。添加预糊化米粉的裹粉可以减少吸油率,而且具有上佳的口感。世界各地的学者还利用挤压技术对不同原料如绿豆粉、蛋清蛋白粉、苹果渣、胡萝卜、苋菜、大豆粉、芋头、豌豆等与大米粉或糙米粉复合制备米线、休闲食品、谷物早餐食品等以改善产品的风味、品质、功能与营养在米制蒸煮烘焙食品领域，方便米的品质、干燥方法、复水特性以菜肴搭配仍是研究的热点。在米制发酵食品加工领域，发芽糙米作为一种全谷物功能性食品是近年来研究热点之一。研究发现发芽糙米具有类似二甲双胍抑制葡萄糖异化作用的基因，可有效控制Ⅱ型糖尿病的血糖，而我国目前缺乏类似以上有关米制品的基础理论研究。

（三）产生差距的原因

1. 体制原因

粮食加工学科发展缺乏总体规划和统一指导，支持粮食加工学科和产业发展政策力度不够，粮食加工调节粮食供求的市场化机制尚不完善。

2. 监管原因

粮食加工产业及粮食加工学科发展的监管机制不够完善，导致产业与学科发展处于宏观和微观上的不协调和盲目性。

3. 执行力原因

粮食加工学科基本上处于分散甚至分割状态，没有统一明确的分管部门，造成执行力不强的局面。

四、发展趋势及展望

（一）战略需求

1. 稻谷和小麦加工学科战略需求

（1）稻米和小麦初加工产能相对过剩，稻谷加工行业产能利用率分别只有43%和60%。产业结构不够合理，发展方式仍较粗放，我国粮食食用率只有65%～70%，稻米的过度加工现象比较普遍，稻米加工精制米的出品率在65%左右，由于过度加工导致粮食可食资源的损失率在5%左右。就小麦和稻米年加工量3亿t计，小麦和稻米的可食资源年损失达1500万t左右，相当于未来10年需增产500亿kg粮食的33%。粮食资源未得到充分利用，宝贵的资源优势没有转化为食品优势和经济优势。如何研究高效利用粮食资源，实施稻米的适度加工，避免过度加工，防止大米营养成分的流失，节约粮食资源已是当前重要的研究课题。目前发达国家正在掀起全谷物食品的热潮，因为全谷物食物保留了谷物皮层中丰富的维生素B_1和维生素B_2等B族维生素、矿物元素和膳食纤维，有利于防止多种慢性疾病。所以从人体营养与健康的需求，不提倡谷物加工过精过细。目前我国粮食资源的高效、科学利用及其基础理论和应用技术研究也比较薄弱，致使大量的粮食资源被浪费，丰富的资源优势没有转化为商品优势和经济优势。

（2）建立粮食加工产品质量安全和保障体系。我国大米产品的质量标准尚停留在一些物理指标，如水分、杂质、灰分、碎米含量及色泽等感观指标，缺少营养和卫生指标，特别是质量安全的追溯制度尚未建立，许多国家和地区从 20 世纪 90 年代开始，通过建立追溯制度来推进粮食和食品质量安全管理，美国、欧盟和日本是较早开展食品追溯标准化工作的国家和地区，已经建立起健全的法律法规，组织执行机构配套，以预防、控制和追溯为特征的粮食和食品质量安全追溯监管体系，使食品安全生产受到全程监控，我国在质量安全这方面与发达国家差距较大，也是"十三五"应重点攻克的课题。

（3）建设稻米、小麦加工全产业链条，对稻米资源的副产物综合利用率较低，缺乏深度开发利用，产品附加值低。我国粮食加工副产品资源丰富，稻谷加工产生的稻壳年总量达 4000 万 t 左右，米糠 1000 多万吨，还有营养丰富的稻米胚芽等副产物，由于缺乏有效的深度开发利用研究，产业链短或不完善，致使副产物综合利用率低，副产品附加值低。稻壳用于发电和直接燃烧锅炉的不到 1/3，米糠用于制油和深加工不足 10%。

健全和完善小麦链条，开展小麦产后储藏与加工技术研究，减少损耗、保证安全、提高营养，是实现小麦产业保值增值的必由之路。小麦产后有效减损和高效加工、转化利用也相当于增加万顷良田，因此除通过产前保证提高产量之外，必须要解决小麦产后流通、加工过程存在的数量损失严重、能耗较高、品质质量下降等问题；必须要解决小麦加工中重金属、化学品、微生物、真菌毒素等污染问题；还必须要解决加工转化增值、综合利用和环保减排等一系列问题。

小麦加工副产物有效利用更为不足，充分说明我国粮食加工产业链与发达国家的差距，"十三五"期间抓紧建设粮食加工产业链已经迫在眉睫。

（4）提高粮食主食品工业化研究水平。我国几千年传承的传统主食品种花式繁多，米饭、八宝饭、粽子、煎饼、蒸饺、炒面、蒸饭、烧麦、发糕、米粥等，制作方法多为蒸煮，而且具有丰富多彩的文化底蕴，寓意深刻而美好，为现代米食品工业的发展提供了丰富的资源库和文化内涵。传统主食品的开发需要创造性和高科技，传统主食品工业化生产并非简单的规模化、自动化改造，它既包括对产品从营销学角度的定位和设计，也包括运用现代营养学、加工学、工程学知识和技术生产出受市场欢迎的新产品。在国外像肯德基炸鸡、麦当劳汉堡包、方便面等就是这样成功开发的范例。例如我国馒头、饺子诸如发酵工艺、老化控制、风味和营养增强等加工工艺方面的深入研究尚有较大差距，在标准化、规格化方面尚未达到商品性要求。这些传统食品的工业化开发需要创造意识和多学科新技术的综合应用，加强对我国传统食品进行全面系统地调查、整理、发掘和工业化改造的研究是"十三五"发展大米主食品的重要研究课题。

（5）加强大米加工科技基础理论研究和自主创新能力建设。很长一段时间以来我国对稻米加工科技的基础理论研究重视不够，投入不足，粮食加工行业科技投入远低于发达国家 2% ~ 3% 的水平。基础研究薄弱，加工科技研发对产业的支撑度不足，制约了大米加工业产业结构调整和升级。国家工程中心、工程实验室等创新平台建设滞后，创新人才和开拓型经营管理人才不足，关键技术装备的开发多数处于仿制阶段，产品技术含量不高，集中反映出自主创新能力较为薄弱，这也是"十三五"应重视的研究课题。

2. 玉米深加工学科战略需求

玉米是加工程度最高、产业链最长的粮食品种，可加工 3500 多种产品。随着玉米深加工理论研究的不断深入、玉米深加工技术的日益改良以及产品的大量开发，玉米深加工产品已成为人类重要的食品和工业原料来源，在提高农业产品附加值、增加农民收入、活跃地方经济、为社会创造财富等方面发挥了巨大的作用。在"十三五"期间，全球大部分农作物产量增速趋缓，农产品价格持续走弱，在我国农业产业结构调整相对滞后的大背景下，需要进一步强化玉米深加工产业产品开发、技术创新、装备制造和节能减排工作，满足不同行业、不同消费群体趋于优质化、多样化和专用化的需求结构变化需求。

3. 杂粮和薯类加工学科战略需求

我国杂粮产量及品种为世界之首，发展杂粮加工学科是关系到我国西部农业发展和生态建设的重要战略，而杂粮又是发展世界公认有益健康的全谷物食品的重要原料，所以依靠科技提高杂粮食品的品质和加工技术，大力开发杂粮功能性食品，开展杂粮的多元化利用途径研究是"十三五"的重要研究课题。

我国薯类产量超过 1 亿 t，国家最近提出将马铃薯作为主食的战略，对确保国家粮食安全具有重要的战略意义。所以"十三五"必须加强薯类品种资源的开发和基地建设，扩大企业规模，提高产品的科学技术含量和加工装备水平，完善薯类工业化生产产品的规格化和标准化。

（二）研究方向及研发重点

1. 稻谷加工学科研究方向及研发重点

稻谷加工学科研究方向及研发重点应围绕减损、节能、绿色加工工艺技术和装备的研究为中心，特别要开展稻米适度加工的工艺技术和装备的研究开发。

大米质量安全体系和特别质量安全的追溯制度研究建立应作为"十三五"的重要研究课题。

稻米加工全产业链建设，从稻谷产前、产中、产后全产业链建设迫在眉睫，因这关系到稻米资源的高效有效利用，关系到绿色加工、关系到循环经济、关系到大米企业的转型升级、关系到食品安全等重大战略需求，所以"十三五"应做重大战略课题研究。

2. 小麦加工学科研究方向及研发重点

小麦加工学科研究发展趋势应主要针对我国小麦加工业的共性和关键问题，着力开展小麦资源深度开发与综合利用相关的基础理论研究以及关键技术研究与产业化。小麦加工学科以国家粮食战略工程和粮食核心区建设为核心，以小麦化学与加工转化、传统面制食品加工理论与应用、安全检测与控制技术为研究方向，以科学高效利用小麦资源、提高粮食产后生产加工效益和综合利用能力为目的，深入开展小麦加工转化理论、关键技术和具有战略性、前瞻性技术研发，以及国家小麦加工转化技术标准的制定；形成具有行业领先水平、结构合理的创新团队，构建长效的产学研合作机制，成为研究成果技术转化的有效渠道、产业技术自主创新的重要源头和提升企业创新能力的支撑平台。积极服务于国家和地方经济建设，不断推动我国小麦加工业的技术进步，为加快国家粮食战略工程和粮食核心区建设、科学利用小麦资源、有效降低小麦加工过程损耗、提高粮食产后生产加工效益和综合利用能力、确保国家小麦及面制食品质量提供有效地科技支撑。

3. 玉米深加工学科研究方向及研发重点

未来国内玉米深加工领域的研发方向与重点主要涵盖：以酶法浸泡、全组分高度综合利用和节能减排技术为核心的玉米淀粉绿色制造技术；满足不同应用需求、市场高度细分的变性淀粉开发及微波、挤压等新型改性手段和装备的应用；色谱、树脂等分离纯化技术，基于基因工程的育种、酶工程、发酵等生物技术，以及挤压膨化等产品绿色创制技术的集成化理论与技术体系的建立；新型功能性糖醇产品的开发及生理特性研究；高值功能与营养型玉米食品新产品的研发与产业化示范等。

4. 杂粮和薯类加工学科研究方向及研发重点

杂粮加工学科研究方向及研发重点应围绕研究提高杂粮在面条、馒头等主食品中的加工利用率，解决杂粮口感粗糙、加工食用不方便的技术难题，开发早餐谷物、方便营养粉、全谷物代餐饮品等新型方便食品，解决杂粮有营养、想吃、不方便、吃不上的问题。同时，深入研究杂粮的生理活性组分，大力开发杂粮功能性食品。

薯类加工学科研究方向及研发重点应着重研究利用精深加工高新技术改造现有加工工艺和技术，用全薯粉产品替代现有的淀粉类食品，深度开发薯类全粉新产品，提高薯类在主食品中的应用；加强薯类营养保健功能的深度挖掘和高附加值精深加工新产品的研发；以零排放、全利用为目标，加强薯类加工清洁化技术链的研发，建立布局合理的初加工与精深加工相结合的加工技术网络体系，构建多种类型的专用品种及薯渣、薯液等综合利用链式开发加工技术体系，研究开发节能高效环保加工工艺及设备。

5. 米制品加工学科研究方向及研发重点

消费者不断增长的需求促进新型米制品的开发，"十三五"要围绕新产品形成新型产业集群是米制品加工产业未来发展的趋势之一。研究米制品加工新工艺，以及专用粉、专用发酵剂菌株、专用添加剂的研发，以促进新型产业集群的快速形成，相应销售平台和服务平台的建设促使产业结构更加完善，各个环节之间的关联度增强。

研究开发特殊人群的营养米制食品，是时代赋予的责任，高血压、高血脂、糖尿病等已成为威胁人类健康的主要疾病，这些疾病都可以通过调整膳食结构来预防。稻米作为重要的主食类原料在改善膳食营养，提高人类健康水平方面扮演着重要的角色。针对于心脑血管疾病的人群，开发高蛋白、高膳食纤维、低糖、低脂肪的米食制品，能够满足人类对高品质、方便型、营养健康性稻米主食、休闲食品的需求，同时提高了产品的附加值，应为"十三五"研究课题。强化基础研究，对米制品在分子结构与调控的研究，以期能够实现对大米蛋白、大米淀粉、膳食纤维更为高效的利用。通过对基因的调控和表达，培育出单种或多种营养素含量较高的专用稻米品种。通过对发酵、发芽等生物转化技术以及超微细化技术的开发和完善，筛选高性能发酵菌株，改善发芽效率，克服超微粉体的缺点，开发新型分散技术，以实现稻米营养富集，提高人体消化吸收利用率，有利于国人健康。

—— 参考文献 ——

[1] 姚惠源. 我国粮食加工产业转型升级的思考 [J]. 粮食与食品工业，2013，20（6）：1-2.

[2] 姚惠源. 我国主食工业化生产的现状与发展趋势 [J]. 现代面粉工业，2010，24（4）：1-2.

[3] 姚惠源. 粮食加工学科发展趋势及前景展望 [J]. 粮食与食品工业，2010，17（4）：1-2.

[4] 王瑞元. 我国粮食加工业的发展趋势 [J]. 粮食与食品工业，2011，18（5）：1-2.

[5] 王瑞元. 米制食品和米粉产业的发展 [J]. 粮油加工，2009（2）：16-18.

[6] 姚惠源. 全谷物健康食品发展趋势 [J]. 粮食与食品工业，2012，19（1）：1-2.

[7] 申海鹏. 中国食品产业市场发展趋势 [J]. 食品安全导刊，2013，（1）：24-25.

[8] 陈正行，王韧，王莉，等. 稻米及其副产品深加工技术研究进展 [J]. 食品与生物技术学报，2012，31（4）：355-364.

[9] 莫紫梅. 糯米淀粉分子结构及其物化性质的研究 [D]. 武汉：华中农业大学，2010：11-17.

[10] 于轩，李才明，顾正彪，等. 淀粉分子结构与 α-淀粉酶酶解性能的相关性 [J]. 食品与发酵工业，2013（06）：1-6.

[11] 王章存，崔胜文，田卫环，等. 高压处理对大米蛋白溶解性及其分子特征的影响 [J]. 中国粮油学报，2012（06）：1-4.

[12] 丁俊胄，刘贞，赵思明，等. 糙米发芽过程中内源酶活力及主要成分的变化 [J]. 食品科学，2011（11）：29-32.

[13] 姜平，张晖，王立，等. 大米经不同包装方式贮藏后蒸煮风味物质的变化 [J]. 食品与生物技术学报，2012（10）：1039-1045.

[14] 罗晓华，林存仁，翟洪峰. 浅谈胚芽米的加工 [J]. 粮食加工，2013，38（3）：36-37.

[15] 胡婷，王玉芳，文雅，等. 强化发酵和传统发酵对米发糕风味的影响 [J]. 中国粮油学报，2013，28（9）：1-5.

[16] 余稳稳，吴晖，郭亚鹏，等. 乳酸菌种混合发酵研制大米饮料的工艺研究 [J]. 现代食品科技，2012，28（1）：69-72.

[17] 刘婧竟. 甜酒曲生长特性及在发酵乳制品中的应用研究 [D]. 郑州：河南工业大学，2011：8-11.

[18] 郑志，张建朱，王丽娟，等. 不同干燥方式制备方便米饭的品质比较 [J]. 食品科学，2013，34（02）：63-66.

[19] 张建朱. 方便米饭的干燥工艺及贮藏过程中老化特性研究 [D]. 合肥：合工业大学，2012：8-12.

[20] 曾宪泽. 冷链盒装米饭加工和配送过程中品质控制的研究 [D]. 广州：华南理工大学，2012：12-14.

[21] 朱克庆，吕少芳. 真空冷冻干燥技术在方便水饺中的应用 [J]. 粮食加工，2010（04）：46-48.

[22] 管骁，曹慧，李保国，等. 真空冷却处理对冷藏米饭货架期的影响研究 [J]. 食品工业科技，2011，32（4）：352-354.

[23] 周国燕，王爱民，胡琦玮，等. 方便米饭的真空冷冻干燥工艺 [J]. 食品科学，2010（24）：147-150.

[24] 凌彬. 营养膨化米果的开发研究 [D]. 武汉：武汉工业学院，2012：5-11.

[25] 谭汝成，刘友明，赵思明. 膨化米饼加工原料选择模型研究 [J]. 中国粮油学报，2008，23（6）：16-20

[26] 王宇伟，李汴生，阮征. 二氧化碳在食品挤压膨化中的应用 [J]. 食品研究与开发，2006，127（5）：81-84.

［27］周显青，李亚军，张玉荣. 不同微生物发酵对大米理化特性及米粉食味品质的影响［J］. 河南工业大学学报（自然科学版），2010（1）：4-8.

［28］王芳，刘小翠，鲍方芳，等. 米发糕的双菌发酵剂工艺研究［J］. 中国粮油学报，2012，27（8）：88-92.

［29］袁蕾蕾. 鲜湿米粉保鲜储藏的研究［D］. 南昌大学，2014：15-19.

［30］杜连起. 保鲜湿米粉的制作［J］. 农产品加工，2009（04）：26-27.

［31］杨云斌，周桂飞，周斌. ε-聚赖氨酸对米饭保鲜效果的研究［J］. 食品工业科技，2010（09）：77-79.

［32］丁俊胄，刘贞，张璐，等. 储藏期对发芽糙米富集γ-氨基丁酸的影响［J］. 中国粮油学报，2011（09）：83-86.

［33］李向红，刘永乐，俞健，等. 精白保胚米发芽过程中米谷蛋白及其氨基酸的变化［J］. 食品科学，2015（01）：37-40.

［34］郑火国. 食品安全可追溯系统研究［D］. 北京：中国农业科学院，2012.

撰稿人：姚惠源　顾正彪　于衍霞　张建华　刘　英　郑学玲　朱科学
　　　　谭　斌　赵永进　陈志成　朱小兵　程　力　金树人　王兆光
　　　　张　梁　李晓玺　安红周　岑军健　赵思明　梁兰兰

油脂加工学科的现状与发展

一、引言

  随着我国经济的持续发展和科学技术的快速发展，油脂加工科学技术和学科研究取得了骄人的成果。5 年来，在国家逐年加大对油脂加工高新技术产业化、关键技术与重大装备研发、健康油脂产品创新、质量与安全控制技术研发投入的同时，提高了特种油料资源和新油料资源的开发力度；突破了食品专用油脂生产的技术瓶颈；随着油脂资源利用水平的大幅提高，打破了一些产品长期被国外垄断的局面；突破了危害因子溯源、检测和控制技术，保障了食用油安全；促进了制油装备大型化、智能化，节能降耗工作取得明显效果。5 年来，我国油脂科技人员和油脂加工企业通过努力，获得国家科技进步奖 2 项、国家技术发明奖 3 项和省部级一等奖 11 项；获得国家发明专利 1598 项，实用新型专利 502 项，以及大量的论文、专著的发表和产品质量标准的制订和修订。这些成果的获得极大地促进了我国油脂加工产业的迅速发展。

  5 年来，随着我国食品工业的发展和人民生活水平的不断提高，油脂作为人类原料和工业原料的重要程度愈加凸显。与此同时，随着化学工程技术和机械工程技术的迅速发展、先进制造材料的应用、机电液一体化以及信息技术、计算机集成控制技术的综合应用，油脂加工的发展得以促进。油脂工业是我国粮油食品工业的重要组成部分。它的快速发展，客观地反映了我国人民生活水平不断提高和油脂加工学科与技术发展的现状。由此可见，油脂工业已成为我国粮食产业的重要支柱。

  在世界油料油脂的生产、消费、加工和贸易中，中国不仅是油料油脂的生产大国和消费大国，同时也是油料油脂的进出口大国和加工大国。就油脂加工而言，我国油料油脂加工能力之大、企业数量之多均属世界之最。自 20 世纪 90 年代起，随着国民经济和科学技术的发展，我国的油脂工业取得了突飞猛进的发展。据统计，2014 年全国规模以上油脂加工企业 1748 个，油料处理能力 17257 万 t；油脂精炼能力 5144 万 t；八大油料总产量为 5994.2 万 t。八大油料产量分别为：油菜籽 1445.8 万 t、大豆 1195.1 万 t、花生果 1697.2 万 t、棉籽 1133.8 万 t、葵花籽 242.3 万 t、芝麻 62.4 万 t、油茶籽 177.7 万 t、亚麻籽 39.9 万 t[1]。

据统计和分析，2013 年我国食用油的食用消费量为 2755 万 t，工业及其他消费为 275 万 t，出口油脂油料的折油总计为 10.8 万 t，合计年度需求总量为 3040.8 万 t，按全国 13.5 亿人计算，人均年消费量为 22.5kg[2]。

油脂工业在发展中形成了沿海的广西防城港、广东新沙港、江苏张家港、山东日照港、天津滨海新区，以及沿长江、黑龙江、中原腹地、新疆边疆的产业集聚区，集约效应显现，集约水平提高，集群效应扩大，产业链向上下游高端延伸。出现了诸如中粮集团、益海嘉里、中储粮油脂、鲁花集团、中纺粮油、九三集团、山东渤海、河南阳光、汇福粮油、山东三星集团、西王集团、天津龙威等一大批著名企业。

近 5 年来，油脂工业在满足生产量的同时，更加注重资源合理利用，环境保护、产品质量提升和品种规格增加、生产减损增效。在设备大型化、操作自动化、生产集约化、品种多样化、资源节约化方面取得了明显进展。近年来，我国油料加工及油脂精炼能力逐年增长，企业规模日趋扩大，油脂消费量逐年增加，油脂资源综合利用程度快速提高，特种油脂开发得到重视。"十二五"期间，我国油脂加工界广大科技工程人员不懈努力，在提高自给率、创新加工模式、转化增值、保障安全、提高装备水平诸方面取得突破，获得多项创新成果，为中国油脂工业接近和达到国际先进水平做出了贡献。

二、近 5 年的研究进展

（一）油脂加工学科研究水平

5 年来，国家不断加大对油脂加工业高新技术产业化、关键技术与重大装备研发、健康油脂产品创新、质量与安全控制技术的科研投入，有力促进了产业可持续发展。

通过"863"重点项目食用油生物制造技术研究与开发的实施，解决了传统油脂工业存在的营养损失、能耗高、污染程度严重等问题，开发出了一批食品专用油脂和功能性油脂产品。

通过"十二五"科技支撑项目食用植物油加工关键技术研究与示范的实施，重点研发了油脂加工高效、低耗、节能技术和装备；优质油脂与低变性蛋白兼得的制油技术以及食用油质量安全控制和稳态化技术。构建了各具特色、先进适用的油脂提取和油脂精炼加工技术体系，丰富了我国油脂加工领域的技术、工艺和产品类型。

在食用油质量安全方面，在国家"973"计划食品加工过程安全控制理论与技术的基础研究项目中，设置了对油脂食品中的反式脂肪酸、3- 氯丙醇酯等危害因子研究内容。在"十一五"科技支撑项目食用油质量安全控制技术研究与产业化示范中，针对我国大豆油、花生油、菜籽油加工和储存过程中的反式脂肪酸、黄曲霉毒素、硫甙、残磷以及地沟油等问题，进行监控制技术产业化开发与示范。在"十一五"科技支撑计划功能因子生物活性稳态化技术的研究项目中设置了不饱和脂肪酸生物活性稳态化技术的研究（2006BAD27B04）课题，开展了不饱和油脂的稳态化体系研究。在"十二五"科技支撑项目食用油脂保真与掺伪鉴别技术研究、食品安全电子溯源技术研究及示范等项目中，针对食用油掺伪、违禁或非法添加物、危害因子、供应链等问题，研究建立了有效分析检测技术、溯源技术和体系，保障了终端食用油产品的质量安全。

在开发油料资源利用方面，在"十一五"国家林业科技支撑计划油茶产业升级关键技术研究与示范项目中，设置了油茶精深加工及先进配套装备研究、茶油精加工及产品深度开发集成与示范、油茶副产品综合利用集成与示范等课题。在"十二五"科技支撑计划项目区域特产资源生态高值利用共性技术研究与产品开发中，设置了传统优势特产资源生态高值利用共性技术研究与产品开发课题，重点研究茶叶籽油的加工技术。

在动物油脂资源利用方面，通过"十一五"科技支撑计划海洋食品生物活性物质高效制备关键技术与产业化示范、"863"计划海洋技术领域高附加值海洋生物制品开发、"863"计划新型水产品加工装备开发与新技术研究和国家星火计划高纯度深海鱼油（甘油酯型）产品产业化生产等课题的实施，重点对鱼油、南极磷虾油等海洋动物油脂进行研发。成功研究开发了EPA/DHA甘油三酯型等鱼油制备新技术和生产工艺。

在油料加工品质评价方面，在公益性行业（农业）科研专项"大宗农产品加工特性研究与品质评价研究"项目中，通过研究花生、油菜等主要油料作物原料的感官、理化营养、加工特性，及其与花生油、花生蛋白、菜籽油、菜籽蛋白等加工制品品质的相关关系，构建了农产品加工品质评价模型、方法、标准和评价指标体系，并建立了加工品质指标和专用品种基础数据库。

除此之外，粮食行业粮食公益行业专项在信息、生物、新材料、节能低碳、先进装备等高新技术改造和提升粮油传统产业，力争突破粮油储藏、物流装备、质量安全、宏观调控、加工等领域的重大技术问题，为解决粮食行业基础共性技术难题，设置了一系列研究课题。

在公益性行业（农业）科研专项主要农畜产品品质安全快速检测关键技术与装备研究示范、南海渔业资源船载渔获物保鲜及高值化利用、粮油作物产品中危害因子风险评估、检验监测与预警、热带油料作物生产、芝麻不同生态区种植模式和规范化栽培技术体系研究与应用等项目中，均涉及动植物油资源、产品品质、安全快速检测技术标准和规范、利用研究开发等内容。

经过"十一五""十二五"时期的发展，我国油脂加工业的技术水平得到了极大提高，规模化、现代化制油技术和油脂精炼技术得到迅猛发展，从而使我国油脂加工装备水平接近或达到国际先进水平。

（1）油料预处理、榨油技术已达到国际先进水平。我国油料预处理、榨油技术水平，以及其成套设备的工艺性能、消耗指标等已与国际基本接轨，特别是中小规模成套设备，我国有较大优势，如花生、油菜籽、棉籽、葵花籽等油料的预处理和榨油设备已达到国际先进水平。

我国油料预处理主要装备的制造能力已经能够满足国内的需求。我国生产的中、大型螺旋榨油机（日处理量可达 400 ~ 500t）性能优良，不但能满足国内需求，而且出口多个国家。我国生产的螺旋榨油机，为了满足低温压榨工艺的需要，成功开发了双螺旋榨油机。我国自行设计制造的轧胚机，日处理能力达到 680 ~ 750t，卧式调质干燥机单机日产量达 1500 ~ 2000t，这些设备已广泛用于国内大型油脂加工企业，节能效果显著。

（2）油脂浸出技术日趋完善。自20世纪50年代起，经几代油脂科技人员的共同努力，我国的油脂浸出技术日趋完善，我们已经掌握了油脂浸出的主要关键技术，如各种形式的浸出器、蒸脱机、蒸发系统、尾气回收系统、溶剂回收系统、粕处理系统等。其中，我国制造的中小型油脂浸出装备可以满足国内乃至世界各国对浸出制油的要求，而且有较大的价格优势；大型浸出设备的性价比在国际上也有较大优势。我国自行设计制造的大型化浸出成套设备生产稳定性、技术经济指标达到国际先进水平。我国自行设计制造的大型压榨 – 浸出设备最大日处理量可达 6000t。

在浸出工序中，由于负压蒸发技术节能效果显著、大型设备投资低、浸出毛油色泽好等特点，已在我国制油工业中得到广泛应用。

超临界 CO_2 萃取技术的采用，实现了 97% 以上粉末磷脂和牡丹籽油的标准化规模生产。亚临界萃取技术和装备通过多年的不断完善，目前已应用于植物油生产。

（3）油脂精炼技术水平得到很大提高。我国的间歇精炼、半连续精炼、连续精炼等油脂精炼工艺和设备技术水平大幅提升。经过多年的发展，化学精炼工艺设备已经比较成熟和完善，为国内大中型油厂普遍采用。但在水化脱胶和碱炼脱酸过程中会产生大量的废水，容易造成环境污染和中性油的损失。为此，产生废水少的油脂物理精炼技术及其他精炼技术逐渐得到推广。通过干法脱酸技术在大型油厂中的推广应用，大幅降低了废水废物排放。酶法脱胶工艺也已开始用于工业化生产。低温短时脱臭、填料塔脱臭等方法得到广泛重视和应用。

油脂精炼的主要设备——离心机在国内生产也得到了较快发展和提高，我国生产的中小型离心机分离性能稳定，价格低廉，在国内应用极为广泛。目前，我国生产的叶片过滤机指标性能达到国际先进水平，已广泛应用于国内油脂加工厂。

考虑到油脂的色泽、烟点，高效的板式脱臭塔在国内应用较多。出于脱臭过程降低能耗、提升油品质量的需要，填料脱臭塔在国内得到广泛应用。脱臭真空系统开始采用闭路循环水和优化的填料组合塔，减少用水，节约蒸汽，抑制了反式酸的产生。

国内中等规模以上的油脂精炼生产线具有自动化控制装置，可有效地为生产服务，满足生产需求。

（4）新油源开发研究得到重视。我国特种油料品种繁多，油脂加工企业与大专院校、科研单位和粮油机械制造企业紧密合作，积极研究开发适合于油茶籽、牡丹籽、核桃、米糠、玉米胚芽、小麦胚芽等不同原料加工需要的烘干、剥壳、压榨、浸出、精炼及副产品综合利用的新工艺新装备。"十二五"期间，米糠和玉米胚制油取得突破性进展。据统计，2013 年全国米糠油产量为 55 万 t，玉米油产量为 188 万 t，合计为 243 万 t，为我国食用油自给率做出了提高 7 个百分点的贡献。另外，微生物油脂的开发研究和规模生产也发展较快。

（5）油料油脂资源综合开发利用形成一定规模。大豆加工已由单纯制取豆油和获取豆粕逐步向制备各种大豆蛋白产品和开发高附加值产品的方向发展。经过多年的发展，我国已经形成一定规模的植物蛋白加工业，如大豆分离蛋白生产厂家已有 20 多家，年产量达到 40 万 t；大豆浓缩蛋白生产厂家已有 10 家，年产量接近 20 万 t；大豆组织蛋白生产厂家有 17 家，年产量接近 10 万 t；大豆粉年产量约 5 万 t。大豆分离蛋白出口欧、亚多个国家。"十二五"期间，多条大豆蛋白肽、大豆异黄酮、大豆皂苷、大豆低聚糖生产线投入生产；蛋白可降解材料已进行大量研究，可降解、可食用包装新型材料取得了一定研究成果，大豆蛋白黏合剂已经实现工业化生产。

油菜籽加工由单纯的制取菜籽油和获取菜籽粕，逐步向开发菜籽蛋白资源延伸；棉籽也由单纯的取棉油和获取棉粕逐步向开发脱酚棉籽蛋白延伸，该产品主要用于幼畜饲料及兽药厂的生物培养基。另外以大豆磷脂为原料，生产出了各种磷脂药品和保健品。我国已经成功进行了大豆油脱臭馏出物固体酸连续酯化提取天然维生素 E 工艺技术试验。

（6）高新技术在油脂生产中得到实际应用。"十二五"期间，微生物制油技术、共轭亚油酸合成技术、微胶囊化技术、超临界流体萃取技术、亚临界流体萃取技术、分子蒸馏技术、生物酶技术、微波辅助萃取、超声波辅助萃取提取油脂等技术成为研究热点。我国已建成超临界 CO_2 萃取大豆浓缩磷脂制备粉末磷脂生产线、超临界 CO_2 萃取提取牡丹籽油生产线，亚临界萃取装备用于小品种油料和特殊油料的提取油脂，并已得到商业化应用。膜分离技术已经成功应用于多肽生产和油脂、蛋白废水的处理。

（7）食用油的营养和安全性得到关注。油脂加工过程较多关注的是色泽、风味等感官指标以及过氧化值、酸值、烟点等质量指标，而对影响油脂营养与食用安全性的指标不够重视。随着人们对食用油质量要求的提高，现在人们开始关注食用油的营养和安全性。

在油脂营养方面，越来越多的研究表明，食用油的营养不但涉及能量和脂肪酸的平衡，还与天然甘油三酯的结构和伴随于其中的脂溶性微量成分密切相关。

近年来，国内广泛展开了脂质营养研究，大力开发油脂适度加工与稳态化技术，在研究与探明油料油脂加工过程中微量营养素的消长变化规律基础上，改进和优化预处理、制取和精炼工艺条件与设备结构，开发出有益脂肪伴随物丰富且不含有害成分的健康油脂产品，使成品油在符合国家标准的前提下滋味良好、色泽浅亮，具有较好的氧化稳定性、冷冻稳定性和较长货架期。

针对食用植物油质量安全风险隐患，我国已经研究制定了科学和较为全面的油料质量安全标准体系和食用植物油质量标准体系，针对食用油安全领域出现的新问题，近年来国内产学研各方共同努力，系统研究并查明了食用油中多种内源毒素、抗营养因子、环境与加工污染物的成因与变化规律，广泛开展了加工过程对各种食用油食用安全的影响研究，重点评估了浸出溶剂、辅料和各道工序（脱臭、吸附脱色、高温煎炸等）对油脂品质的影响，对加工与烹调过程 n-3 脂肪酸、成品油低温浑浊与反色回味等现象进行了卓有成效的研究，开发出劣质油、反式脂肪酸、3- 氯丙醇酯、多环芳烃、真菌毒素等危害物的高效检测、防控、风险评估技术和植物油身份识别技术并集成示范，凝胶渗透色谱、指纹数据电子鼻、全程低温充氮技术已分别在当前国内的煎炸油品质监控、调和油识别和植物油稳态化方面获得应用推广。

目前国内已开发工业化生产工艺，保证不同品种规格油脂的"低 3- 氯丙醇酯、低缩水甘油酯"工艺技术。

"十二五"期间，我国油脂企业优化与开发出多种减少食用油脂中反式酸含量工艺与方案，使我国大宗植物油的反式脂肪酸的含量由以前的 2% ~ 5% 降至目前的约 1%。

（8）人才培养体制逐步完善，平台建设得到加强。近年来，国家加大投入，建设了一批国家级实验室、国家级工程实验室、省部级重点实验室、省级工程中心，大大改善了人才培养条件和科学研究条件，促进了油脂学科的进步。

（二）油脂加工学科发展取得的成就

1. 科学研究成果

近年来我国油脂科学学科取得的重大科技奖励、授权专利、论文专著等，"十二五"期间，在进行有关重大科技研究项目中，在理论研究和技术开发应用等方面获得重大突破和进展。

（1）获奖：江南大学、河南工业大学、武汉轻工大学、南京财经大学、东北农业大学、合肥理工大学、中国农业科学院、鲁花集团、丰益（上海）研发中心、江苏迈安德集团、山东三星集团、河南省亚临界生物技术、河南华泰机械、瑞福油脂等大专院校、科研单位及企业在 2011—2014 年油脂学科获国家级奖项目 2 项；2011—2014 年油脂学科获中国粮油学会科学技术奖一等奖项目 8 项；2011—2014 年油脂学科获有关省、部级科学技术奖一等奖项目 4 项。

（2）授权专利：2011—2014 年我国油脂行业共获得发明专利 1598 项，实用新型专利 502 项。2011—2015 年油脂学科具代表性重要发明授权专利情况。食用油作为一个传统行业，其技术的发展和需求历来是相辅相成、相互促进的。油脂行业近年来越来越着眼于食用油领域的前沿技术，加大研发投入和力度，努力提高发明专利申请的"含金量"，改善食用油脂的生产和加工工艺，促进我国食用油脂工业的快速发展。

（3）发表论文：2011—2015 年我国油脂科技工作者发表各类论文合计 4019 篇，其中SCI 收录论文 250 余篇。论文围绕油脂产品坚持安全、优质、营养等诸多热点、难点重要问题发表真知灼见，推动了企业经营管理水平和产品质量的提高；促进了油脂行业节能、环保、资源节约型可持续发展。

（4）撰写专著：2011—2015年，以何东平、王兴国、刘玉兰等教授团队为代表的油脂科技工作者发表专著12部。这些专著代表了我国油脂加工科技工作者的学术水平，凝聚了智慧、展示了才华，具有较高的理论造诣和丰富的实践经验总结，成为我国油脂加工科研的重要参考书籍。

（5）撰写科普宣传书籍：为提高消费者对油脂营养与健康的知识，油脂分会在总会的统一部署下，除了认真编写《粮油食品安全与营养健康知识问答》中的油脂篇外，何东平和祁鲲分别编写了两部科普书籍。

（6）编写教材：为达到资源共享，丰富和提高教材质量，在王兴国、何东平、刘玉兰等教授的带动下，江南大学、河南工业大学和武汉轻工大学联合组织教授，编写出版了11部"十二五"高等学校油脂专业系列教材。

（7）在制修订标准方面：在全国粮油标准化委员会油脂油料工作组的积极组织下，我国油脂行业制修订了各类标准114项，有力地推动了我国油脂工业的健康发展。

2. 学科建设（学术建制）

（1）人才培养体制逐步完善，平台建设得到加强。

我国建立了从中专到博士完整的油脂加工学科人才培养体系。我国油脂加工学科在1998年学科调整中本科教育被合并到食品科学与工程，但仍然保留了硕士阶段、博士阶段的油脂加工学科所在的粮食、油脂及植物蛋白工程，成为食品科学与工程一级学科下设的4个二级学科之一。在油脂加工专业设置方面，目前，除了江南大学、河南工业大学、武汉轻工业大学最早设有本科生油脂加工专业外，天津科技大学、吉林工商学院等新设了油脂专业。截至2014年，全国设有食品科学与工程研究生教育的100家高校中，培养粮食、油脂及植物蛋白工程研究生的有57所。

（2）学术交流。

1）油脂学科主办和主持的国际学术会议。油脂分会充分利用油脂加工国际交流的平台，解决行业重大的问题。如业内权威专家呼吁，希望政府有关部门像支持大豆产业一样支持米糠资源的利用。2014年5月，油脂分会与国际稻米油理事会等单位联合召开了国际稻米油理事会成立暨首届国际稻米油科学技术大会，促进了生产企业与其他相关机构间的交流，加速了稻米油更为广泛的应用。

2）油脂学科主办的国内学术会议。油脂分会每年都要召开学术年会和各类研讨会，针对学科出现的新情况，组织专家研究提出应对策略，帮助生产企业排忧解难，广受社会各界的高度认可和赞誉，对推动我国油脂产业的健康发展起到了积极的作用。

（三）油脂加工学科在产业发展中的重大成果、重大应用

油脂学科取得的重大理论与技术突破及其成果应用主要有如下7个方面：

1. 提出适度加工理念，并在实践中得到应用

在"十二五"期间，油脂工业领域提出了"适度加工"理念，并作为工信部、国

家粮食局促进粮油加工健康发展的重大举措，纳入了《粮食科技"十二五"发展规划》《"十二五"全国粮油加工业发展规划》科技兴粮工程、粮安工程，旨在全行业推广。在 2014 年召开的全国粮食科技大会上，又将"适度加工"理念列为行业四大创新成果之一[3]。与此同时，全国粮标委油料及油脂技术工作组启动了制订植物油适度加工技术规程。"适度加工"技术摒弃了传统食用油加工中高能耗、高排放、易损失营养素和形成有害物的过度加工模式，节能减排提质效果显著，是我国油脂行业提高油脂产品安全与营养的必由之路。

在"适度加工"理念的指引下，油脂科技工作者与企业共同开发的双酶脱胶、无水长混脱酸、瞬时脱臭关键技术与装备，获得内源营养素保留 ≥ 90% 的、零反式脂肪酸的优质油品；降耗 26%。

在碱炼、脱色工序中，通过采用双塔双温分段脱臭玉米油生产工艺，有效控制了玉米油加工过程中反式脂肪酸的产生，最大限度地保留了甾醇和维生素 E 等营养物质的含量，降低了精炼加工助剂用量及能源消耗，提高了精炼得率。

2. 加大了特种油料资源和新油料资源的开发力度，加工技术水平不断提高

木本油料、米糠、玉米胚、微藻是不与主粮争地的油料，资源丰富，其有效利用是提高食用油自给率的重要途径。在国家政策支持下，近 5 年以油茶籽、茶叶籽油为代表的木本油料，以玉米胚芽、米糠为代表的粮油加工副产物，以 DHA/ARA 藻油为代表的微生物油脂的生产规模和加工技术水平不断提高，其产品在食用油中的比例明显增加。

国家对油茶、核桃、茶叶籽、文冠果、油用牡丹、长柄扁桃、光皮梾木、元宝枫、翅果、杜仲、盐肤木等食用木本油料的开发加大了投入，大专院校、科研单位和粮油机械制造企业紧密合作，积极研究开发出了适合于油茶籽、牡丹籽等木本油料需要的烘干、剥壳、压榨、浸出、精炼及副产品综合利用的新工艺新装备，为生产功能性油脂奠定了基础。

在玉米胚制油方面，从玉米胚芽的提取、原料筛选、控温压榨、全程自控精炼、分散喷射充氮及 GMP 灌装工艺等多方面着手，研发和创新生产工艺，提升了玉米油的产量和质量。

通过重点支持年加工 5 万 t 以上的稻谷加工企业配套采用米糠膨化保鲜技术装备，推广分散保鲜、集中榨油和分散榨油、集中精炼等模式，米糠制油开始走上规模化加工之路。

近年来，藻油 DHA/ARA 生产规模迅速扩大，形成了规模效应，我国已拥有年产毛油 4000t 的生产技术与装备，目前实际产量约 1500t，可满足国内婴幼儿食品市场约 40% 的需求，且有部分产品出口。

3. 新型制炼油工艺获得突破

我国水酶法制油技术实现了由实验室向产业化的转化。超临界 CO_2 萃取技术在大豆粉末磷脂制备、具有高附加值油料制油技术方面得到应用。亚临界萃取技术和装备通过多年的不断完善，目前已应用到一些植物油提取生产。成功开发了以异己烷为主成分的植物油低温抽提剂，沸点比正己烷低约 5℃，目前已在油脂行业十几家浸出油厂得到了应用，有望作为 6 号溶剂油的替代产品。

4. 突破食品专用油脂生产技术瓶颈，专用油脂产量大幅上升

较好解决了我国食品专用油易出现析油、硬化、起砂、起霜等品质缺陷和反式酸含量高等问题，使产品反式酸的含量均能达到＜0.3%。目前我国自行研发的煎炸油年产量超过 200 万 t。

5. 油脂资源利用水平大幅提高，产品打破国外垄断

突破了高黏高热敏性磷脂精制、纯化单离和改性等技术难题，开发出了浓缩磷脂、粉末磷脂和高纯卵磷脂梯度增值产品，建立了磷脂国产体系，扭转了进口产品垄断局面。脱臭馏出物提取天然维生素 E、植物甾醇提取技术水平大幅提升，通过实现脱除馏出物提取维生素 E 连续酯化关键工艺，使维生素 E、甾醇的纯度大幅提高。另外，大豆异黄酮、大豆皂苷、大豆低聚糖联产提取技术实现了工业化。

6. 突破危害因子溯源、检测和控制技术，保障食用油安全

针对食用油安全领域出现的新问题，系统研究并查明了食用油中多种内源毒素、抗营养因子、环境与加工污染物的成因与变化规律，开发出反式脂肪酸、3-氯丙醇酯、多环芳烃、黄曲霉毒素等危害物的高效检测、控制和去除技术并集成示范，使大宗植物油的标志性风险因子——反式脂肪酸的水平由 10 年前的 2%～5% 降至目前的约 1%。

7. 制油装备大型化、智能化，节能降耗效果明显

近 5 年来，通过加大对油脂加工业高新技术产业化、关键技术与重大装备研发，装备水平不断提高。大型预处理压榨设备、大型浸出整套设备、大型炼油装备的制造能力和质量水平不断提高，不仅能满足国内需求，而且出口到国外。整体水平接近世界先进水平，部分达到国际先进水平。我国自行设计制造的日处理量 400～500t 榨油机、日处理能力 680～750t 轧胚机、日处理能力 1500～2000t 调质干燥机等，已广泛用于国内大型油脂加工企业，各项经济技术指标先进，节能效果显著。我国自行设计制造的日处理量 6000t 膨化大豆浸出设备运行良好，经济指标先进；自行设计制造的中小型离心机，分离性能稳定，价格低廉，在国内应用极为广泛；我国生产的叶片过滤机，其性能与指标达到国际先进水平，已经广泛应用于国内油脂加工企业。

三、国内外研究进展比较

（一）国外研究进展

近年来，新技术、新材料、新工艺的科学研究进展推进了油脂加工学科的进步。一些新技术有望使油脂加工技术发生根本性的改变。

1. 新技术新材料在油脂加工应用中的重大研究进展

（1）膜分离技术在油脂加工行业得到很好的应用。2013 年，美国爱荷华大学（The

University of Iowa）发明了第一个用于分离脂肪酸的膜，这种膜根据脂肪酸双键数目的多少决定分子半径的原理，可以快速分离低纯度顺式混合脂肪酸或顺式脂肪酸酯[4]。该技术有望替代蒸馏、冻化、尿素包合等分离手段用于脂肪酸分离。另外一个成功运用膜的例子是油厂污水用膜生物反应器（MBR）技术，它使用超滤（UF）膜降低废水 BOD、COD（化学需氧量）和悬浮物含量。

（2）利用改进的分离器获得高含量生育酚的脱臭馏出物。大豆油物理精炼通过工艺优化和设备改进，尤其是分离器的改进，可生产出富含维生素 E 脱臭馏出物（生育酚＞15%）[5]。

（3）发明适用于催化不同酸价废弃油脂生产生物柴油的金属催化剂。美国生物燃料公司（Benefuel）研制的固体金属催化剂，可将不同酸价的非食用油脂转化为生物柴油，运行成本低于现行的酯化和酯交换方法[6]。这种催化剂对水不敏感且耐用，适用于各种油脂原料（脱胶油、棉籽油、玉米油、黄油、牛油、羊油、毛棕榈油、棕榈蒸馏脂肪酸，甚至是脱胶大豆油和油酸混合物），该技术已进行了中试和规模化的生产。

（4）超临界提取技术的应用。20 世纪 80 年代以来美国皇冠公司提出了超临界技术的设想，并成功进行了中间实验。目前，全球已有超过 125 家工厂使用超临界技术，大多数使用的是超临界二氧化碳技术。

2.酶技术在油脂行业应用的重大研究进展

（1）脱胶技术被广泛用于植物油的精炼。帝斯曼公司数据显示，2008 年，全世界使用酶脱胶的工厂不到 5 个，2014 年达到 35 家工厂，预计到 2016 年将达到 60 家。酶脱胶技术具有节能减排、增加优质得率等诸多优势。

（2）酶促酯交换技术。诺维信公司应用酶促酯交换技术（EIE）将棕榈油的游离脂肪酸（3%）转化为脂肪酸甘油三酯，与化学酯交换比较，产品总得率增加了 3%，每吨产品少产生 74.8kg CO_2。该项技术不但可提高产品得率，对环境保护也大有益处。

（3）发明适用于催化不同酸价废弃油脂生产生物柴油的脂肪酶。2014 年，诺维信公司和美国皮德蒙特生物燃料有限公司合作，发明一种液体酶作催化剂，可以将不同游离酸含量的低值油脂与甲醇反应，生产生物柴油。

3.微生物技术在油脂加工行业的重要进展

（1）富含 n-3 脂肪酸微生物油脂的商业化生产。单细胞油脂即微生物油脂具有良好的开发前景，有望替代鱼油，成为多不饱和脂肪酸特种油脂的重要来源。目前，富含 n-3 脂肪酸微生物油脂已商业化，主要产品是富含 EPA 和 DHA 油脂。

（2）适用于煎炸的微生物油脂的商业化生产。2012 年阿彻丹尼尔斯米德兰公司（ADM）和美国太阳酵素公司（Solazyme）合作研发海藻食用油[7]，例如，适合于食品煎炸的油酸含量为 58% ~ 80% 的系列产品。

4.利用基因技术培育油脂新品种

（1）高含 DHA 油菜籽。2012 年澳大利亚联邦科学与工业研究组织（CSIRO）利用基因技术研究开发可以产生 DHA 的陆地植物，结果表明，菜籽油 DHA 含量可达 15%，使植物油中 DHA 含量超过鱼油中 DHA 的含量[8]。

（2）高含油酸油料。经过几十年的努力，利用基因技术已经培育出高油酸向日葵、高油酸油菜和高油酸红花，且已经商业化。目前正在培育两种高油酸大豆。

5. 重视适度加工

传统的油脂精炼，可以去除不良组分，但导致一些有益物质损失，甚至会产生一些有害物质。油脂的适度精炼在消除不良组分的同时最大限度保留营养物质。近年来，加拿大圭尔夫大学（University of Guelph）等研究开发了多种物理和化学适度精炼技术，如硅土精炼、生物精炼、膜精炼、混合油精炼等，这些技术具有环保和提高得率等优点，但有时因成本高、分离效率低等限制了应用。

6. 重视油脂安全

欧美国家十分重视食用油中危害因子的检测和控制，针对反式脂肪酸、三氯丙醇酯、缩水甘油酯、氧化聚合物、多环芳烃（16种）等进行了系统研究，制定了一系列检测和控制方法并投入应用。

7. 重视环境保护，节能降耗

当前，北美农产品加工企业通过工艺和设备改进，生产规模的扩大，废水再利用，与20世纪70年代比较，用水量减少了约一半。目前，最好的污水处理技术是使用膜生物反应器（MBR），处理过的水可用于清洁、种植、冷却塔补充水等各种用途。

8. 油脂的化学工业应用不断扩大

油脂化工产品主要有脂肪酸、皂、甘油、脂酸盐、醇、酯以及其衍生物等。近年来，国际上对植物油用于生产化工产品的研究非常重视。例如，大豆油经过烯烃复分解制备类似石油烃结构的物质，豆粕发酵制丁醇，开发甘油电池，甘油制备丙烯醛和乳酸，高油酸大豆油工业利用，大豆油用于生产纺织润湿剂，大豆粕制水合凝胶等。美国大豆基金会 2011 年资助的 78 个项目中，有塑料项目 27 个，涂料、油墨等项目 26 个，黏结剂项目 13 个，纤维项目 12 个。

（二）与国外的差距与原因

1. 综合利用方面

油脂加工企业在完成了规模发展后，综合利用技术已成为企业发展的主要途径之一。同时，综合利用也是我国油脂行业可持续发展战略的重要途径和科学发展观在油脂企业中的重点体现。但我国对油脚、磷脂、脱臭溜出物、废白土、油料皮壳、蛋白乳清、豆渣、胡麻胶等副产品的整体利用率不足 10%。"十二五"期间，利用米糠和玉米胚芽制油已取得突破性进展，为我国食用油自给率作出了提高 7 个百分点的贡献。但尽管如此，还有许多潜力可挖。以米糠利用为例，2013 年全国生产了米糠油 55 万 t，估算约需米糠 400 多万 t，只占全国米糠产量 1402 万 t 的 28.5%。

大豆蛋白已经得到较好开发利用，但油料蛋白开发利用技术仍需要进一步发展。我国花生主要用于浓香花生油的生产，花生蛋白变性严重，应用途径受限，需要开发大型冷榨机和低温制油技术。近年来我国虽然已经相继建设了一些低温制油和低温脱溶花生蛋白生产线，但尚未形成规模化。

2. 产业链延伸方面

国外油脂加工企业大多拥有完整的产业链，产品多元化，以此增强企业抗风险能力和竞争力。我国油脂加工领域存在的主要问题是，大多数油脂厂还停留在低水平的重复生产上，对油料只进行简单的制油加工，而不对其进行延伸开发，产业链短，产品结构单一。我国虽有大豆蛋白、磷脂、脂肪酸、植物甾醇、天然维生素 E、蛋白肽等综合利用产品，但规模尚小，且均存在品种和高附加值产品少、收率低、档次低等问题。不少产品至今尚无统一的、完整的国家质量标准，产品质量参差不齐。有相当数量的脱臭馏出物和半成品，因加工生产条件所限，只能廉价出口。

食品专用油脂是食用油脂的深加工产品，我国食品专用油脂年产量已经达到 300 万 t，但存在易析油、硬化、起砂、起霜和反式酸含量高等质量问题，相关核心技术、生产装备长期被国外垄断，也尚无统一的、完整的国家质量标准体系，产品质量也是参差不齐。

3. 节能减排技术的开发推广方面

制油产业机械装置大、能源消耗较高，生产中大量热能的消耗与排放是长期存在的问题。在加工过程中存在着有害溶剂气体、工业废水、废油、废白土、废催化剂的排放等问题，虽有多项技术革新，但距离实现食品产业零污染的目标还有相当大的差距。

与国外油脂加工企业相比，国内大型油脂加工企业的消耗指标仍有一定的差距，一些中小规模企业的消耗指标更高。根据国家粮食局 2012 年度统计，全国平均加工每吨食用油的电耗为 103.6kWh，与行业内的先进指标差距很大。另外，除了己烷之外，更加安全、环保的新溶剂（如异己烷、异丙醇、乙醇等）、酶法制油、酶法精炼等虽然已获得应用，但规模仍然不大。

4. 机械装备水平方面

"十二五"期间，我国食用植物油加工技术总体水平有了很大提高，加工企业单条生产线的生产规模得到快速提升，机械装备达到和接近国外同类技术先进水平。但与国外相比，油料初加工技术还有差距，深加工水平较落后，综合加工利用水平较低。新装备的开发滞后，自主创新能力不强，品种规格较为单一，产品低值高损现象明显，设备的运行稳定性和自动化、机电一体化水平还有待进一步提高。

5. 学科建设方面

油脂加工学科属于大食品范畴，目前国内食品院系 200 余所，涵盖内容很广，适合培养全面型人才，但多数高校只是将油脂加工作为食品科学与工程专业中的一个方向，设置油脂加工学科的高校并不多，因此对于油脂加工学科而言，应用型人才培养难度较大，人才结构性矛盾仍比较突出。

四、发展趋势及展望

（一）战略需求

近些年来，为促进国产食用油产业的发展，我国出台了一系列措施，推动了油脂科技和油脂工业的发展。通过创新驱动，加快了产业升级的步伐。当前油脂加工业应在注重加工产能建设的同时，亟须加强研发和成果转化投入。建立以企业为主体的技术创新体系，健全创新机制。

针对油脂加工行业的转型和升级，迫切需要围绕油脂加工业发展的基础理论和关键技术重大需求，实现理论创新和关键技术突破。要不断增强粮油食品营养基础研究能力，大力实施加工过程的信息化和智能化控制水平，有效提高核心技术装备稳定性可靠性；要最大限度地利用油脂资源，提高粮油加工副产物综合利用水平，减少加工损失，提高加工效率，降低加工成本；要大力增强深加工转化能力，延长产业链，开发差异化、专用型功能性产品，优化产品结构，完善标准体系，保障国家食用油安全。

我国油脂加工长期存在过度加工、资源利用率低、能耗大及污染物排放等问题，需要全面开展基于油脂产品安全、健康、营养为目标的油脂适度加工工艺和关键设备的研究开发，改进现行生产工艺，纠正食用油的过度加工的现象，逐步建立我国油脂行业低耗、高效、安全、环保的植物油加工体系。

（二）研究方向与研发重点

1. 坚持安全质量第一，以适度加工为导向，积极开发与推广提高油脂营养和安全水平的工艺与技术[9]

目前，油脂学科的研究已跨越了以油脂的理化性质为主要研究内容和以油脂的脂肪酸组成及其他特定组分为主要研究内容。要在油品安全的基础上，把"优质、营养、健康"作为今后的发展方向，继续倡导适度加工，最大限度保存油料中的固有营养成分，纠正过度加工现象[10]。

（1）研究脂肪酸的种类、比例及甘油三酯结构与营养的关系，研究各种结构脂质的结构与功能，开发符合人类心脑血管健康及营养的产品。

（2）针对当前我国食用油加工存在过度精炼的误区，要大力开发油脂的适度精炼技术，要在精炼过程中减少潜在副反应与副产物，保留生育酚，甾醇等多种营养物质。油脂加工企业要加强新工艺、新技术的研究，积极探索缩短工艺、减少设备；油脂机械制造企业要大力开发高效节能装备，为油脂加工企业节能减排创造条件[11]。

（3）针对食用油脂的安全问题要大力加强各类食用油脂安全性的研究，将油品的生产过程置于严格的全程质量控制管理之下，将油品的加工精度界定在合理的范围内，将油品标准的制订和修改建立在全面翔实的实验数据和充分严谨的科学论证基础之上，为放心粮油工程在全国的成功实施奠定科学基础。

（4）要积极调整产品结构，加快对系列化、多元化、营养健康油脂产品的开发；提高名、优、特、新产品的比重；要积极发展煎炸、起酥、凉拌、调味等各类家庭专用油脂和食品工业专用油脂；要加快发展小包装食用油，加快步伐替代市场上的散装食用油，保证安全性。

2. 开发节能减排技术，实行清洁生产

根据国家节能减排的总要求，油脂加工业要把节能减排的重点放在节电、节煤、节汽、节水等降耗上，放在减少废水、废汽、废渣、废物等产生和排放上，并按照循环经济的理念，千方百计采取措施加以利用和处置，变废为宝，实现污染物的零排放。为防止油脂产品在加工过程中的再度污染，我们要推行清洁生产，通过对工艺、设备、过程控制、原辅材料等革新，确保油脂产品在加工过程中不被再度污染，进一步提高油脂产品质量与安全。要加快研发降低能源消耗技术并应用在油脂加工业中，特别是油料预处理车间的节电工艺和设备，如低电耗破碎机，低电耗调质器，低电耗油料输送设备等。

围绕大豆、双低油菜籽等油料，要进一步筛选安全、高效的新型制油浸提溶剂，重点开展新型溶剂连续浸出工艺技术和设备研究；围绕油菜籽、花生等高含油油料，研究开发高效、安全的非溶剂制油新工艺和新装备；要进一步革新和完善油脂精炼技术，油脂精炼技术的一个主要趋势是在有效精炼过程中，尽量降低成本，减少副产物，如皂脚、废白土、脱臭馏出物等；要研究和开发废弃物对策与环境管理，根据油脂产业清洁生产的实施要求，要强化新形势下油脂产业管理内容；要总结经验，推广无机膜分离技术和装备在废水处理中的应用，回收油脂和提高废水处理的水平。

3. 重视资源的综合利用，开发功能性脂质和特种油脂产品

要大力开发适合不同消费群体的功能性油脂，如运动员专用、降血脂、促进少儿生长发育、减肥、甘二酯和中碳链甘油酯、食品专用和营养保健等油脂产品；要进一步加强对油茶籽、月见草、紫苏、葡萄籽、红花籽、茶叶籽、沙棘、南瓜籽、山苍子、翅果、核桃和杏仁等特种油料的开发利用；要利用生物技术制备特殊功能的微生物油脂；要充分利用米糠、小麦胚芽、饼粕、皮壳、油脚、馏出物等副产品，变废为宝。当前，对这些资源利用的重点应继续放在大力推广米糠和玉米胚的集中制油和饼粕的最佳有效利用上[12]。

4. 要进一步提高我国油脂机械的研发和制造水平

为满足和促进油脂加工业进一步发展的需要，我国的粮机工业在今后的发展中要在"重质量、重研发、强创新、上水平"上进一步下工夫，并着重在以下6个方面做出成效：①重视关键技术装备的基础研究和自主创新。通过自主创新，把粮油制造业的发展重点放在大型化、自动化、智能化和专用化上；②进一步提高粮机产品的质量。做到既要注重内在质量，又要重视外表质量；③重视开发节能降耗的设备。要研发和生产出能耗低的粮机产品，以符合节能降耗的时代要求；④研究开发出符合清洁生产和"适度加工"需要的装备；⑤加快研究开发出适合木本油料加工的装备；⑥进一步实施"走出去"战

略。使我国不仅成为粮油机械产品的生产大国和消费大国，同时成为粮油机械产品的出口大国。

—— 参考文献 ——

［1］王瑞元. 我国油脂加工业的发展趋势［J］. 粮食与食品工业，2014，5：1-3.

［2］Summers W. Innovative catalysts open new opportunities in biodiesel market［J］. Inform, 2014, 25(7): 416–420.

［3］Peitz M and Bond R. A customized approach to frying oil［J］. Inform, 2014, 25(6): 342–345.

［4］Biotechnology news _ Plants producing DHA［J］. Inform, 2013, 24(2): 91.

［5］De Greyt W. Efficient recovery of tocopherols from vegetable oils［J］. Inform, 2012, 23(9): 557–563.

［6］Bowden N. Development of the first efficient membrane separations of cis fatty acids［J］. Inform, 2014, 25（9）: 558–560.

［7］王瑞元. 王瑞元同志在油脂分会学术年会上听完专家们发言后的即席发言［J］. 粮食与食品工业，2014，6：1-2.

［8］王俊国，王海修. 油脂加工业存在问题及发展趋势［J］. 粮油食品科技，2007，4：64-65.

［9］程宁. 油脂化学品新格局正在形成［J］. 日用化学品科学. 2012，35（10）：1-4.

撰稿人：王瑞元　何东平　谷克仁　金青哲　陈文麟　王兴国　刘玉兰
　　　　周丽凤　相　海　曹万新　陈　刚　涂长明　宫旭州　徐　斌

粮油质量安全学科的现状与发展

一、引言

粮油质量安全学科是粮油科学技术的基础学科。本学科运用物理、化学、生物、卫生学等学科相关理论与技术，以粮油卫生、粮油品质、粮油营养和粮油安全性评价和控制等为研究领域，研究建立粮油质量安全检验检测和评价控制技术、方法，达到保障消费者身体健康、促进粮食流通发展、确保粮食安全的目的。

我国对粮油质量安全问题的高度重视。一是进一步加强粮油标准质量工作的规划。《国家粮食安全中长期规划纲要（2008—2020年）》提出：加强粮食市场监管，保证粮食质量和卫生安全;《中国食物与营养发展纲要（2014—2020年）》指出：在重视食物数量的同时，更加注重品质和质量安全。《国务院关于建立健全粮食安全省长责任制的若干意见》（国发〔2014〕69号），进一步明确要强化粮食质量安全监管属地责任。《粮食收储供应安全保障工程建设规划（2015—2020年）》要求，要加强粮油质量安全检验监测体系、"放心粮油"供应销售网络平台和质量安全管理体系、流通追溯体系建设，完善粮油质量安全标准体系，提升粮食质量安全应急处置能力，确保粮油全产业链质量安全。二是不断加大粮油标准质量科技投入。国家"863""973"、科技支撑项目、国家自然基金项目、粮食行业公益性科研专项等科技项目中，围绕粮油收购、入库、储藏、出库、加工等环节的粮食品质与卫生指标检测、评价、监测、防控等开展了系列研究，在粮油物理特性、化学组成、食用品质、储存品质、质量安全等方面取得了一批科技新成果，建立了一系列检验检测方法，配套研发了相应仪器设备装备，制定发布了相关标准和技术规范。三是粮油标准质量人才队伍不断扩大。通过实施标准制修订、科研项目和体系建设项目，聚集一批专业人才，锻炼提高了学术水平，学科水平显著提高。

二、近年来的最新研究进展

（一）粮油质量安全标准研究进展

1. 粮油标准体系不断完善

近年来，我国粮油标准化工作紧紧围绕保障粮食安全、保障食品安全的需要，从保护农民利益、促进粮食生产、保护消费者健康、提高粮油产品质量、规范粮食流通秩序、增强粮油市场宏观调控能力出发，在粮食及其制品、油料及油脂、粮油储藏及物流、粮食机械及仪器等领域开展了积极而富有成效的工作，标准化体系不断完善。截至 2015 年，全国粮油标准化技术委员会（TC270）归口管理的粮油国家标准和行业标准共计 534 项（国家标准 343 项，行业标准 191 项），其中：产品标准 151 项、方法标准 181 项、机械标准 117 项、基础管理标准 68 项、储藏技术标准 17 项。标准化领域涵盖了粮食收购、储藏、物流、加工、销售等流通环节，涉及的粮食品种包括小麦、稻谷、玉米、大豆、油料、杂粮以及相应的加工产品。标准化的组织体系、管理体系、工作体系和标准体系基本满足了我国粮食流通工作的需要。

2. 标准化工作体制机制不断完善

在国家粮食局和国家标准化管理委员会的领导下，粮油标准化工作体制机制不断完善。先后出台了《粮油行业标准管理办法》和《国家粮油标准研究验证测试机构管理办法》等制度文件，保障了粮油标准化工作的顺利开展。各级粮食行政管理部门不断加强粮油标准化工作，开展了大量标准的宣贯和实施监管工作。全国粮油标准化技术委员会完成了换届工作，充实调整了粮食及制品、油料油脂、粮食储藏及流通、粮食机械及设备 4 个技术工作组的人员构成。构建了由 77 个机构组成的涵盖科研、教学、质检、大型企业的粮油标准研究验质体系。建立了与国家食品安全标准审评委员会沟通协调机制。

3. 重点领域重点标准制修订进展顺利

按照粮食流通和质量安全监管的需要，着力抓好重点领域重点标准的研究和制修订工作，标准技术水平显著提高。围绕政策性粮食收购的需要，组织开展了玉米、大豆、油菜籽等原粮及配套检验方法标准的研究和修订。为适应食用油脂产业发展需要，对主要油脂产品标准进行了全面修订。为促进粮食深加工和杂粮产业发展，研究制定了全麦粉、燕麦等一批产品质量规格标准。为促进木本油料发展，制定了一批木本油料、油脂和饼粕系列标准。吸收转化了图像处理法测定稻谷整精米率、浮力法容重测定等一批科研成果，进一步提升了粮油检验标准技术水平。制定了粮食储藏技术规范、玉米储存品质判定规则等一批粮食仓储标准。出台了粮食仓库信息代码等信息化建设急需标准，满足粮食行业信息化建设需要。

4. 粮油污染物限量标准不断发展完善

作为食品安全国家标准审评委员会组成成员，积极参与粮油污染物限量标准制修订。

食品中真菌毒素限量（GB 2761–2011）、食品中污染物限量（GB2762–2012）和食品中农药最大残留限量（GB 2763–2014）进一步完善规范了粮油污染物限量。其中 GB 2761–2011 规定了谷物及制品中黄曲霉毒素 B_1、脱氧雪腐镰刀菌烯醇、赭曲霉毒素 A 及玉米赤霉烯酮的限量指标以及油脂及制品中黄曲霉毒素 B_1 的限量指标，GB2762–2012 规定了谷物及制品中铅、镉、汞、砷、铬、苯并芘的限量指标以及油脂及制品中镍的限量指标；GB 2763–2014 规定了食品中 2, 4- 滴等 322 种农药 2293 项最大残留限量，其中粮油及制品占主要内容。

5. 国际标准化工作获得新进展

在做好国内粮油标准的同时，注重与国际标准组织的沟通，在国际粮油标准化工作舞台上发挥作用。自我国承担国际标准化组织谷物与豆类分技术委员会（ISO/TC34/SC4）秘书处工作以来，充分发挥秘书国作用，我国粮油标准与国际标准的衔接日益紧密。一是 ISO/TC34/SC4 正式成员国由 18 个增加到 25 个。二是牵头制定了《小麦 – 规格》和《稻谷潜在出米率测定》两项国际标准承担了 ISO 19942《玉米 – 规格》和 ISO 15141《谷物和谷物制品—赭曲霉毒素 A 含量的测定—免疫亲和柱净化荧光检测高效液相色谱法》两项国际标准制修订工作。三是主导成立了真菌毒素工作组，为我国粮食真菌毒素测定技术研究和标准化工作搭建了新的平台。随着对粮油质量安全检验监测工作的深入开展，我国粮食部门在国际法典污染物限量标准制修订中不断发挥作用。国际食品法典委员会（CAC）下属的污染物委员会（CCCF）和农药残留委员会（CCPR）是全球最高的制定污染物和农药残留限量的官方委员会，其制定的限量广泛被世界各国吸收和采纳，在国际贸易中发挥了重要作用。粮食部门作为中国代表团的主要组成单位，近年来广泛参与了涉及谷物及制品的呕吐毒素、伏马毒素、砷等真菌毒素和重金属以及农药残留等国际食品法典限量和防控规范的制修订工作，在国际法典涉及粮油污染物标准的制修订中发挥了重要作用。

（二）粮油质量安全评价技术研究进展

1. 粮油物理特性评价技术研究进展

在粮油收购、储藏、加工、运输、贸易等各个流通环节，粮油物理特性评价方法作为一种简便快速评价粮油质量的技术，具有不可替代的独特作用，是粮油质量评价技术的重要组成部分。粮油及其加工产品外观特性、质地、气滋味、加工精度等的分析检验仍是粮食质量和定等的重要手段。

目前，粮油物理特性评价主要采用感官检验方法，在《GB/T22505–2008 粮油检验 感官检验环境照明》《GB/T22504.1–2008 粮油检验 粮食感官检验辅助图谱第 1 部分：小麦》等标准基础上，粮油物理检验用工作台、玉米、稻谷、油粒等粮食感官检验辅助图谱国家标准和行业标准正在研究制定。粮油物理特性评价仪器方法不断得到发展，研究开发的组合式的砻谷碾米机适用于长、短粒型稻谷的砻谷与碾磨，解决了目前国内外小型砻谷机脱壳效果不好，小型碾米碾磨不均匀、碎米率高等问题。具有选择单砻谷、单碾米、砻碾一次完成等 3 种应用功能，配置了称量和计算软件，既可单独制样，也可直接得到相关检验结果，减少了人工操作，降低了制样误差。采用图像处理方法，可快速检测大米外观品质的大米外观品质测定仪，对整精米率的检测已经在稻谷质量定等中得到推广应用，垩白粒率、不完善粒、黄粒米等指标的检测也正在完善标准方法；基于图像处理技术的小麦粉加工精度测定仪也逐渐应用在小麦粉粉色麸星的快速检测，相关研究证明测定结果与感官检验一致，能够准确反映小麦粉的加工精度。包装粮食扦样器、连筒粮食扦样器等扦样器的研制解决了长期困扰粮食质检工作中"扦样难、扦样不准"的难题，实现了堆高 6m 左右的包装粮堆以及高大房式仓、浅圆仓、立筒仓散装静态粮食的有效扦样，并使所扦粮食检验样品杂质最大限度地得到控制，突破了国家标准 GB 5491–85 关于"电吸式扦样器不适于杂质检验"的技术规定要求。开发了浮力法玉米容重测定方法解决了高水分玉米容重测定的难题。开展了色差仪对面粉、面片色泽检测研究[1]，对面片色泽的测试结果可以代替肉眼来评价面条的色泽，实现了较感官评价中色泽度的量化，色差仪在馒头表面色泽测试中也体现出了快速准确的优势。关于稻谷的检测，最新的研究已经确认可以直接检测稻谷以预测在标准加工工艺下的出糙率，整精米率，垩白率（粒）等很多指标。

2. 粮油化学组成检测技术进展顺利

粮食中的化学成分为人类和动物提供了重要的营养基础，准确测定粮油中各化学组成含量是评价粮油质量的最基础性工作。粮食中主要组成成分的检测方法标准仍然是以经典方法为主，但随着现代科学技术的快速发展，粮油检测技术已逐渐从一般性的检测扩展到快速、实时、在线和高灵敏度、高选择性的新型动态分析检测和无损检测，从单一指标的检测发展到多元、多指标的检测。

粮油作物对人体健康有益的功能性活性成分，如大豆异黄酮、大豆皂苷、大豆低聚糖、膳食纤维、活性多糖、生物活性肽、酚酸类物质、γ – 谷维素[2-3]等。大豆异黄酮、大豆皂苷等常用分光光度计法、高效液相色谱法或色谱质谱联用法测定，超高效液相色谱法、毛细管电泳的应用提高了检测的效率。如采用毛细管电泳 – 激光诱导荧光 – 增强型电荷耦合器件系统，用异硫氰酸荧光素柱前衍生了亮脑啡肽、甲硫脑啡肽、血管紧张肽、P 物质等 4 种生物活性肽，8min 内实现了快速分离检测，采用高效毛细管电泳法建立的同时分离测定芦丁、槲皮素、绿原酸、咖啡酸、没食子酸和原儿茶酸 6 种酚类物质的方法，6 种物质在 12min 内得到完全分离等。

近红外网络技术是目前唯一能够同时、快速进行粮食多项品质指标检测的技术，涵盖了粮食中的主要组成成分，已经成为国内外粮食品质检测的标准方法。近几年国内应用红外光谱技术进行粮食品种鉴别和真实性检测方面进行了大量研究工作，取得了一定进展[4-6]。如采用近红外光谱短波段提高玉米品种鉴别识别率；应用近红外光谱研究餐饮废弃油脂分类定性鉴别以及掺伪；结合红外光谱、近红外光谱等分析技术研究植物油脂掺伪等。

低场磁共振技术是通过测定在磁场强度 0.5T 以下测量弛豫过程的参数和核磁共振信号来研究检测对象的性质，具有无损、快速、准确地获得样品内部信息的优点，已用于粮油食品物化和感官指标的测定。低场核磁同时检测油料种子的水分和油脂含量，并且有相关的国内国际标准检测方法，同时，采用低场核磁共振技术分别对稻谷含水、脂肪、直链淀粉、发芽率等储存指标进行测定，能较好地预测稻谷储存品质。

成像质谱显微镜技术可将光学显微镜图像与大气压下离子阱飞行时间质谱分析所得5μm 以下高分辨率分子分布图像进行结合观察，是具有划时代意义的尖端科学技术。其质荷比检测范围从 50 ～ 3000，分辨率可达 10000，可以作为观察粮食中特定分子、异物含量及其分布情况的新型工具。应用于如大米、杂粮等不同品种间脂类物质的差异分析、分布情况、黄酮类化合物的分布特征、天然或合成色素的分布等，具有广阔的应用前景。

3. 粮油品质检验技术取得突破

根据粮食购销、储存和加工、运输的时代需求，我国粮油食用品质评价与检验技术经过了半个多世纪的发展，由简单的感官指标发展到以仪器指标定等[7-10]，由模仿西方烘焙用小麦品质评价体系发展到注重对中式传统食品的评价和检验，由复杂的化学检验发展到快速的仪器测试，由单纯的食品感官评价发展到探索各种仪器对感官评价的补充或部分替代。

在人员品评方面，由于不同地区人们的食俗不同，往往对同一品种大米米饭可能得出几乎相反的结论。这种评价上的差异，造成米饭品尝评定的困难和复杂化。为了克服这一困难，我国开始研究人工品尝方法改进，譬如品评人员的培训和标准样品的筛选与制作。

在食用品质评价仪器化方面，近年来基于物性仪评价大米食用品质的研究表明，米饭物性指标中硬度、弹性和黏硬比与米饭感官评价适口性指标软硬度、弹性和综合评分别具有显著相关性。基于 RVA 快速黏度仪测试的特征值在稻米蒸煮食用品质评价上的研究表明，RVA 曲线的特征值与食味品质之间存在较好的一致性。RVA 快速黏度仪参数和降落数值与面条感官评价显著相关，RVA 快速黏度仪各项指标除糊化温度和衰减值外均与面条总分极显著相关；降落数值与面条的光滑性、表面状态、色泽、评价总分均极显著相关。在一定程度上，快速粘度仪和降落数值仪的应用可以作为面食品质评价的参考依据。色度仪能对面制成品的表面白度、亮度以及内部结构的白度、光泽性等给予客观的量化评价，采用色度仪测定面片的颜色有助于客观的评价面条的品质差异，减少人为误差。

在借鉴国外技术的基础上，国内研制出了适用于国内稻米食用品质检测的大米食味测定仪，利用近红外技术，建立了国内粳稻、籼稻品种的检测模型，仪器可快速检测出大米或糙米的食味值以及蛋白质、水分、直链淀粉等成分含量，客观、快速评价大米的食味等检测结果，克服人工感官检测主观性强、重复性和再现性差的问题，无需制样和前处理过程、具有检测速度快、操作简单、方便等特点，经过多品种稻谷的实验分析验证，重复性和再现性良好，可广泛应用于稻谷收购、储存、流通和大米加工等环节，对大米原料和成品的质量进行评价。

近年来，在原有面筋仪、降落数值仪、粉质仪、拉伸仪、成套蒸煮和烘焙实验设备等在国内广泛推广应用的基础上，通过引进消化吸收再创新，开发了吹泡仪、质构仪等专用仪器设备，为实现小麦流变学特性及粮食制品的力学特性快速、客观检测提供了有效的技术手段。此外，新型的降落数值检测器已经做到自动海拔校正、自动控制温度、自动计算真菌淀粉酶添加量及对超过规定数值的样品自动停止检测并给出报告等先进功能。

4. 粮油储存品质评价技术取得新进展

2006年颁布实施的《小麦储存品质判定规则》《稻谷储存品质判定规则》和《玉米储存品质判定规则》三项国家标准对指导我国三大重要商品粮的合理储存和适时轮换起到了重要的作用。近年来，科研工作者对稻谷、糙米、大米、小麦、小麦粉、玉米、裸大麦和大豆、花生仁、葵花籽、食用油脂等储存品质评价及检测技术进行了较为深入的研究，研究了不同储藏技术对粮油储存品质影响的变化规律，提出了一些影响粮油储存品质陈化的敏感性指标，并采用现代检测技术，利用多元回归、模糊数学等方法建立了相应的快速、准确的评价方法和评价模型。

对大豆在储藏过程中品质变化研究表明，粗脂肪酸价增加是品质劣变的征兆，由于现行的大豆中粗脂肪的酸价测定存在测定时间长等缺陷，提出了采用与玉米、稻谷等储存品质判定规则标准一致的脂肪酸值作为品质指标，不仅能正确判定大豆储藏过程品质变化，也能满足大豆储藏过程快速检测的需要。同时通过研究大豆储存品质判定的主要指标，即水分、脂肪酸值和蛋白质溶解比率以及限量值，将蛋白质溶解比率指标宜存确定为 ≥ 70。

在1999年有关部门颁布的《食用植物油储存品质判定规则》（试行）规定指标要求的基础上，在储存品质分类及储存品质指标要求等方面进行了改进，改进后的植物油储存品质判定规则更便于指导实际，该《规则》不久即将以国家标准的形式颁布实施。

对储藏品质的变化研究不断深入。根据国内行业的需求，近年国内企业在吸收国外稻谷新鲜度研究的基础上，考虑稻谷的种植区域、品种等影响因素，在开展大量应用试验的基础上，研制成功国内专用的大米测鲜仪。该仪器主要依据稻谷陈化过程中产生的醛酮类物质的量来判定稻谷的新鲜程度，采用专用的仪器和软件，快速、客观、准确、方便检测出稻谷的新鲜度值，可以解决国内新陈稻谷的区分问题，在2014年的新稻普查过程中进行试验，粳稻新样与往年陈样的区分度达到85%以上，籼稻新样与往年陈样的区分度也达到80%左右。新鲜度值与现有稻谷储藏品质评价指标中的脂肪酸值呈线性相关关系，相关系数达到 −0.79。

相比于稻谷，小麦具有较好的耐藏性，但某些储藏条件的改变，也会加速或抑制小麦的陈化过程。研究表明储藏后期淀粉的理化指标变化显著[11]。储藏过程中中筋小麦的发芽率下降，过氧化氢酶活动度降低，证明过氧化氢酶活动度是一个较易受环境影响的品质指标。储藏过程小麦的蛋白质含量变异幅度均较小，但湿面筋含量和面团稳定时间之间的差异均达到显著水平，为进一步了解强筋小麦的后熟过程、探明强筋小麦在收获后不同储藏期品质变化的特点提供了参考。

针对玉米储存品质判定中的关键指标——脂肪酸值测定中人工判断终点差异性大的问

题，开发出了光度滴定仪法和智能电位滴定仪法，制定了相应国家标准，并制定实施了自动滴定分析仪技术条件与试验方法行业标准，为传统化学分析方法仪器化提供了重要标准支撑。

新技术在粮食储藏品质评价方面的研究取得进展。利用顶空气相–质谱联用技术及电子鼻技术[12-13]，获得了评判稻谷储藏品质的特征性挥发物质；建立了基于传感器信号的稻谷储藏品质指标预测模型，基于气味的稻米储藏品质等级预测模型，研究了一种新的稻米储藏品质综合评价方法。开展了太赫兹时域光谱技术（THz-TDS）在小麦品质检测中的应用研究，发现不同品质小麦具有不同的折射率和吸收系数，可以根据THz波段的特征谱进行正常小麦比霉变、虫蚀和发芽小麦判别。

粮食安全水分研究取得新进展。建立了静态称重方法测量粮食平衡水分，在粮粒尺度分析了我国五大粮食种类水分吸附/解吸速率、有效水分扩散系数及活化能，同时创造了一个平衡水分方程，为我国《储粮机械通风技术规程修订 LS/T1202-2002》提供基础数据。建立了粮油籽粒水分活度的方法，和传统的粮食水分含量指标相比，粮食水活度反映了谷物自由水的性质，更能直接反应粮食微生物的发生发展情况，是更为科学的储粮安全霉变指标，为今后提出统一的谷物水活度储粮安全新指标和霉菌发生预测学提供了科学支撑。建立了储粮真菌危害早期快速检测方法——真菌孢子计数法，可对储粮真菌生长（危害）情况进行判定，提前对储粮真菌危害检测和预报。

5. 粮油质量安全评价技术研究进展

（1）粮食质量安全快速检测技术研究取得突破。为满足粮食收购现场污染物和基层实验室及时快速检测的需求，研究开发了粮食中重金属和真菌毒素的快速检测技术和设备，并取得重要进展。

开发出无需化学提取、灵敏度满足限量要求、适合现场快速检测的大米中镉等重金属元素X射线荧光光谱分析方法；开发出操作简便、灵敏度高、可直接粉末进样、适合基层实验室快速检测的大米中镉等重金属固体直接进样原子荧光法（AFS）；开发出样品前处理速度快、处理批量大、环境友好、检测成本低、适合实验室日常检验监测的常温稀酸温和提取进样石墨炉原子吸收快速检测粮食中铅、镉的方法[14-15]。改变了传统的以高温、高压、强酸、强氧化剂消解为特点的粮食样品重金属分析前处理模式，前处理时间从几个小时以上缩短至十几分钟以内，大大提高了样品前处理的效率和分析通量。

同时，随着金属螯合抗体技术的成熟，胶体金技术也应用到了对重金属镉，汞，铅，铜等的快速检测[16-18]，国内相关企业率先推出了胶体金定性及定量产品，在该领域实现了国际领先。

粮谷中真菌毒素免疫速测技术研究取得了较大进展[19-24]，先后研制出了黄曲霉毒素等真菌毒素单克隆抗体，开发了试纸条、ELISA试剂盒、黄曲霉毒素速测仪等产品。颁布了谷物中脱氧雪腐镰刀菌烯醇测定和玉米赤霉烯酮胶体金快速测试卡法定性和定量测定的行业标准。同时，等离子谐振传感器（SPR）等各种传感器在粮油食品中真菌毒素检测中应用更加成熟，配套的一些技术设备已在进行产业化开发。此外，随着真菌毒素的检测需求增加，检测过程也朝着无毒化方面进展，通过噬菌体驼源重链抗体库的筛选，目前研究也突破了模拟抗原，模拟标准品的替代技术，后期在真菌毒素检测过程中可以实现无毒化试剂盒的普及应用。

在农药残留快速检测方面，酶抑制法仍然是目前快速检测有机磷和氨基甲酸酯类农药残留的主流技术，以速测卡、速测仪等形式产品出现。生物传感器和免疫分析技术灵敏度和选择性更强，可以快速检测农药的种类更加广泛，有望成为新的农药残留快速检测主流方法。同时新的技术如纳米技术、拉曼光谱技术等，不断拓宽可检测的常用农药和禁用农药的种类。

近年来在粮油真实性判断、油脂挥发性成分分析等方面离子迁移谱技术[25]受到一定的关注。开展了利用离子迁移谱仪通过神经网络、随机森林、直观判别等建模手段对油脂真实性进行检测判别的应用探讨；建立离子迁移谱技术结合顶空进样技术分析油脂中有机溶剂正己烷的快速检测方法，检出限达到 0.3mg/kg，符合溶剂残留量检测的要求。

（2）粮食质量安全多组分、高通量及形态检测技术发展迅速。随着粮油质量安全对检测效率和检测种类的要求不断提高，粮食质量安全高通量多组分检测技术得到迅速发展。一批先进技术和大型仪器如复合免疫抗体、超高效液相色谱、质谱[26]、电感耦合等离子等应用到粮油污染物检测中，促进了该领域检测技术水平的提升。

研究开发的针对当前真菌毒素种类多、监测样品数量大、出结果急的要求，以多——检测种类多、快——检测速度快、好——检测结果可靠、省——检测成本低为特点，适合批量样品处理的稳定同位素稀释进样–液相色谱质谱真菌毒素检测方法，能够同时检测16 种真菌毒素及其以上。检测指标全面覆盖了国内外粮食中常见真菌毒素限量标准，包括了具有潜在污染风险的一些真菌毒素如呕吐毒素衍生物等种类，为及时全面掌握粮食真菌毒素污染种类和程度摸清本底，更好服务于粮食行业真菌毒素监测预警工作提供了高效便捷的技术手段。

研究开发的适合实验室日常检验的基于单个或多个毒素免疫抗体的超高效液相色谱检测粮食中真菌毒素的定量方法[27-29]，显著提升了粮食及制品中黄曲霉毒素、呕吐毒素、玉米赤霉烯酮、赭曲霉毒素 A 和伏马毒素等分析方法性能，与传统方法比较，灵敏度和检测速度得到数倍的提高，有机溶剂和剧毒化学药品使用量得到显著降低，有效解决了传统方法存在的检测速度慢、环境友好性差等问题。

研究开发的基于电感耦合等离子体技术的谷物中 20 余种元素检测方法，不仅基本覆盖了以往国家标准体系中能够检测的粮食中矿物元素指标，同时扩展了现有的检测指标范围。通过一次检验，实现了以往需要多种检测方法才能完成的检测，有效解决了当前粮食中元素检测方法存在的检测种类少、技术单一、多元素同时检测方法缺乏等问题，同时也为今后粮食及其制品的营养元素标识和矿物质溯源提供技术支持。

元素对于人体的作用和元素的形态密切相关，而元素在粮食中也以不同的形态存在，因此在了解总量的同时，人们更希望了解某元素在食品中的形态组成。研究发布了《GB/T 23372-2009食品中无机砷的测定 液相色谱 电感耦合等离子体质谱法》《SN/T 3138-2012出口面制品中溴酸盐的测定》等形态分析方法标准。HPLC与ICP—MS联用技术在各类食品中砷、硒、锡、汞等元素形态分析、离子色谱–ICP-MS联用技术在铬、砷、锑、溴、碘等形态分析研究上的应用越来越多[30-31]。我国原子荧光光谱（AFS）技术在世界上居于领先地位，研究开发工作在国内也发展较快，并已有多款HPLC-AFS仪器上市，在人们最关注的As、Se、Hg等元素形态分析上做出了积极贡献。

在农药和其他化学残留方面，开发了QuEChERS前处理三重四极杆气质联用仪GC-MS/MS同时检测大米中54种农药、超高效液相色谱分离三重四极杆质谱联用技术同时测定大米中10种氨基甲酸酯农药等方法，样品的处理和色谱分离更快和高效。开发了在线凝胶色谱串联气质联用仪GPC-GC-MS/MS测定大豆油中42种农药残留含量、食用油中22种邻苯二甲酸酯类增塑剂含量的方法，方法操作更加简单便捷，分析速度更快。开发的在线超临界色谱系统（SFE-SFC-MS）显著简化萃取等前处理过程，极大缩短样品前处理过程所消耗的时间，减少有机溶剂使用量，提高实验效率，降低环境负荷。以食品中农药残留的分析为例，仅仅在预处理阶段，该系统就可将传统方法需要的35min缩短至5min。与传统的人工操作方法相比，可在提高产效率的同时减少人为误差。

（3）粮食质量安全快检产品评价得到重视。快速检测技术在阳性样品筛查、现场检测把关等方面起着非常重要的作用。然而当前市场上基于快速检测技术的产品还存在着如质量参差不齐、使用方法不科学等诸多问题。因此亟须建立科学合理的快检产品评价方法，保障产品质量和指导使用。

针对粮油快检技术的需要，对快检技术评价进行了深入研究和积极尝试，组织开展了真菌毒素、重金属、粮油质量品质等方面新技术新方法的测试评价，为统一检验仪器设备，保证测定结果科学性和一致性提供依据。农业部发布了《兽药残留试剂（盒）备案参考评判标准》相关文件。国家质检总局出台了国内首个针对检测试剂盒的评价标准《SN/T 2775-2011商品化食品检测试剂盒评价方法》[32]。

此外，在粮食污染物检测前沿技术研究方面取得不断进步，主要包括纳米技术、磁性材料、分子荧光探针、量子点等，形成了相应的文章、专利、抗体、磁性材料以及设备等研究成果。

6. 污染粮食处置技术研究进展

近年来由于气候变化、环境污染及不规范使用农药和耕作收获方式的改变等因素，造成粮食中真菌毒素、重金属元素、农药残留超标问题时有发生，由此造成的粮油食品质量安全威胁已引起了政府和社会的广泛关注。为进一步提高我国粮油食品质量安全的保障水平，我国粮食科研院所、大学等科研机构在储粮霉菌和真菌毒素的生物防治等以及粮食中重金属元素污染情况评价与减控等方面开展了大量的研究工作，取得了良好进展和可喜的成果。

目前研究结果表明我国多个机构在多个地域开展了大量的土壤或粮食中的重金属元素污染调查研究和评价工作，已初步掌握了粮食中重金属元素含量状况及其在加工过程迁移规律，并在实验室阶段完成了粮食加工过程中的重金属脱除的部分技术的研发。在真菌毒素污染粮食安全合理利用方面，已经研发了一些毒素脱除技术和方法，如通过风选、色选、热处理、微波、紫外线、漂洗等前处理技术，可显著降低粮食中的真菌毒素含量或将毒素破坏、降解成为低毒或无毒产物；通过对粮油加工过程中的工艺调整和一些物理化学，特别是生物讲解方法的应用，可在降低、破坏毒素的前提下提升制品的营养品质等；再就是粮食及其制品在饲用过程中添加吸附添加剂等减少毒素的危害。

生物降解技术是近几年的研发热点，目前研究结果也初步展示其环境友好、高效和不破坏营养等优点。一些研究机构已经获得了多株可高效降解真菌毒素的微生物菌株和相关功能基因，利用基因克隆、高效表达、质谱分析技术等获得了多个降解菌和降解酶，并解析了部分降解菌或酶对真菌毒素的降解机制和途径和产物的安全性评价。特别是相继完成的呕吐毒素污染小麦和多种毒素污染玉米副产物脱毒技术的工艺研究和技术中试，取得了预期效果，并逐步在行业中展开应用，相关研究成果已经申报或授权 8 项发明专利。生物技术的应用为粮食霉菌控制和真菌毒素脱除开辟了安全、高效、绿色的新途径，通过进一步攻关，污染粮食处置技术规模化应用于生产实际有望近期实现。

7. 粮食质量安全数据库构建及其信息化建设进展

粮食质量安全数据库构建和信息化建设是加强粮食质量安全监管、增强粮食宏观调控能力、保障国家粮食安全的重要举措。

国家粮食局针对稻谷、小麦、玉米、大豆等主要粮食品种，按产量权重开展全国新收获粮食质量与安全调查监测工作。每年大约采集 1 万份新收获粮食样品（农户样品），检测常规质量、食用品质和农药残留、重金属、霉变及真菌毒素等指标，取得近 10 万个检验数据。此外，国家粮食局每年还组织开展全国库存粮食质量安全抽查，扦取各类库存粮食样品约 5000 份，代表粮食数量约 900 万 t。同时，为了精准定位监测调查采样的地理信息，进一步提高抽样的可靠性和可视化，开展了基于 GIS 地理信息系统的扦样研究。通过这些监测调查及时了掌握收获粮食质量状况，针对存在的问题及时采取应对措施，及时向有关部门通报情况，对指导粮食收购，优化粮食种植品种，从源头上加强粮食质量安全监管起到了重要作用，为我国的粮食质量安全监测做出了突出贡献。

国家非常重视食品安全信息体系建设，《中华人民共和国食品安全法》从食品安全信息的采集、报送、发布和预警、咨询等方面做了明确的规定。国家粮食部门结合自身的工作特点，在粮食质量安全信息采集、报送、发布和体系建设等方面开展了相应的工作。《大力推进粮食行业信息化发展的指导意见》指出，到 2020 年，形成统一完善的国家粮食电子政务网络平台；实现物联网、云计算等信息化技术在粮食流通领域的广泛应用，粮食流通信息服务体系进一步健全，粮食电子商务水平明显提高；建立完善的粮食行业信息化标准体系和安全保障体系，信息化自主创新能力显著增强。建成粮食电子政务网络平台和粮食流通数据中心、粮情监测预警信息体系、粮油仓储信息体系、粮食现代物流信息体系、粮油加工信息体系（追溯信息系统、服务平台）、粮食市场信息体系、粮食监督检查信息体系、粮食质量安全监管信息体系、军粮供应服务信息体系、粮食公共信息服务体系和信息化标准与安全保障体系等11个与粮食质量安全信息相关的体系。

目前，粮食质量安全数据库构建及信息化工作随着粮安工程以及智慧粮食战略布局的逐步实施，已经在部分省市开展了试点应用示范。

三、国内外研究进展比较

国外发达国家高度重视粮食质量安全与检测，越来越广泛地应用新技术实现快速检测，促进粮食在市场上的快速流通。高度重视粮食质量安全从生产到餐桌全链条控制和标准体系的建设，从食品原料源头保证食品的质量和安全。强化粮油质量和安全信息采集与发布，服务政府监管和市场需求，从而实现以粮油的最终使用品质及最佳用途为目标，科学合理安全用粮，为国民经济和社会服务。我国粮油质量安全标准与评价技术虽然近年来取得了突飞猛进的发展，但总体上基础仍然较弱，多数研究起步相对较晚，投入仍然存在严重不足，贯穿从粮食收购到储存加工流通各环节的粮食物理化学指标检验、储存品质判定、食用品质评价、质量安全检验监测与控制以及仪器装备研发等无论在标准上还是技术上与国外发达国家相比仍然存在一定程度的差距。

（1）粮油标准化研究成效显著，标准体系需要不断完善更新。我国粮油标准体系近年来得到进一步发展，已经形成了以国家标准为主、行业标准为辅、地方标准和企业标准为补充的多层次的粮油标准体系，基本覆盖了粮食生产、收购、储存、运输、加工全过程，粮食质量安全标准也得到全面更新，对于指导粮油收购、储藏、流通以及制品的生产，规范粮油市场秩序，提高粮油产品质量发挥了很大的作用。但是与我国粮油收储、加工等相适应的品质、卫生标准亟待更新和完善，粮油污染物监测包括扦样等技术规范急需制定，标准采用国际标准的比例不高，参与制定国际标准较少，亟须加强。

（2）粮食收储卫生指标快速检测技术取得重大突破，推广应用有待加强。在粮油检测领域，为了满足对粮食的生产、流通、加工等各环节的全面管理和监控，市场对于快速、简单、便捷的检测方法有着非常的大需求。开发了诸如XRF、试纸条等适合现场污染物快速检测的产品和设备，粮食主要污染物现场检测把关技术已经进入实际应用阶段。但是一方面不断涌现更多新技术仍然停留在实验室阶段，亟待转化实用，收购和监管中应用的产品还较少。另一方面，对于快检产品还缺乏科学实用的评价指标，评价结果对实际工作指导意义不强，需要进一步完善，为加快推广应用快检产品服务。此外，现有快检产品价格较高，这与粮食的低价值存在矛盾。

（3）粮油质量安全检验快检装备和大型仪器不少，但国产化程度低。当前国内用于粮油真菌毒素快速高通量检测产品和设备主要依赖进口，广泛缺乏具有自主知识产权的成熟产品与之抗衡。国内专用小型仪器设备技术相对落后，尤其是缺乏自主创新的新型免疫传感检测仪及配套技术，实现自主创新的小型专用检测仪器设备与配套检测技术的集成与批量生产，以满足我国科研、监测与政府监管的迫切需求。

通过引进消化吸收再创新或自主研发，我国已经开发或正在开发的粮油质量检测仪器较多，如电子式粉质仪、电子式拉伸仪、小麦硬度指数测定仪、小麦粉精度测定仪、小麦实验室制粉机、粮食水分测定磨、新型砻谷机、碾米机、稻谷整精米检测仪、高水分玉米水分快速检测仪、近红外粮食品质分析仪、谷物脂肪酸值测定仪、真菌毒素荧光检测仪和试剂盒、粮食霉菌快速检测仪、粮食重金属快速检测仪等，但是分析仪器的国产化程度仍然较低，购置成本高。

（4）粮食质量安全监测工作发挥了重要作用，在规范化、网络化、信息化等方面有待加强。国家粮食局组织连续多年开展了粮食卫生指标的监测工作，取得了很好效果，促进了我国粮食质量安全的提高。但是，粮食质量安全数据库数据种类少、规模小。由于我国粮食资源种类丰富，地域气候差异较大，各地区粮食的品质、卫生指标差异大；一些研究中报道的部分加工品质指标和尚未监测的有害无机和有机污染物在粮食中也大量存在；对现有数据库缺乏深度挖掘，利用少，尚未发挥数据库的巨大作用。急需根据监测和加工的需要，建立多样化的，营养与美味并存的工业化主食产品的原料品质特性数据库，建立除限量指标以外的包括呕吐毒素衍生物、伏马毒素等在内的真菌毒素数据库。建立持久性污染物数据库等，增加粮食质量安全数据库的种类和规模，更好地为保障粮食质量安全服务。

通过多年的积累，数据库在粮油真菌毒素监测预警方面取得了进展，但是全行业在粮油监测预警预测的基础研究工作仍然较少，企业、基层单位重视程度不够，对风险预警发挥的作用认识不足，仍停留在事后应急处理阶段，预防为主的方针贯彻不够，同时也存在积极性不高，推广应用缓慢等问题。

我国粮食部门组织各省（市、区）粮油质监机构每年实施原粮品质卫生质量监测调查、储备粮质量状况实时动态监测以来，建立了完善的粮食质量安全信息采集、报送、汇总分析体系，风险监测、追溯等取得了一定的进展。但是，终端质量安全信息的采集还远远不够，不能满足追溯控制的要求。基于整个链条防控规范非常缺乏，层层降低污染危害风险的机制和技术保障措施还未成体系。

（5）污染粮食处置刚刚起步，实用性的技术有待深入研究。

在污染粮食处理方面，国外有关利用生物技术削减真菌毒素的研究较多，并陆续发现了一些降解酶基因，其中德国已经将商品化微生物脱毒产品"BH"应用饲料中降解毒素。2014年，奥地利申报的伏马毒素降解酶制剂应用于猪饲料的脱毒技术申请已得到欧洲食品安全局的认可。国内虽然已经发展了一些毒素处理技术和方法，但是，能在生产实际中应用的技术较少，缺乏针对真菌毒素污染粮食的可规模化、安全削减技术；重金属等污染粮食的处理和再利用技术也同样面临众多问题，需要开发新的技术和方法，以完善和解决污染粮食的最大化合理利用政策。

四、发展趋势及展望

由于环境污染、气候变化等因素，粮食质量安全问题易发多发渐成新常态。新形势下，从数量安全到数量和质量安全并重的战略转变正在形成。粮食作为食品的基础原料，其质量安全今后将得到更加重视。

2015年新修订的《食品安全法》强调食品安全工作实行预防为主、风险管理、全程控制、社会共治，建立科学、严格的监督管理制度。从源头防控食品安全，强化生产过程控制、实施风险管理成为共识。粮油质量安全今后的发展趋势主要包括：

（一）把关前移，基层急需快速检测方法

注重面向现场、收储一线快速检测技术的研发，为分级定等、分类收购提供技术支撑，从粮食流通入口实现质量安全控制把关。着力发展无损检测、多指标检测、在线监测技术，提高检测监测的精度和可靠性，促进检测装置逐步向集成化、数字化、智能化、自动化、小型化等发展。

（二）风险控制，产业急需构建贯穿全链条的质量安全预防与追溯体系

运用风险理论，层层逐级预防和减少粮食流通链污染的风险，最终将粮油污染危害降低到可接受的水平。结合现代信息采集、数据库构建和挖掘分析技术，构建贯穿粮食种植、收割、仓储、加工、运输、销售和食用等整个供应链流程的、完善的粮食质量安全追溯体系。

随着国家粮食局粮食收储供应安全保障工程、智慧粮食等重点工程的开展，粮油收购、入库、储藏、出库、加工等环节的检测、监测将向数字化、信息化、智能化转变，扩大检测监测指标，进一步完善粮油质量安全数据库建设，充分利用现代信息化技术构建质量安全数据库，指导粮油生产、贸易、加工，确保粮油质量安全，降低粮食损失、损耗、防止粮食污染，将是粮食质量安全发展的重要方向。

同时，加强粮油品质鉴定、产地溯源与掺伪检测技术研究，完善粮食质量安全追溯体系。研究粮食中主成分、微量成分、加工特性的影响因素及相关关系，建立优质粮食品种品质鉴定、产地溯源技术，构建粮油内源特征指纹图谱库。

（三）标准保障，检验监测网络体系急需适用不同用途、不同层次的标准方法和标准物质

以市场的需要为目标，建立基于加工品质、最终用途以及优质优价的粮食分级定等标

准。粮食质量安全指标分类和定等分级体系是粮食育种、生产、收购、储运和加工的重要技术依托，亟须根据收储、加工的不同，建立完整的粮食质量安全分级定等体系，这也是合理利用粮食资源、减少粮食浪费的需要。能准确反映粮油最终使用品质的标准，尤其是中式传统食品的质量评价标准亟待研究，突出品质评价指标的仪器化检测。

粮油质量安全检测标准技术更加环保、高效，检测结果一致性、稳定性大幅提升，以能力为导向的验证体系全面建立。标准技术体系呈现立体构架，适应不同环节不同层级不同用户的需求，从国家、行业、企业层面指导快速检测方法、筛查方法、确认方法等定性定量方法适用范围和用途。开发出不同系列、不同形态、不同用途的粮油标准物质，提升粮油检验的质量控制水平。

（四）面向用户，加强快检产品实用性评价研究

被称为可选分析方法的快检方法，在大量样品的筛查，现场的检测等方面逐步的体现出其不可替代的优势，越来越被广大检测工作者所接收。评价标准研究将趋向于：①注重开发，提高性能。重视产品本身质量的评价方法，主要是针对快检产品的性能指标，为了保证产品的符合检测要求，确保产品的质量。②面向用户，突出实用，由于快检产品的种类及用途越来越多，用户的需求也更加多样化，针对用户使用的"Fit for Purpose"即满足用户使用目的的相关评价验证方法越来越重要。将有更多的针对产品使用效果的评价，包括操作的便捷性和实用性等，注重实用性的评价。为了使得快检产品能尽快在我国粮油检测领域发挥其应有的作用，帮助使用者选择合适的、切实可靠的快检产品，应尽快出台科学合理的快检产品评价标准，为快检产品的评价提供有力的依据；同时建立相应的权威的认证评价平台，提供产品认证服务，保障产品质量，确保检测结果的可靠性。在大米食味计、硬度粘度仪、新鲜度检测仪研制的基础上开展大米食味鉴定团的研究，对多指标的影响因子进行研究，得到更加客观、准确的大米食味值，提高稻米食味快速评价仪器的适用性。

（五）注重应用基础研究，突破粮油质量安全学科发展瓶颈

对粮油产品的组分特征、品质变化规律、真菌毒素产生规律进行了深层次的研究，揭示蛋白质组分和含量、淀粉组分和含量、蛋白质的不同聚合形态以及蛋白质、淀粉和脂类的相互作用对粮食加工和食用品质的影响，利用聚合酶链反应（PCR）技术和蛋白质组技术在分子水平上研究蛋白质与粮食品质的关系，研究典型霉菌产生毒素的条件和环境要求。进一步加强攻关，突破粮食中重金属元素、真菌毒素污染等污染物的降解与消除技术。

研究图像处理技术在不完善粒判定、垩白粒等判定的应用；针对原粮和成品粮储存品质的变化，开发出更好的评价体系，更加敏感的储存特性，研发出有针对性的传感器；提出更尖端的生物技术；加快如成像质谱显微镜等技术在粮油行业中的应用。

总体上，围绕构建粮食生产链条质量安全保障技术新体系，实现粮食质量安全监管及

时高效，链条可追溯，风险可控制，收储能分类，进一步完善和提升粮食产业链技术标准体系，全面提升国家粮油质量安全保障水平。

—— 参考文献 ——

［1］张智勇，孙辉，王春，等. 利用色彩色差仪评价面条色泽的研究［J］. 粮油食品科技，2013，3（21）：55–58.

［2］袁波，甄慧娟，姜璇，等. UPLC法测定大豆制品及相关制剂中大豆异黄酮含量［J］. 食品科学，2013，34（8）：164–167.

［3］徐冉，薛雅琳. 米糠油中 γ–谷维素分析检测技术研究现状［J］. 中国油脂，2014，39（4）：96–99.

［4］卢洋. 玉米品种真实性的近红外光谱鉴别关键问题研究［D］. 河南：河南大学，2012：1–5.

［5］沈雄. 基于近红外光谱的餐饮废弃油脂快速鉴别模型及优化研究［D］. 武汉：武汉工业学院，2012（5）：94–97.

［6］李娟，牛涛涛. 光谱技术在植物油脂掺伪和地沟油检测上的应用［J］. 分析仪器，2012（3）：88–92.

［7］方秀利，孙辉，曹颖君. 利用图像分析仪评价馒头品质的研究［J］. 中国粮油学报，2013，6.

［8］张玉荣，周显青，杨兰兰. 大米食味品质评价方法的研究现状与展望［J］. 中国粮油学报，2009，24（8）：155–160.

［9］张玉荣，邢晓丽，周显青，等. 米饭外观仪器评价与其感官评价的关联性研究［J］. 河南工业大学学报（自然科学版），2014，35（3）：7–11.

［10］赖穗春，河野元信，王志东，等. 米饭食味计评价华南籼稻食味品质［J］. 中国水稻科学，2011，25（4）：435–438.

［11］张玉荣，刘月婷，周显青，等. 典型储粮环境下小麦淀粉理化性质的变化及差异性分析［J］. 粮食与饲料工业，2014（10）：10–15.

［12］胡桂仙，王俊，王建军，等. 基于电子鼻技术的稻米气味检测与品种识别［J］. 浙江大学学报：2011，37（6）：670–676.

［13］周显青，暴占彪，崔丽静，等. 霉变玉米电子鼻识别及其传感器阵列优化［J］. 河南工业大学学报（自然科学版），2011，（4）：16–20.

［14］周明慧，王松雪，伍燕湘. 稀酸温和提取直接进样快速测定大米中镉含量的研究［J］. 中国粮油学报，2015，30（2）：97–102.

［15］周明慧，王松雪，伍燕湘. 稀酸温和提取直接进样石墨炉原子吸收法快速测定谷物中铅的含量研究［J］. 分析化学，2014，42（3）：459–460.

［16］Zhao Hongwei, Xue C, Nan Tiegui, et al. Detection of copper ions using microcantilever immunosensors and enzyme-linked immunosorbent assay［J］. Analytica Chimica Acta, 2010 (676): 81–86.

［17］Zhu Yingyue, Xu Liguang, Ma Wei, et al. A one-step homogeneous plasmonic circular dichroism detection of aqueous mercury ions using nucleic acid functionalized gold nanorods［J］. Chem. Comm., 2012, 48, 11889–11891.

［18］Ma Wei, Sun Maozhong, Xu Liguang, et al. A SERS active gold nanostar dimer for mercury ion detection［J］. Chemical Communications. 2013, 44: 4989–4991.

［19］王桂芳，刘美辰，曹阳，等. 胶体金测试条法对粮食中黄曲霉毒素 B_1 快速定量测定的研究［J］. 粮食科学与经济，2013，38（6）：17–18.

［20］郭健，尚艳娥，张燕，等. 真菌毒素胶体金快速测试卡在粮食中的应用［J］. 粮食科学与经济，2012，37（1）：42–44.

［21］ 胡玲玲，项瑜芝，蔡增轩，等．4 种黄曲霉毒素 B_1 酶联免疫试剂盒与液相法检测结果比较［J］．食品安全质量检测学报，2014，5（3）：813-818.

［22］ van der Fels-Klerx H J, de Rijk T C. Performance evaluation of lateral flow immuno assay test kits for quantification of deoxynivalenol in wheat［J］. Food Control, 2014, 46：390-396.

［23］ Arpad Czeh, Abe Schwartz, Frank Mandy, et al.Comparison and evaluation of seven different bench-top flow cytometers with a modified six-plexed mycotoxin kit［J］. Cytometry Part A, 2013, 83(12)：1073-1084.

［24］ 黎睿，崔华，谢刚，等．几种真菌毒素快速检测技术分析［J］．粮食科技与经济，2013，（01）：21-23.

［25］ 颜毅坚，何东平，曹文明，等．离子迁移谱技术在油脂检测领域的应用［C］．2014 中国食品与农产品质量检测技术国际论坛，2014：92-102.

［26］ 郑翠梅，张艳，王松雪，等．液相色谱-质谱联用同时检测粮食中多种真菌毒素的应用进展［J］．粮食科技与经济，2012，（01）：45-49.

［27］ 谢刚，王松雪，张艳．超高效液相色谱法快速检测粮食中黄曲霉毒素的含量［J］．分析化学，2013，（02）：223-228.

［28］ 谢刚，王松雪，张艳．粮食中呕吐毒素含量的免疫亲和柱净化超高效液相色谱法快速测定［J］．分析测试学报，2011，12：1362-1366.

［29］ 黎睿，谢刚，王松雪．高效液相色谱法同时检测粮食中常见 8 种真菌毒素的含量［J］．食品科学，2015，（06）：206-210.

［30］ 李林林，朱英存．离子色谱-电感耦合等离子体质谱联用（IC-ICP-MS）测定水体中的砷形态［J］．生态毒理学报，2013，8（2）：280-284.

［31］ 林立，陈玉红，王海波．离子色谱-电感耦合等离子体质谱法联用测定饮料中的溴形态．食品科学，2010，31（12）：226-228.

［32］ SN/T2775-2011．商品化食品检测试剂盒评价方法［S］．中华人民共和国出入境检验检疫行业标准．

撰稿人：朱之光　袁　建　周显青　吴存荣　王松雪　尚艳娥

粮食物流学科的现状与发展

一、引言

（一）近年来主要研究内容和成果

1. 概述

粮食物流学科研究的内容是将工业工程、信息技术、管理理论、经济学理论等综合应用到粮食物流活动过程中，重点研究粮食物流经济、物流运作与管理、物流技术与装备等，为粮食物流技术与装备的创新、物流系统的优化以及国家粮食安全政策的制定等提供理论和方法。

2. 近年来学科主要研究内容

首先，在研究对象上，由于粮食具有一般和战略商品的二重性，以及大宗、跨地域和形态多样等流通特性，近5年研究越来越明显地分成两类：一是作为口粮的体现国家战略安全的物流与供应链管理研究；二是作为饲料用粮、工业用粮、调剂口粮品种的市场环境下粮食物流与供应链管理研究。其次，在研究方法上，仍然突出系统导向下的粮食供应链整合与粮食产业化的方法应用，信息化等软管理方法和储运设施与装备等硬技术方法的突破交错发展。第三，在研究广度上，增加了国内、国际两个市场的物流衔接，资源利用及布局[1]。第四，在研究内容上，以保障国家粮食安全为目的的"粮食收储供应安全保障工程"所涉及的"打通粮食物流通道"等相关研究内容仍然占半壁江山，但是，偏重于对民生影响的市场环境下粮食物流与供应链研究日渐增加，主要包括以粮食产业园区为依托的粮食产业化研究[2]，围绕粮食储备、经营加工的一体化粮食物流系统研究[3]，以电子商务和移动商务为代表的粮食产业链延伸到主食产业化相关的物流与供应链研究成为研究热点。

3. 主要研究成果

粮食物流经济方面研究成果：①粮食仓储设施的建设上，为达到积极引导社会资本投资建仓，2014年末发改委出台投融资创新形式；②粮食物流规划和标准化建设推进有序，编制国家发改委《"北粮南运"铁路散粮运输线路规划方案》《"粮安工程"建设规划》等。

粮食物流运作与管理方面研究成果：①粮食现代物流信息发展进一步突出数字化和智能化的特征。一是建成了一大批数字化、智能化粮食物流节点，打造出了一整套涵盖粮食出入库系统、农户结算卡系统、数字粮食库存监管系统、试点粮食物流监管调度系统及成品粮安全追溯系统的粮食流通信息化解决方案。二是利用现有政策性粮食交易平台系统和全国粮食动态信息系统以及大型企业现有物流网络体系，建立全国粮食物流配送、交易和管理信息平台，实现粮食物流信息资源共享。②供应链管理已深入粮食流通研究和实践[4]。供应链研究更加注重粮食物流相关各环节的数字化、智能化和协同化，粮食供应链核心主体向上下游拓展供应链管理。③粮食物流中心系统功能日臻完善[5]，更加向主食方向延长产业链[6]。粮食物流园区能综合实现集成效用。④粮油储运应急系统进一步完善。

物流技术与装备方面研究成果：①推出以高大平房仓双侧檐墙固定风道布局为核心变革的横向负压通风技术，使平房仓全面提升物流效率成为可能。②数字化粮食物流关键技术研发成果有重大突破。粮食行业自主创新重大科技成果及前沿技术——粮食库存识别代码及物联网技术应用，在2014年度国家粮食局全国粮食科技创新大会发布。③在粮食流通的分销渠道上，面向终端消费者的电子商务企业开始颠覆传统交易模式，网上订货，线下配送已经成为规模，因此，商流、物流、信息流有机结合的社会化物流配送系统的研究成为支持粮食、食品电子商务发展的关键问题，各种信息平台整合物流成果和良好实践不断涌现。

（二）粮食物流学科发展的作用

（1）粮食物流学科提供的技术和管理在国家粮食流通中的重要支柱地位日益凸显，粮食物流中心、物流装备、系统技术在东北到东南沿海粮食物流主通道的畅通中发挥了重要作用[7]。粮食"北粮南运"的主要格局仍然不会改变，粮食安全和市场需求要求"北粮南运"畅通有序，同时要求提供多元化的物流组织及运输方式，但目前粮食产业链条不完整、不衔接仍是软肋，生产、加工、流通、消费环节脱节，市场竞争力不强。因此，粮食学科研究已根据实际由生产导向向消费导向转变，需要粮食物流学科提供管理的软硬技术作为保障。

（2）粮食物流网络构建方面的研究进一步解决了卖粮难和买粮难的问题，粮食资源得到合理配置，支撑了小康社会的粮食安全保障。一方面有利于形成集粮食运输、储存、加工、信息传输于一体的规模化、现代化的粮食物流网络，从而使主产区和主销区信息及时交互，物流、商流、信息流和资金流都能快速移动，并充分发挥集聚辐射功能的优势。另一方面在上游能够促进粮食生产者的及时销售，防止"卖粮难"的发生，增加农民的收入，在下游解决企业无粮可买的难题，使粮食资源得到合理配置，促进粮食快速流通，从而促进国民经济健康、稳定发展。

（3）有关粮食减损方面的物流技术研究适应了人们生活水平的提高和消费的升级。一是保障粮食的绿色安全可靠性，二是改善储运条件，减少产后损失，健全市场体制，做到随时可调，达到促进农民增收、稳定市场粮价、稳定百姓生活、维持社会稳定的重要作用。

（三）大型集团、科研院校粮食物流科技水平的提高和研发进展

近年来主要研究单位有国家粮食局科研院、国贸工程设计院、郑州、无锡、武汉、成都等粮食科研设计院所，河南工业大学、南京财经大学、武汉轻工大学、黑龙江八一农垦大学、北京邮电大学等高等院校，中粮集团、中储粮总公司、中纺集团、北大荒集团等大型国有企业，以及陕西、湖南、江西、山东、黑龙江、天津、北京等省市粮科所。

经过近几年的发展，我国粮食物流学科体系逐步丰富，理论与实践结合，推进了我国粮食物流行业现代化发展。从国家层面的粮食流通体系建设规划与实现，到企业层面的粮食现代物流环节优化、上下游环节间的无缝衔接，乃至产业链的构建与有效运行控制等对粮食物流学科的贡献都功不可没。

中粮集团利用原华粮在东北、长江、西南、京津地区的四大成熟完善的粮食运输走廊和铁海联运、铁路散粮入关两条粮食运输通道纳入物流体系中，提升全产业链各个环节的控制能力，应用"四散化"运作技术，构筑粮食产区—港口—销区的全程物流组织体系。

中国储备粮管理总公司研发和应用"五位一体"立体控温储粮技术、氮气储粮智能管理系统，实现了免熏蒸、零污染，降低了劳动强度，改善了工作环境，着力提升绿色储粮水平；开发设计车辆过磅视频监控拍照系统，实现了车辆过磅全过程数字视频监控与远程管理。2013年中储粮物流公司成立，通过分区块一体化运营提高流通效率。

国贸工程设计院承担或参与编制国家发改委《"北粮南运"铁路散粮运输线路规划方案》《"粮安工程"建设规划》等国家级课题研究或行业规划研究16项，承担《江苏省粮食仓储物流设施建设规划（2015—2020年）》《苏州市"粮安工程"建设规划（2015—2020年）》等省、市各级政府及行业内各大企业的规划研究共计27项，其中有5个项目获得国家或省部级奖项。

"十二五"国家科技支撑计划项目涉及粮食物流学科的课题包括河南工业大学牵头的粮食流通监测传感技术研究与设备开发；航天信息股份有限公司牵头的粮食流通数字化集成技术研究与示范；中科软科技股份有限公司牵头的数字化粮食应急调控技术研究。

（四）粮食物流学科在粮食行业的推动作用

（1）注重数字化、智能化和协同化发展的粮食物流信息技术，加强在途粮食监控技术研究，以推动实现粮食质量全程可追溯。

（2）粮食供应链管理技术拓展粮食产业链，实现粮食产业化发展。通过打造线上和线下两种交易，推动了粮食产业向食品业的延伸发展，引导了一些地方政府出台相应的政

策，鼓励主食加工企业与主食设备生产企业、粮食购销和物流企业、质检机构等开展联合协作，共同打造以粮食收储、加工、物流配送为一体的主食产业化集群。

（3）现代粮食物流学科中物流系统研究成果的整合应用，推动了全国范围实施了粮食收储供应安全保障工程（简称粮安工程），粮食物流促进粮食流通的里程碑式发展。

（4）散粮运输及集装单元化运输，有效缓解粮食物流中效率低、成本高、损耗大等问题[8]，对提速现代粮食物流产业发展有着至关重要的作用。

二、近5年来的研究进展

（一）学科研究水平不断提高

1. 粮食物流学科研究的新观点、新理论

（1）数字化、智能化的发展，尤其是物联网技术的应用，实现仓储环节管理信息化、账目数据电子化、业务监管三维可视化、仓储管理智能化，实现了"感知粮食"向"数字粮库"的转变，确保实时跟踪粮情及储粮安全。

（2）信托介入粮食生产供应链管理。如，中信信托与安徽天禾农业科技股份有限公司签署战略合作协议，打造粮食生产供应链经营管理新模式，即通过信托土地、粮食订单、农金服务（农业金融）、农保服务（农业保险）、农事服务（农机、农资、农技、植保）等农业生产要素资源整合，全面满足粮食生产专业户（种粮大户、农业合作社、农垦企业）的粮食生产需求。

（3）粮食电子商务物流发展推动O2O等线上和线下营销模式融合。如，找粮网一直致力于粮油行业新兴供应链的建设整合升级，近期大力拓展全国范围的会展合作，并与全国上百家会展建立了不同程度的合作关系。此举将彻底打通网上网下、手机到地面终端、粮企到粮店超市之间的壁垒，加快找粮智能社区便利店战略的实现。

（4）对粮食物流在国民经济中作用的研究得到重视。我国产业结构调整和种养殖产业布局趋向市场化的资源配置，凸显了粮食物流体系在保障国家粮食安全、维护我国农业生产战略基础[9]、推进城乡共同发展、增加农民收入中的作用，粮食物流在国民经济中作用方面的研究得到重视和发展[10]。

（5）粮食物流基础研究方面近年成果。粮食储备合理的数量、品种研究；国有粮食供应链在保障国家基础产业安全的作用研究；粮食供应链模式及其在解决三农问题中的效用研究；从订单农业到粮食加工制品供应的粮食供应链的模式研究；粮食加工、仓储与批发功能的粮食产业园区的规划建设研究；对抑制粮食价格波动、稳定粮食物流规模、降低物流成本等效用的研究等。

2. 粮食物流运作与管理的新方法、新技术

仓储、加工、物流、信息等四位一体化发展、粮食物流园区模式、集装单元化物流系统等系统化技术已经处于深入研究和初步实施阶段；众多学者均提出了发展散粮流通、推

进集装单元化流通、与利用包粮流通的多元化粮食物流技术体系；基于地理信息系统的公路粮食运输组织方式在提高车队组织管理效率和保障运输安全方面开始发挥作用；区域粮食物流体系及粮食产业园区布局的优化规划研究方面，结合省区市的粮食物流体系建设，引入了成熟的城市发展与区域物流分析理论和方法以及利用铁路、水路运输数据对粮食流量与流向分析研究、粮食物流方式及物流技术对粮食物流成本影响的相关研究等。[11]

3. 粮食物流应用新技术、新装备

（1）提高粮食流转速度的多式联运衔接技术。目前我国粮食库存总量已经达到历史高位，仓库等储存设施明显改善，在此情况下提高粮食流转速度就必然成为关注的焦点之一。物流成本低、兼具储备与中转功能的仓型研究、高效化的粮食战略装车点相关设施装备研究以及高效低耗的系列化粮食散装作业机具的研究成为重点。

（2）适合原粮、成品粮的多元化运输装备。我国粮食产销区分布格局和加工业特点导致原粮、成品粮、小品种粮散装、集装、包装共存，不同品种、运距、交通条件等促进了运输装备的多元化发展。以散粮汽车和散粮火车及其配套设施为代表的散粮运输装备进一步发展，以通用集装箱和集装袋为代表的集装单元化运输体系研究将成为重点。

（3）仓储物流技术水平明显提高。2014年国家粮食局科学研究院推出平房仓横向通风新技术，将大大提升平房仓的进出仓物流效率。

（4）信息技术在粮食物流中的应用更加广泛。近年粮食物流信息方面的成果包括：传统的 GIS、GPS、GPRS 技术已经在粮食物流中得到应用；RFID 技术在粮库装卸粮的自动检斤、在途粮情检测、粮食安全追溯等方面已得到初步应用；适合粮食物流的车载终端产品正在研发；粮食数量、品质等粮食流通相关数据库的研究取得成效；应用仿真技术对复杂的粮食物流进行系统科学的建模，实现粮食运输网络的优化，实现粮食物流节点的科学规划。

（二）粮食物流学科发展取得的成就

1. 学科研究成果

（1）科研成果丰硕。获奖项目、发表论文、开发新产品等成绩凸显。

1）获奖项目。"十二五"期间，粮食物流技术研究获得国家粮食局、中国粮油学会和有关省级奖约13项，其中粮食物流技术装备获奖项目7项，粮食物流信息技术获奖项目6项。

粮食物流技术装备获奖项目包括：大型高效粮食清理装备关键技术研究与集成示范、双犁多点卸料皮带输送机的研究、粮食集装袋储运技术及配套装备研究开发、自驾式多功能扒谷装车机研制、车载包装粮食自动扦样机的研制、糙米集装储运减损技术和设备研发与示范、新型粮食扦样器的研制。

粮食物流信息技术获奖项目包括：散粮物流管控一体化控制及生产信息系统、基于SMS 技术的粮食流通管理信息系统、中储粮云计算平台粮油大数据中心、粮食物流安全体系优化方案、基于 MES 的粮食仓储物流管控一体化系统、基于 ExtendSim 的粮食物流仿真系统研究。

2）发表论文。2010—2015 年，发表的以粮食物流为关键词的期刊论文共计 606 篇。

3）开发新产品。涵盖了粮食物流进出仓、智能化布粮、散粮运输、品质控制与追溯、信息服务等环节的新技术、新设备。

平房仓进出仓新技术、新装备。包括移动式环保型净粮入仓系统、机械化房式仓智能进出仓刮平机。移动式环保型净粮入仓系统。主要包括原粮风筛组合清理装置，密闭式移动输送机，密闭式移动散粮接卸装置，移动快接除尘系统。机械化房式仓智能进出仓刮平机。机械化房式仓进仓工艺，仓顶卸料小车皮带机实现仓内多点卸粮，刮平机作业实现仓内粮面平整，替代人工平仓。机械化房式仓出仓工艺，依靠粮食自流完成，刮平机作业将粮食连续输送至出粮地沟，实现连续卸粮。整个作业过程实现机械化操作，降低工人劳动强度，提高了粮食流通效率。

浅圆仓进出仓新技术、新装备。包括浅圆仓新型数控智能化布粮机、浅圆仓轨道式固定螺旋清仓机。浅圆仓新型数控智能化布粮机。采取水波装仓法，利用全新机械结构、变频器、PLC、产量反馈控制系统等技术组合，解决浅圆仓进粮时粮食自动分级严重导致杂质聚集问题，保证通风降温保粮的效果，确保粮食储藏品质和数量稳定。

散粮专用汽车运输新技术。包括重型半挂散粮专用汽车、中型侧卸散粮车、小型散粮自动装卸收购车、通用汽车散粮整车卸车装置。

散粮集装单元运输新技术。包括粮食汽车集装箱整车卸车平台、新型可移动集装箱散粮卸箱装置、新型可移动集装箱散粮装箱装置、粮食集装袋储运技术及装备。

粮食集装袋储运技术及装备。包括散粮集装袋储运和成品（半成品）粮集装袋储运。散粮配套技术装备包括散粮专用集装袋、散粮集装袋灌装机、集装袋装卸车吊装属具。成品粮集装袋储运配套技术装备包括成品粮专用集装袋、包装成品粮灌装码放装置和集装袋装卸车吊装属具，铁路棚车集装袋装卸专用机具。

散粮专用火车运输新技术。包括新型高效火车散粮装车机、移动式散粮火车接卸装置。

粮食物流品质控制与追溯技术，包括散粮汽车运输在途智能化粮情检测管控技术、粮食流通品质优化调度与智能追溯系统。

散粮汽车运输在途智能化粮情检测管控技术，利用 CAN 现场总线（或无线通信）将行车电脑、车载粮情在线监测系统、车载通风系统与智能终端相连接，实现粮食运输过程粮情数据实时采集，自动通风降温，保证粮食处于最优化的存储环境。每台散粮汽车配置一套智能化在线检测控制系统。

粮食物流信息服务技术及装备，包括基于 RFID 的出入库系统、基于 RFID 的快速收纳系统、基于 RFID 的自动称重系统、基于有源 RFID 的移动设备监管系统、出入库全过程视频检索、拼接及业务信息叠加技术和系统、粮食物流信息物理融合系统（CPS）。

（2）实施重大科技专项。努力完成了粮食公益性行业科研专项、"十二五"国家科技支撑计划和其他国家科技计划项目管理等专项任务。

1）首次被纳入实施公益性行业科研专项。2013年国家粮食局首次作为公益性行业科研专项承担部门开始组织、申报、推荐粮食公益性行业科研专项。该专项以基础性、前瞻性、应急性的研究为重点，为保证国家粮食安全提供有力支撑，并重点考虑支持行业的基础性研究。2013年共安排相关项目8个，2014年主要围绕"粮安工程"共计7个项目立项。

2）"十二五"国家科技支撑计划项目。数字化粮食物流关键技术研究与集成项目顺利启动。该项目围绕粮食流通过程中储藏、收购、监管、检测等领域的技术需求，开展粮食业务管理与粮食流通信息应用的衔接技术研究。通过数字化的粮食特性模拟，粮食收购品质、储藏数量和质量安全检测、运输装卸、应急处理方法与设备研制与应用示范，建立基于物联网的管理网络，实现粮油数量和质量的跟踪管理，提高从收购、储藏到消费环节的粮油流通全程数字化检测与管理水平，提高粮食流通领域的信息化水平。

3）其他国家科技计划项目管理。政策性引导类项目。2013年共推荐了4项软科学研究计划项目，包括中国粮食立法疑难问题研究、以信息化驱动粮食流通发展的对策研究、我国"北粮南运"物流体系构建研究、减少我国粮食产后损失浪费的财税政策研究，我国粮油加工业集聚及发展对策研究等研究成果。火炬计划项目基于三维激光扫描的粮食仓储智能监控系统获科技部批复立项。

（3）科研基地与平台建设。努力推进科研基地建设，着力打造物流研究平台。

1）粮食储运国家工程实验室。承担了"十二五"科技支撑计划项目数字化粮食物流关键技术研究与集成、北粮南运关键物流装备研究开发等项目，并以平台为支撑，为粮食行业科技创新及技术工程化提供技术、人员、条件支撑。

2）江苏省现代物流重点实验室（南京财经大学）。主要从事溯源物流关键技术及其系统研发与应用、在线随机优化及其在智能物流中的应用、物流园区等方面的研究。坚持"竞争、联合、流动、开放"的运行机制，面向省内外的学者和科研人员开放，围绕现代物流信息系统、物流集成优化技术、物流园区设立重点实验室开放课题基金。

（4）理论与技术突破。"十二五"期间，粮食物流在向现代物流管理转型、粮食物流供应链、电子商务应用等方面的理论与技术应用上取得进展。

1）通过功能整合和服务延伸向现代物流管理转型。一些制造企业、商贸企业采用现代物流管理理念、方法和技术，实施流程再造和服务外包；传统运输、仓储、货代企业实行功能整合和服务延伸，加快向现代物流企业转型；一批新型的物流企业迅速成长，形成了多种所有制、多种服务模式、多层次的物流企业群体。

2）粮食物流供应链管理由理论转向实际应用。随着研究不断深入，研究的范围已由最初的定义、内容、特点、方法等理论性的研究，逐步扩大到政策法规制定、物流技术应用、物流体系构建、物流组织管理和物流企业发展等具体应用方面，并提出了我国的粮食物流供应链管理理论，制定了全国粮食物流发展规划。推动了我国粮食实体流动由过去的经过收购、储存、运输、加工、销售等多个分散环节向系统化和产业链方向发展。

3）电子商务在粮食物流体系中初步得到发展。电子商务代表着未来贸易的发展方向，既为粮食物流提供了空前发展的机遇，也向粮食物流业的发展提出了挑战，如何建立现代化的粮食物流体系，加强对粮食物流的管理，使其顺利与网上交易对接，已成为当前开展粮食电子商务的企业及相关机构日益重视的问题。

2. 学科建设

（1）学科教育。目前国内开办物流相关专业的高校有 475 所，其中设立物流管理专业的高校有 393 所，设立物流工程专业的高校有 88 所。具有粮食物流专业学科特色的大学院校主要有 6 所。

1）河南工业大学。学校是一所以工学为主、多学科协调发展，具有学士、硕士、博士三级人才培养体系的多科性大学，在粮食物流专业方面，拥有河南省人文学科重点研究基地——物流研究中心，建成粮食储运国家工程实验室 1 个，管理学院目前下设有物流管理系，拥有本科和硕士两个教学层次。主要课程有物流学概论、运输组织与管理、采购与供应管理、物流战略管理、供应链管理、配送中心规划与管理、国际物流、物流工程与管理、物流信息管理等。

2）南京财经大学。南京财经大学拥有现代粮食流通产业发展与政策博士人才培养项目 1 项，建成粮食储运国家工程实验室 1 个，电子商务信息处理国际联合研究中心 1 个，现代粮食流通与安全协同创新中心 1 个。营销与物流管理学院目前下设有物流管理系。拥有本科和硕士（校首批硕士点）两个教学层次。主要专业课程有物流管理学、供应链管理、物流运筹学、物流信息系统、国际物流学、仓储管理、采购与供应、物流中心设计与运作、物流系统工程、物流技术与装备、运输与配送、运营管理、物流管理英语等。

3）武汉轻工大学。武汉轻工大学经济与管理学院设有物流管理本科专业，并被列为湖北省战略性支柱（新兴）产业人才培养计划。近年来，教师共承担国家社科基金、国家自科基金项目及各级、各类科研项目百余项，获省级科技进步奖 3 项、获湖北省社会科技优秀成果奖 2 项；发表学术论文数百篇，被 SCI、EI 检索 60 余篇；出版学术著作和教材 50 多部。

4）黑龙江八一农垦大学。黑龙江八一农垦大学经济管理学院拥有企业管理硕士学位授权点，培养粮食物流与供应链管理方向研究生；拥有物流管理本科专业，主要课程有电子商务概论、物流学、生产运作管理、采购管理与库存控制、配送中心规划与运营、物流装备与技术、物流企业与企业物流管理、物流系统工程、供应链管理、物流成本与绩效管理、国际物流管理、农产品物流与供应链管理、物流方案策划与设计等。经济管理学院下设物流与供应链管理研究所，近年承担各级、各类相关课题 16 项，成果具有粮食物流与供应链管理特色。

5）沈阳师范大学。沈阳师范大学粮食学院粮食工程专业师资力量雄厚，拥有教授 5人，博士生导师 1 人，硕士生导师 2 人，省级教学名师 1 人，省级专业带头人 1 人，省级优秀骨干教师 1 人，市优秀青年教师 1 人。主要专业课程为粮食微生物学、化工原理、粮食品质分析、粮食加工工艺与装备（系列）、通风除尘与物料输送、粮食储藏学、粮食工厂供电与自动化、粮食工厂设计、粮食加工副产物综合利用等。

6）北京邮电大学。北京邮电大学以信息科技为特色，自 2010 年参与粮食物流科研团队，是教育部信息网络研究工程中心的核心成员，该团队共有教师和专职研究人员、博士、硕士研究生 150 余人，具有深厚的研究实力和丰富的工程技术经验，十几年来先后获得国家科学技术进步一等奖 1 次，中国商业联合会服务业科技创新奖特等奖 1 次，国家教育委员会科学技术进步一等奖 2 次，电子部、邮电部科技进步一、二、三等奖多次。承担过多个国家自然科学基金、国家"863"、国家攀登计划和国家"973"子课题、省部级项目。

（2）学术出版。近年共出版专著 40 部，教材 51 册，主要学术期刊 21 种。

（3）学会建设。中国粮油学会粮食物流分会在粮食物流行业咨询方面做了大量工作，参与多项国家发改委和粮食局的重大规划和课题，完成了十几个省、市的粮食物流规划以及港口等大型园区、大型企业的规划，在行业中有一定的影响力。主要做的工作是：完成粮油学会下达的各项日常任务，推荐相关单位申报中国粮油学会科学技术奖、优秀会员单位、优秀科技工作者、优秀科技创新型企业，中国粮油学会科学技术奖的初审，配合粮油学会组织学术年会的召开。2011—2014 年粮食物流分会所推荐项目共获得国家粮食局优秀软科学研究成果奖一等奖 3 项、二等奖 6 项、三等奖 3 项，获得中国粮油学会科学技术奖二等奖 7 项、三等奖 6 项。

3. 学科在产业发展中的重大成果、重大应用

（1）重大成果和应用综述。①提高平房仓物流效率的横向通风技术的试点应用。②粮食储备合理规模、粮食供应链模式、粮食物流园区的设计、粮食物流标准体系、区域粮食物流等基础研究。③我国近年自行研制的一系列散粮装卸输送设备、散粮汽车、散粮火车、散粮装卸船设备等"四散"设施。④适于高效作业的新型立筒仓、浅圆仓、平房仓。⑤粮食集装箱运输系统、铁路战略装车点、铁水联运散粮无缝化运输、散粮汽车运输等运输组织模式的创新。⑥移动通讯 3G、RFID、物联网等信息技术在粮食物流中的应用。

（2）重大成果与应用的示例。2013 年国家粮食储运监管物联网应用示范工程获得国家发展改革委批复，该示范工程依托"北粮南运"，以粮食流通通道"三省一市"进行新技术成果的应用示范，2013 年 7 月国家发展改革委组织有关专家，对项目建设情况进行了现场考察。经过近两年的建设，项目技术支撑单位和建设单位攻克了粮食出入库作业及日常保管自动化、储备粮远程监管、储备粮在线常态化清仓查库、智能通风控制、虫害自动检测、磷化氢浓度在线检测、基于压力传感器的储粮数量监测、多传感器集成与数据融合等技术难题。工程建设过程中，技术支撑单位根据各建设单位的实际需求不断引入新技术，例如：水源热泵低温储粮控制技术，基于智能电表、RFID 出入库系统的能耗分析技术、磷化氢浓度在线检测、虫害自动检测等新型传感器及应用技术、激光测重技术等。通

过工程的实施，在粮食物联网应用技术方面已取得8项软件著作权，申请的5项发明专利已进入实审阶段。创新了清仓查库模式，以RFID、各类传感器为代表的物联网技术实时准确直观地采集各级储备粮仓储保管情况，实现远程实时监管，变大规模运动式现场查库活动为信息技术支撑的远程和现场结合的清查方式。通过物联网技术的应用，创新了粮库管理模式和粮食物流服务模式，提高粮食出入库和保管作业自动化水平和效率，提高了客户满意度。

三、国内外研究进展比较

（一）国外粮食物流学科最新研究热点、前沿和趋势

1. 供应链管理技术与运营体系的研究和应用

世界银行与芬兰大学在世界经济论坛发表的研究报告《全球经济中的商品物流系统的竞争》中提出，国际供应链系统评价的主要指标是供货的及时性、港口与信息基础设施的质量、进出境检验效率、物流企业的能力和包括时间与费用的物流服务成本。以供应链管理替代物流管理反映出发达国家物流理论与形式更加科学务实。

2. 以绿色环保为目标的设备与工艺流程再造

发达国家粮食资源丰富，可以满足需求，粮食储存时间短、数量少，粮食储存不仅注重数量，更关注储粮的内在品质和营养变化，长期进行储粮基础研究，注重储粮应用技术的环保提升。因此，以低温、气调、生物、物理和综合防治相结合的绿色储粮技术已成为其主要特色。以澳大利亚为典型代表的绿色储粮技术发展到较高的水平，更加注重节能、环保技术在粮食物流中的应用。

3. 多元化粮食运输方式的研究

加拿大马尼托巴大学运输研究所的专家们对粮食车、船装载技术进行了认真的研究，对火车、汽车、船舶和集装箱粮食运输的各项经济技术指标进行了仔细的对比分析，对粮食包、散运输各自的优越性及适用的品种、适用范围进行了比较，此外专家们正在通过对集装箱运粮与一般散装运粮的经济技术指标的对比分析来研究集装箱运粮的优越性和适用范围，并提出建立包、散、集装箱共存互补的粮食运输系统。澳大利亚的研究显示：随着各国国有粮食物流体系逐步公司化及现代运输系统的设备逐步更新，小批量运输的需求量越来越多，对用特殊的设备防止混杂的需求也越来越大，集装箱运输正是解决这一问题的好方法，粮食物流系统将会实现各种形式的自动化和集装单元化。

4. 粮食"四散"技术发达

发达国家的粮食物流成本低、效率高的一个最根本原因就是其"四散"程度高，广泛使用散运工具和相应的散粮装卸配套设施，粮食基本实现"四散"化操作。这些国家重视对粮食物流散运工具技术的研究，有专门的研究机构为粮食物流的四散化提供服务。经济效益最大化成为发达国家储粮仓型选择的主要标准，储粮设施主流仓型以系列浅圆仓为

主，粮食仓储机械化程度高，产后损失少。

5. 粮食物流信息化研究和应用

美国、加拿大、澳大利亚等国，粮食市场化程度高，信息化技术在粮食物流领域广泛应用。有专门的机构利用高新技术，如利用卫星遥感技术装备，预测世界粮食生产情况，通过网络信息和电子商务平台，分析国内和国际期货和现货市场信息，预测全球粮食的需求形势，及时调整粮价和贸易策略。通过研究粮食品质测定方法，运用信息处理技术，开发数据管理系统，把粮食流通中品质测定各个环节通过信息系统结合起来，进行粮食品质跟踪管理，从农场收购粮食到最终消费的全过程实施质量品质跟踪和安全控制，完全信息化管理。建有为种植者实时提供市场信息与风险分析服务的信息系统。

（二）国内外粮食物流学科的发展态势比较与差距分析

1. 跨国粮商已普遍应用由信息化作支撑的粮食供应链

发达国家已普遍应用由信息化作支撑的粮食供应链，已经将管理作为粮食物流研究的重点，并凭借其资本与技术优势，已渗入了中国的化肥生产、粮食进口、大豆加工、小麦粉加工、大米加工、饲料加工等粮油上下游全产业链。

2. 发达国家具备了成熟的粮食物流技术体系

发达国家粮食物流技术与装备相当完善，特别是粮食相关信息系统已经构建，运作与管理模式相当成熟，前沿研究侧重于粮食供应链的运作对生态环境造成的影响。发达国家几乎无一例外地采用了粮食专用物流设施设备，实施以散装、散卸、散运、散存为特征的散货运输体系及推进粮食的散货运输技术体系，不遗余力地追求高效率的散粮流通体系建设和运行，高效地实现收获脱粒、田间运输、农场仓储、中转集并、长途运输等各个粮食不落地的物流环节。

3. 发达国家重视粮食物流标准化研究

物流系统的标准化和规范化，已经成为发达国家提高物流运作效率和效益、提高竞争力的重要手段，在粮食物流技术、装备、过程方面发达国家都开展了标准化研究，特别是装备方面，基本实现了标准化。其研制的公路、铁路两用车辆与机车，可直接实现公路铁路运输方式的转换，公路运输用大型集装箱拖车可运载海运、铁运的所有尺寸的集装箱，驳船的尺寸全部实现标准化，便于编队。标准化的运输工具为物流系统供应链保持高效率及低成本提供了基本保证。

4. 我国粮食物流学科研究现状及趋势

我国粮食物流学科形成的时间较短，粮食物流产业的发展与经济发达国家相比也不够成熟，发达国家研究侧重于粮食供应链上下游契约关系的构建、优化，而我国的研究主要集中在粮食物流系统的技术层面和物质基础方面，忽视了粮食物流管理的重要性，粮食物流标准化研究还处于起步阶段，与发达国家的大范围应用相比还远远不够；另外我国普遍重视粮食生产，单纯以追求产量的最大化为目标来保障国家粮食安全[12]，忽视了粮食供应链的生态特征及其运作机理的研究。

（三）我国粮食物流学科发展存在的问题

1. 缺乏系统的学科建设，研究方向不明确

高校开设的粮食物流专业通常是在原来的学科专业基础上转型而来，对粮食物流学科范畴的认识还不够准确，这在一定程度上限制了粮食物流学科的发展，研究机构也仅限于国家粮食局所属的科研院所，无论从数量上还是从规格上都还不能满足国家对相关领域人才的需求。需进一步实施多学科延伸、多要素集成策略，利用已经发展成熟的优势学科，明确粮食物流经济、物流运作与管理、物流技术与装备（含粮食物流信息）等学科的内涵，构建理工融合、文理交叉的粮食物流学科体系。

2. 缺少全面型的学术带头人，自主创新能力不强

以国际标准来衡量，通晓运输、仓储、计划调配等各环节的综合知识型粮食物流人才，目前在国内仍然是凤毛麟角。因此学科研究较为分散和重复，缺乏学术带头人，结合我国实际情况的前沿研究不多，自主创新能力不强。

3. 科技成果转化率低，技术水平发展不均衡

我国很多先进的粮食物流技术在大型粮食企业得到了应用，而农村和小型企业技术落后，有些先进设备和技术仍处于试点阶段，储藏、运输、物流管理问题突出，科技成果转化率低[13]。"四散"技术和设备、农村粮食产后集约化服务、绿色储粮技术、信息技术等亟待推广。

4. 科研经费不足，科研队伍不稳定

与发达国家相比，我国对于粮食物流研究的投入还有相当大的差距，专业科研机构较少，虽然国家近年来对粮食物流行业的发展非常重视，但每年拨付的科研经费仍比其他传统学科少。由于粮食物流涉及多学科的特殊性，所以目前尚未形成稳定的科技队伍。

四、发展趋势及展望

（一）战略需求

1. 适应"十三五"农业产业化和城镇化大发展的创新研究

在"四化同步"、城乡发展一体化的总体思路下，促进粮食生产与收购体系与新型城镇化的衔接，促进粮食储备体系与农业现代化的对接方面的创新研究将是未来的研究重点，如加快粮食社会化服务体系与城乡一体化的协调发展、与"新四化"互动的现代化粮食安全体系、生产源头治理和产、储、运、销全程质量监管、优质优价分类流通等[14]。粮食物流起点的现代化运行机制与设施建设研究。

2. 适应粮食行业全面现代化带来的整合和统筹创新研究

为适应我国建成更高水平小康社会，奋力开启基本实现现代化新征程对保障粮食安全

的新要求，未来将大幅提升仓储物流设施建设水平，实现粮食行业的现代化，因此机械化程度高的新仓型、数字化粮库以及包括目标价格、政策性粮食监管、预警预测、质量安全追溯、信息服务功能的"智慧"粮食系统将在新的层面进行整合应用、统筹创新。

3. 适应信息化全面升级的供应链整合创新研究

以信息化手段推动粮食流通产业转型发展乃大势所趋，是保障粮食安全的必然选择。以通过发展信息共享、多级联动、全覆盖的粮食流通管理信息化体系为基础，构建生态平台，将信息化与粮食流通、新型工业化、城镇化、农业现代化深度融合，并进行供应链整合，是未来适应信息化全面升级的研究方向。

（二）研究方向及研发重点

1. 以信息化为核心的粮食物流体系整合布局研究

研究基于物联网、云计算技术的粮食物流监管及信息服务技术，基于物联网的粮食物流技术研究，粮食物流专用装备的信息化接口技术开发，粮食物流动态追踪专用设备研制，粮食物流园区智慧化综合信息集成平台研究开发。

2. 农村粮食现代物流体系建设研究

主要研究粮食收割后到粮食收购这一阶段的清理、烘干、运输一体化高效服务，包括在田除杂整理系统、低温烘干系统和运输系统。最终形成粮食产后从田间到仓库低成本、不落地、规模化、环保节能、高效率的清理、干燥、运输、入库一体化连续作业的物流服务一体化系统。

3. 粮食流通减损技术研究

粮食产后节能减排综合技术、粮食物流节能综合利用技术、搬倒运输过程中减损技术研究，小型移动烘干机作业站技术研发，不同产量稻谷低温连续干燥技术研究，玉米真空低温连续干燥技术的完善拓展和集成示范等。研究开发粮食物流企业生产信息集成技术，运用计算机技术、网络技术、智能控制技术和工程方法，从而实现节能减损。

4. 粮食物流高效衔接技术集成研究

研究制定针对运载机具和装卸机具技术与装备标准化、绿色粮食物流及物流全程粮食质量监控技术研究开发，少环节—包到底型粮食物流技术与监测标准体系研究，中转仓储设施配套技术、船船直取等衔接配套技术，大型粮食装卸车点配套技术，铁路站场高效粮食装卸技术等。

5. 粮食物流标准、规范研究

制定和推广粮食物流标准，实现粮食仓储设施、运输工具、装卸机械、信息编码、品质检测的标准化，完善粮食现代物流标准体系等。

6. 粮食物流新装备研究

单元化模式粮食物流技术及装备研究（集装箱和集装袋），粮食分类储运技术与装备研究，粮食物流单元的标记、跟踪技术及粮食物流信息港技术研究，标准化船型、装卸设施和设备优化等内河散粮运输技术研究，长途运输的品质监测与保障技术研究，粮食流通环节有害物质在线检测装备与管理技术、成品粮物流技术、装备与标准研究，成品口粮的储运保鲜技术与装备研发等。

7. 国外粮食资源利用对现有粮食物流布局影响的研究

研究"一带一路"国家战略下，粮食"引进来"和"走出去"引起的粮食物流总量及流向变化、国际粮食物流通道和与国内通道的衔接、适应国际物流的粮食物流节点的建设和提升。

（三）发展策略

1. 重视经济与管理层面的研究

粮食物流研究的应用性导向很强，使得多数研究停留在技术与物质层面，粮食物流经济和管理层面的研究目前仅在几所高校有所涉及，应重视经济与管理层面对行业发展的引导作用。

2. 加快集团物流业务一体化建设

开展针对大型粮食企业内物流业务整合的理论与实践专题研究，制定研究计划和目标，由物流专家、管理专家和企业高管共同开展理论分析，实例研讨，系统设计和模拟运行。逐步完善设计与实施方案，加快集团物流业务一体化建设，以应对日益紧迫的竞争局面。

3. 加快粮食物流人才培养

现代粮食物流是一个涉及多学科、多领域的系统工程，随着物流理念的更新，粮食物流新技术、新设备的大量出现，粮食物流企业和物流组织者中，无论是管理人员还是操作人员都必须经过专业知识培训和系统的学习，才能接受新理念，使用新技术和新设备，适应粮食物流的新变化，实现粮食物流的科学运作。

4. 制定和完善粮食物流标准体系

积极开展装卸次数对粮食破损、粮食质量的影响等基础研究工作，围绕各种运输方式、装备、器具等，建立一批粮食物流设备行业标准；制订现代粮食绿色物流运输、装卸、管理过程相应的绿色标准；对国家标准没有涵盖的领域，要积极引进、采用或推荐国际通用标准，将国际先进标准转化为适合行业实际的标准。

5. 突出学科建设的公共性

一是增加政府财政投入。对于粮食物流学科而言，其研究成果均具有公共物品的属性，因此，学科发展的主要经费应由政府投入。二是发挥社团平台作用。中国粮油学会粮食物流分会作为一个社会团体，应发挥更大的公共平台的作用，组织开展粮食物流学科建设研讨会、粮食物流学科建设评估、粮食物流学科人才培训（包括境外培训）、重大项目的合作研究，组织出版粮食物流丛书。

参考文献

［1］何黎明. 2013年我国物流业发展回顾与2014年展望［J］. 中国流通经济，2014，（3）：34-38.

［2］胡非凡，吴志华. 中国粮食物流回顾与2014年展望［J］. 粮食科技与经济，2014，39（2）：5-13.

［3］吴志华，胡非凡，娄钰莹. 中国粮食物流回顾与2012年展望［J］. 粮食科技与经济，2012，37（2）：11-12，20.

［4］吴志华，胡非凡. 粮食供应链整合研究［J］. 农业经济问题，2011，（4）：22-23.

［5］吴志华，赵燕林，胡非凡. 中国粮食物流回顾与展望［J］. 粮食科技与经济，2011，36（4）：7-10.

［6］胡非凡，吴志华，崔丽爽. 2012年中国粮食物流回顾与2013年展望［J］. 粮食科技与经济，2013，38（2）：5-8.

［7］王刚，李赖志，高冰蕊. 次亚欧大陆桥背景下东北粮食物流体系建设研究［J］. 物流技术，2014，33（10）：10-15.

［8］陈娅娜，杨瑜，周浪雅. 我国粮食物流模式选择的探讨［J］. 铁道货运，2014，（11）：12-17.

［9］王新利，赵海霞. 论我国粮食物流共同化体系构建［J］. 中国流通经济，2011，（1）：21-25.

［10］卢荣发. 我国粮食物流的发展与展望［J］. 中国集团经济，2012，（3）：109-110.

［11］刘爱秋，杨春河. 基于ISM的粮食物流运输成本影响因素分析［J］. 物流技术，2013，32（11）：177-179，237.

［12］张月华. 立足粮食安全完善粮食物流体系——以河南为例［J］. 人民论坛，2014，（29）：222-224.

［13］张月华. 我国粮食物流体系存在的问题及完善［J］. 河南社会科学，2014，22（10）：111-113.

［14］霍焱，高觉民，管利. 基于流通链视角的现代粮食流通组织创新研究［J］. 北京工商大学学报（社会科学版），2014，29（4）：42-48.

撰稿人：冷志杰　唐学军　邱　平　郑沫利　冀浏果

赵艳轲　甄　彤　周晓光　袁育芬

粮油营养学科的现状与发展

一、引言

（一）粮油营养学科研究收获渐丰

近年来，粮油营养学科从营养学的角度研究粮油及其制品的营养与人体健康的关系、粮油及其制品中营养成分的分析及加工过程中的变化，提出粮油适度加工的概念及加工工艺、技术的改善和革新，从事营养强化（nutrition fortification）粮油食品及全谷物（whole grains）食品的开发，引导消费者合理膳食，在改善国民的营养健康状况、促进健康营养食物的生产和消费，特别在保留粮油食品中微量营养元素方面，做出了指导和有益的建议。

1. 深入探求粮油及其制品与人体健康的关系

研究粮油及其制品的营养因子与人体健康的关系及其对人体健康的调节机理，可为其进一步的深入研究和食品加工过程对这些营养因子的保护提供参考依据。我国粮油工业"十二五"发展规划中明确提出要推进全谷物营养健康食品的研发和产业化。近年来，研究指出了全谷物食品中的营养健康因子及其对人体健康的调节机理，提出了全谷物食品研究过程中存在的主要问题，以推动我国全谷物食品的开发和应用[1]；馒头等传统主食品是我国全谷物食品的产品研发和市场推广的最佳载体[2]；概述了我国稻米的综合利用情况以及稻米油的营养保健价值，阐述了稻米油的特点及其功能成分[3]；指出由于特种植物油脂含有更为丰富的不饱和脂肪酸（unsaturated fatty acid）、生物活性物质和多种微量元素，对人体健康十分有利[4]。

2. 探明粮油加工中营养成分的变化规律并提出适度加工理念

对粮油及其制品中营养成分的分析及加工过程中营养物质的变化规律进行研究，可为减少资源浪费、提高食品的营养价值提供科学依据。近5年，测定和分析了稻谷加工主要副产物米糠、米糠粕和白米糠的营养成分及其功能性成分[5]；研究了油茶籽成熟过程中油脂转化及营养物质的变化规律[1]；阐述了近年来谷物加工过程对营养素影响的研究进展[2]。

面粉和大米的加工精度越来越高，由于过度加工造成谷物皮层和胚芽的维生素（Vitamin）、矿物质等营养成分大量流失。油脂同样存在过度精炼的问题，不仅导致微量营养物质维生素 E、甾醇等损失或破坏，还伴随产生新的安全风险因子，影响油脂营养和消费安全。针对粮油精加工造成营养流失的现状提出了粮油适度加工的概念，主要研究全谷物（whole grains）、小麦粉[3]、食用油脂[4]的加工适宜性品质评价、营养特性品质和食味评价体系等，为粮油适度和稳态化加工工艺技术和装备开发、产品标准和技术规范制修订提供科学依据和基础数据。

3. 丰富了粮油营养食品

食品的营养与功能强化，可以改善人们的膳食营养，补充缺少的微量营养素，满足人体生理的正常需要，减少各种营养缺乏症的发生，从而提高国民的健康水平。粮油营养学科重点进行了如营养强化（nutrition fortification）方案开发[6]以及营养强化后对食品营养成分、风味及品质的影响等方面的研究[7-9]。

大量的流行病学和群组研究表明全谷物（whole grains）消费与心血管疾病（cardiovascular disease）、Ⅱ型糖尿病（diabetes）、一些癌症（cancer）风险及体重控制相关，有益健康。预防慢性疾病、维护国民身体健康，也应从全谷物健康因子的现代营养科学研究的角度解析全谷物食品对人类健康作用机理的理念[5]。近年来，全谷物食品的开发在多个方面获得突破性进展，如开发了糙米食品（糙米卷、糙米饼干）、发芽糙米、全麦粉、全谷物方便冲调粉、全谷物挤压膨化食品等。

（二）粮油营养学科将发挥促进消费和引导民众身体健康作用

我国粮油产业，一方面多以原粮形式自然消费或经初步加工投入市场，没有发挥资源优势；另一方面，因加工的过度精细化，造成营养物质的损失、资源的浪费，使资源利用和健康问题更加突出。膳食结构不合理带来的营养失衡已经成为现代人多种疾病的重要诱因，肥胖（obesity）症、肠道疾病、糖尿病（diabetes）及心脑血管等营养性慢性疾病发病率逐年提高，并且呈逐步年轻化趋势。由于一些地区膳食结构和经济发展不均衡，人群中仍然存在营养缺乏病，对未来劳动力的素质造成了破坏性的影响。

粮油营养学科从营养学的角度指导粮油食品的加工、销售环节，最大限度地保留粮油加工产品中的有效成分不被破坏或流失，提高其营养价值，引导消费者合理膳食，革新民众消费观念，使民众膳食结构越来越合理，在防治现代文明病方面发挥了重要作用。粮油营养学科的发展不仅可以通过食物解决人们吃饱的问题，并且可以针对当前环境污染恶化、食物本底营养含量衰减、食物高精细加工、不良饮食习惯、经济条件限制等对人类健康带来的不利影响，通过对食物特别是大宗粮油制品进行科学的营养成分调整，保证人们充足均衡的营养需求与健康维护，对促进食物消费、保障民众身体健康中发挥重要的作用和地位。

（三）产学研多维共促粮油营养学科发展

广大粮油企业是粮油食品生产的主力军，在全民营养改善中起着突出作用。例如，开发的多种全谷物食品及杂粮速溶粉，都是由大中型粮油企业实现技术向产品的转化。要提升民众的营养健康水平，引导健康饮食生活方式，就必须发挥粮油企业，尤其是大中型企业的积极作用。以中粮集团等为代表的行业龙头企业正在积极打造自身的技术中心，加快研发创新力度，引领整个粮油行业未来的营养健康发展趋势。

我国的科研院所作为粮油产业的创新主体承载着产品技术开发和基础理论研究的重任。加快开发新型营养粮油加工食品，不断增加膳食制品供应种类。强化对粮油加工产品的营养科学指导，加强营养早餐及快餐食品集中生产、配送、销售体系建设。发展粮油营养强化食品和保健食品，促进居民营养改善。推进农产品综合开发与利用。我国科研院所也是粮油营养学科的学术理论发展中心、粮油营养公众宣传普及机构、粮油营养科学转化为生产力的促进机构、中国粮油营养同世界交流的窗口，将在促进粮油营养科学技术学科的发展、提升我国人民膳食营养水平、改善公众营养失衡、保障身体健康的过程中发挥重要的作用。

食品营养专业作为一个新兴专业已在我国大部分轻工类院校和农科类院校中设置并招生。不仅满足粮油营养食品生产企业对人才和技术的需求，也将为营养师制度的实行提供充足的人才积累。目前以江南大学、中国农业大学、南昌大学为代表的高校作为我国食品营养学基础研究工作的主力军。

粮油营养食品产业与市场的发展，需要研究机构、教育部门、食品加工企业等携手联合起来，搭建一个产学研合作的粮油营养食品研究开发与推广的平台。运用该平台的各种资源，实现各种要素的有效整合，推动粮油营养学科的进步。

（四）粮油营养学科为粮油产业发展导航

1. 影响粮油食品产业规划

粮油营养涉及的原料均来自于农业及粮油食品加工业，同时，粮油营养技术的发展又影响着农业及粮油食品产业的结构布局、战略规划。在我国"三农"发展的新阶段，粮油营养技术的发展促进了农业的科学技术化和工业化，最大限度地优化、配置好生产要素，形成以粮油食品加工为主的支柱产业。

2. 指导粮油食品生产促进国民健康

粮油食品产业为国民提供基本的营养保障，其发展应该符合消费者对天然、营养、绿色的消费需求。粮油作为膳食必备的主要原料，尤其作为东方人主食中的主要元素，在制定个体化的营养素需要量及相应的推荐摄入量的过程中有着举足轻重的作用。如通过粮油营养学科指导与开发我国的特种油料资源，可以为人体提供多种不饱和脂肪酸

（unsaturated fatty acid）及人体必需脂肪酸（essential fatty acid），对人体的健康维持和多种疾病的预防起重要作用；而被称为"第七类营养素"的膳食纤维（dietary fiber）营养价值越来越受到重视，在防治富裕型疾病方面具有重要意义。

二、近年来的研究进展

（一）倡导营养健康和适度加工并提供理论支撑

粮油食品在新的形势下将逐步承担起改善公众营养状况、提高民众体质、维护营养均衡摄入、提高婴幼儿、青少年生长发育水平的新职责。近年来，粮油营养学科倡导营养健康和适度加工（appropriate processing）的理论和观点，合理控制精度，提高出品率，最大限度地保存粮油原料中的固有营养成分[10]。

1. 开发全谷物食品促进人体健康

近年来的研究表明，全谷物（whole grains）食物的长期摄入，可有效降低心脑血管疾病（cardio-cerebrovascular disease）、癌症（cancer）、Ⅱ型糖尿病（diabetes）等慢性疾病的危险[11]。如：谷物的外层富含较高的酚类，可在体外有效预防癌症的起始和进展[12]。全谷物（whole grains）饮食可以防止高血糖及四氧嘧啶诱导氧化应激状态，减少由于过氧化造成的糖尿病（diabetes）的并发症。全谷物中由于富含膳食纤维（dietary fiber）、维生素（Vitamin）、矿物元素和类胡萝卜素、叶酸、维生素E、甜菜碱、胆碱、植酸、木质素、木酚素、β-葡聚糖、甾醇等植物化学素，可有效降低心脑血管疾病（cardio-cerebrovascular disease）等慢性疾病的发病风险。除此之外，全谷物食品含有丰富的抗性淀粉、可溶性和不溶性膳食纤维、矿物质，因此全谷物早餐具有比精制麦粉饱腹感，能明显地降低饥饿感，有助于体重控制[13]。

我国杂粮资源丰富、品种繁多、质量好，也具有营养价值高、保健功能强，也是全谷物食品制备的资源。玉米、高粱、小米和黄豆、小麦等复配式粗杂粮，含有较高的蛋白质、膳食纤维、矿物质和维生素等，具有低生血糖指数，促进粪胆汁酸（fecal bile acid，FBA）排出，起到改善脂代谢紊乱的作用[14]；显著降低高脂饮食引起的胰岛素抵抗大鼠的血糖、胰岛素水平，改善胰岛素敏感性[15]；并且复合全谷豆粗杂粮具有良好抗氧化损伤作用，改善胰岛素敏感性，该作用是其改善脂代谢紊乱的重要功能机制之一[6]；复配式杂粮可降低血总胆固醇（TC）、甘油三酯（TG），提到高密度脂蛋白（HDL）；控制体重；降低空腹血糖（FBG）降低有效率、血脂下降有效率也明显高于对照组粗杂粮膳食干预具有简便易行、安全有效、费用低廉、居民依从性好等特点，是慢性病防治干预的良好途径和方法[7]。

2. 关注油脂中的微量成分与人类健康

人们更加关注油脂产品的优质和营养。近10年以来，缺乏微量营养素的精制油的消费量增加得很快，而微量营养素的长期缺乏正是导致民众多种疾病发生的重要因素之一；而且由于加工过度，常常伴生新的有害物，在油脂油料加工过程中，倡导适度加工

（appropriate processing），提高纯度，提高出品率，合理控制加工精度，最大限度地保存油料中的固有营养成分，提升我国食用油产品标准水平[8]。在油料作物中，除了油菜籽、大豆、花生、棉籽和葵花籽等5大油料作物外，中国还有许多特种油脂（Specialty Lipid）资源，通常称为小油料。全国可利用的特种油料品种多达上百种。目前，产量较大且已开发利用的有：油茶籽油、茶叶籽油、翅果油、亚麻籽油、红花籽油、葡萄籽油、紫苏油、月见草油、核桃仁油、杏仁油、南瓜籽油、苍耳籽油、沙棘油、松籽油和番茄籽油等；另外还有米糠油、玉米油和小麦胚油等谷物油脂。开发利用特种油料，生产调和油及功能性油脂是繁荣食用油市场、提高经济效益和人民健康水平、增加出口创汇的重要手段。

（二）团队研究重点突出，成绩显著

1. 粮谷类食品营养研究进展

"全谷物及杂粮食品加工相关团队在食用品质改良和新加工技术研究等多个方面获得显著进展。"国家粮食局研究院和武汉轻工业大学等合作单位通过再成型、生物发酵等技术，有效解决了低加工精度稻米（包括糙米）、高含量米糠的口感、成型等方面的技术难题。以糙米为原料已经开发出糙米面包、糙米饼干、糙米休闲食品、发芽糙米等糙米产品。国家粮食局科学研究院在普通挂面生产线的基础上，通过杂粮豆原粮物理改性、预混合制备等技术，研究开发了杂粮豆挂面加工的新工艺，开发了荞麦、豌豆、小米等添加量达到60%以上的杂粮豆挂面。

2. 油脂营养研究进展

针对不同人群需求的多功能食用油系列产品的开发和生产已初具规模。国家粮食局科学院首次开发了酶法从油茶籽中同步制取油脂和糖萜素的无乳化工艺路线，克服了酶法提油中油脂提取率低，以及酶使用周期短、成本高的瓶颈。武汉科学研究设计院解决了油茶籽脱壳冷榨生产过程中低温干燥、压榨及精滤等关键技术问题。无锡中粮工程科技有限公司将葡萄籽提取葡萄籽油和原花青素的集成技术进行转化。由河南工业大学等单位牵头研发先进的玉米油专有生产工艺技术，在提高产品得率的基础上，高效保留玉米油中营养成分、避免有害成分形成，并脱除其中有害成分，为消费者提供品质安全、质量上乘、营养丰富的玉米油产品，同时提高玉米油的生产附加值，促进了玉米油产业的可持续发展。

（三）粮油营养引导健康，促进技术进步和消费

1. 发展营养强化和保健食品

制定《中国食物与营养发展纲要（2014—2020年）》，粮油食品为载体的营养强化（nutrition fortification）产品的多样化，强化对主食类加工产品的营养科学指导，加强营养早餐及快餐食品集中生产、配送、销售体系建设，推进主食工业化、规模化发展。发展营养强化食品和保健食品，促进居民营养改善，加快传统食品生产的工业化改造，推进农产品综合开发与利用。

2. 改善了居民主食营养结构，全谷物相关消费有所增长

全谷物食品是我国粮食加工和食品工业的发展方向，它不仅具有促进国民健康的重大意义，同时在保证粮食安全、资源节约利用、环境保护等多方面具有战略意义。近年来，经济快速发展及谷物消费的日益精细化逐步成为老百姓健康的"双刃剑"。主食的消费人群基数大，全谷物食品要打开市场，可以与主食工业化相结合。中国的杂粮资源丰富，特色杂粮富含各种保护性化合物，具有许多独特的生理功能，是很好的全谷物食品原料。突破传统的"小"杂粮的认识，用全谷物的"大"思路来推动我国杂粮加工业的发展，寻求各种有利于杂粮产业发展的科技支撑及产业政策的支持，将为特色杂粮迎来全新的发展机遇[9]。

3. 粮油营养科学促进粮油产业技术升级

深入探索全谷物食品营养与健康的关系及其作用机理；开展全谷物食品加工工程高新技术研究与产业化研究，在提高谷物资源利用率和改善全谷物食品适口性的酶技术、发酵技术、超微粉碎、微波处理技术、挤压技术等高技术及产业化技术获得阶段性进展[16,17]。在玉米油的生产中，通过对玉米胚芽质量的控制、预处理压榨等提高玉米毛油质量，并通过低温淡碱脱酸、双塔双温分段脱臭等玉米油适度精炼工艺技术的应用，减少玉米油精炼生产中甾醇和维生素 E 的损失以及反式脂肪酸（trans fatty acid）的形成，产品质量优于国家标准，且更加安全和营养；避免有害成分的形成，实现高甾醇、高维生素 E、低反式脂肪酸玉米油的工业生产。

4. 粮油食品营养与功能研究手段更加先进

通过研究粮油和食品中营养素对基因表达和基因组结构的影响，在制定营养素需要和供给量时，要考虑有利于有益健康基因表达和结构稳定，抑制有害健康基因的表达；并通过研究基因多态性对粮油和食品中营养素消化、吸收、代谢和排泄以及生理功能的影响，在制定营养素需要量和供给量时，要考虑不同基因型的影响，即针对不同的基因型制订不同的营养素需要类型。开展粮油食品的分子营养学研究，能够为制定膳食标准提供理论基础，并为营养相关疾病的治疗，营养与保健产品的研发，提供创新知识和技术储备，提升我国在粮油营养与功能研究领域的创新性水平[11]。

（四）粮油营养学科建设定位明确，待全面发力

1. 学科教育

目前我国营养学相关的专业 90% 集中在医科类院校，主要培养医学营养专业人才，为特殊需要人群（病人）服务。粮油营养学科教育目前正处于起步阶段。近年来，随着国内外对食品营养问题的高度关注，我国许多院校都相继设立了与食品营养相关的专业，已形成了一个新的学科增长点。至今，全国共有内蒙古农业大学、山西师范大学、河南农业大学、河南工业大学等 8 所院校开设了食品营养与检验教育本科专业；有扬州大学、济南大学、河北师范大学、哈尔滨商业大学等 14 所院校开设有烹饪与营养教育本科专业。除

本科教育外，还有一些高职高专院校也纷纷开设有与食品营养有关的专科专业，主要培养营养师。据统计，目前共有 52 所高校及科研院所，招收与食品营养专业相关的博士研究生或硕士研究生，其中医科类院校占 82.6%，农业类院校占 8.7%，轻工类院校和生科类院校各占 4.3%。许多农业类、轻工食品类、生科类高等院校设有食品营养相关的博士点和硕士点，其中以中国农业大学、江南大学、天津科技大学为代表的食品学科院校中粮油营养学科专业本科和研究生人才教育的培养体系已初步形成。

2. 人才培养

粮油食品营养人才通过对粮油食品的研发、生产、加工的管理和控制，保证粮油食品的营养品质和卫生质量，促进人体的健康，在粮油食品工业领域中发挥重要的作用。粮油食品营养人才参与粮油食品规则制定、标签管理、营养评价、市场营销、客户服务等业务工作，指导食品企业的生产和管理，服务于民众的膳食营养指导与管理，具有广泛的社会需求。它与食品科学与工程、食品质量与安全专业有部分交叉，但更侧重于有关粮油食品营成分的分析与检验，研究营养需求量，进行营养状况评价，改善大众饮食，将食物和营养知识应用于人类饮食健康。

目前，我国每年由高校培养出来的营养专业人才数量有限，通过学历教育成为营养师的屈指可数。由于长期以来民众薄弱的营养保健意识根深蒂固，要扭转这种局面需要一个过程，营养师的人才需求市场仍需要培育一定时间。

近年来，由中国食品工业协会公共营养师培训中心以及北京、天津等各城市的营养学会、职业学校举办的公共营养师培训班在全国范围内带动营养师和营养配餐员职业蓬勃兴起。

3. 学会发展

2009 年由国家发改委宏观院公众营养与发展中心和中国粮油学会共同发起组建中国粮油学会粮油营养分会。近年来，粮油营养分会在推进中国粮油营养改善的政策法规和标准建设、组织开展理论研究和技术产品研发、对民众和企业进行教育宣传培训、推动国际交流和国际合作等方面发挥了积极作用。

4. 科普宣传

由国家公众营养改善项目办公室、国家发改委公众营养与发展中心与中国粮油学会粮油营养分会共同策划组织"中国营养粮油入省万里行"活动已经连续举办 3 年，在全国范围内宣传"营养强化（nutrition fortification）"和"健康倡导"产品以及优质粮油营养产品，以实际行动规范市场，开展粮油营养领域的行业自律、倡导企业责任与诚信，指导公众健康膳食，获得良好的社会反响。

（五）粮油营养学科在粮油食品产业发展中的重大成果及应用

1. 学术成果

"十二五"期间，获得国家科技进步奖二等奖 1 项，中国粮油学会科学技术奖 27 项，其中一等奖 5 项；获得省部级科学技术进步奖 20 余项，其他奖项 70 多项。承担国家级科研项目 20 余项，中央级公益院所基本科研业务费课题 4 项，国家/行业标准项目 3 项；省部级项目 30 余项，横项合作项目 30 项，国际合作项目 1 项，其他项目 50 余项。2010—2015 年，粮油营养方向及相关加工企业共申请专利 495 项，其中申请发明专利 408 项，获得授权专利 425 项，其中发明专利 389 项。2010—2014 年，粮油营养科技项目成果在国内外期刊发表学术论文 270 余篇，其中被 SCI/EI 收录论文 60 余篇，出版著作 10 余部，制修订粮油食品国家标准和行业标准 3 项。

2. 应用研究

（1）营养强化粮油食品的开发。粮油营养学科在改善国民的营养健康状况，促进健康营养食物的生产和消费，特别在保留粮油食品中微量营养元素上，做出了指导和有益的建议。近年来，针对营养素不平衡的状况，营养强化（nutrition fortification）型粮油食品的已在国内广泛推行并取得显著效果[12]。强化大米、强化面粉、强化酱油、强化食用油技术成熟，已实现工业化生产。

（2）倡导"全谷物食品"及"适度加工"促进粮油加工副产物综合利用。全谷物食品及粮油适度加工（appropriate processing）方面的研究已获得粮食公益性行业科研专项项目资助，主要围绕全谷物加工适宜性品质评价与优化技术，适度加工精度与营养特性品质和食味评价，以及建立基于适度加工思想的食用油加工技术体系，为引导粮油食品行业的升级和转型提供科学依据和基础数据。开发了如糙米食品（糙米卷、糙米饼干）、发芽糙米、全麦粉、全谷物方便冲调粉、全谷物挤压膨化食品等。

（3）促进行业工艺升级与技术改进。国家粮食局研究院和武汉轻工业大学等合作单位通过稻米再成型技术，首创了相应的生产工艺并研制出了自动化程度高、运行稳定、节能环保的成套设备。国家粮食局科学研究院研究开发了杂粮豆挂面加工的新工艺。建立了年产 5000t 的杂粮豆挂面专用预混合粉生产线 1 条；建立了年产 3000t 的杂粮豆挂面生产线 1 条。

武汉科学研究设计院解决了油茶籽脱壳冷榨生产过程中低温干燥、压榨及精滤等关键技术问题，开发了成套技术设备并优化了工艺，已进行产业化工程。无锡中粮工程科技有限公司将葡萄籽提取葡萄籽油和原花青素的集成技术进行转化，建成可同时从葡萄籽中制取葡萄籽油和原花青素两种高附加值产品的中试生产线。河南工业大学等单位牵头研发的植物油料和食用油脂大型化生产工艺创新与装备开发及推广应用，在大型加工厂油料调质加工处理技术，油料组织结构破坏工艺，大型压榨机和浸出技术应用，基于大规模油料加工产出高质量产品关键技术，植物油料加工油脂及蛋白联产技术等方面取得了突破。河南工业大学还通过研究先进的玉米油专有生产工艺技术，在提高产品得率的基础上，高效保留玉米油中营养成分、避免有害成分形成，并脱除其中有害成分，为消费者提供品质安全、质量上乘、营养丰富的玉米油产品，同时提高玉米油的生产附加值，促进了玉米油产业的可持续发展。

三、国内外研究进展比较

（一）国外粮油营养学科研究渐行渐深遥遥领先

1. 粮油营养学科的研究内容更加广泛深入

（1）更加关注对营养素的新功能以及生物活性物质的研究。更加关注如燕麦、荞麦、大麦等全谷物中如 β-葡聚糖、类胡萝卜素、多酚等营养素及活性物质的结构和含量；从分子细胞、动物模型、人群研究各层面研究如脂肪酸、甾醇、生物三烯酚、角鲨烯等营养素和活性物质各自/相互协同作用在免疫调节（immunoregulation）、改善血脂、预防癌症（cancer）及心血管疾病（cardiovascular disease）等方面的健康功效及量效关系；基于不同人群对营养需求或预防慢性疾病的差异，制定相应的推荐摄入量标准；通过生物技术提高谷物中微量元素、必需氨基酸（essential amino acid）等的含量及生物利用度，强化谷物的营养特性[13,18-20]。

（2）营养成分与基因、环境的交互作用研究成为新热点。如分析膳食纤维（dietary fiber）、脂肪酸等特定营养素和基因组的相互作用对基因表达、代谢通路、代谢图谱（指纹）及个体健康状况变化的影响；解析膳食营养是如何通过与易感基因、代谢表型、肠道菌群的相互作用，进而影响慢性代谢性疾病发生发展的动态病理过程，并对症候的出现进行预测，指导个性化干预方案[21]。

（3）从可持续发展的角度研究粮油食品的营养品质问题。营养问题与社会、环境、经济等多方面因素密切联系[22]。目前国际上的主要研究方向包括：研究建立和发展可持续发展的粮油食品体系；通过国际贸易和投资政策，促进全球粮食和营养目标的实现；将营养目标与农业和经贸政策、规划设计和实施过程有机结合，加强营养敏感型农业，确保粮食安全，实现健康膳食；促进粮油作物多样化，包括未得到充分利用的传统作物；研究并推广可持续粮食生产和自然资源管理措施；建立安全有效的方法控制生产、加工、储存、运输和流通过程中的营养损失；研究季节性粮油作物的安全风险预警模型，提高危机易发地区的抵御能力；研究制定健康膳食国际准则。

2. 粮油营养科学的研究技术和手段更加丰富多样

以组学技术、生物信息学、数据库、生物标记物和成本效益分析方法等为代表的前沿技术推动了粮油营养学科的发展创新[23,24]。其中，组学技术（特别是基因组学、蛋白质组学和代谢组学）以及新的反映个体的营养和健康状况的生物标记物，可对个体的疾病风险，尤其在预防慢性疾病和肥胖（obesity）方面起到至关重要的作用。生物信息学则通过对计算机科学和信息技术的灵活应用，使营养研究人员更有效地管理和解析营养基因组学和宏基因组学大数据，发现利用传统方法难以获知的有关膳食与健康之间的关系。而营养素及生物活性成分数据库在观察和指导个体营养和健康方面的基础作用正越来越充分地得以体现。此外，作为计算和比较营养干预研究的相对成本和健康收益的有效工具，成本效益分析被广泛应用于粮油食品，特别是全谷物食品营养改善项目的设计、实施和效果评估全过程，有助于确定最经济，且为公众健康带来最大益处的方案。

（二）国内粮油营养学科研究起步晚，未成体系

"十二五"规划期间，我国粮油营养学科在基础理论、应用推广及人才培养等方面取得了长足的进步，在粮油食品产业的发展和人民营养健康水平的提升之中发挥了重要的基础作用。但是，我们也应当清醒地认识到，与发达国家相比，我国粮油营养学科还存在着一定差距，主要表现在以下两方面：

1.缺乏基础研究和重要的基础性数据

我国的食品成分数据库与国外先进国家相比差距非常明显。美国、日本等国均有六七千种食物数据，不仅包括了食物原料，还包括了大量的烹调食品、加工食品，覆盖范围极广。不仅将食物成分数据的发展作为基本的信息资料，而且通过调整和修订政策法规，以及增加投入、定期更新和维护数据等措施，使食物成分数据和其他的营养信息一起，成为国家健康监测和食品加工的重要数据资源。而我国仅有千余种食物的部分营养素成分数据，脂肪酸、氨基酸数据不全，维生素、类胡萝卜素等重要营养素和植物化学成分数据欠缺，而且缺乏更新。我国非常缺乏大规模前瞻性营养流行病学队列和营养干预方面的研究数据，只能依赖西方的数据制定中国居民的营养标准和营养干预方案。而中西方人群在遗传易感性、膳食结构和生活方式、代谢表型等方面均存在较大差异。因此，现有水平还难以指导粮油食品营养产业的发展。

2.缺乏对于粮油食品加工过程与营养健康关系的系统性研究

尽管我国在适度加工、开发全谷物食品以减少营养损失以及研究碾磨、精炼和热处理等典型粮油加工过程中各种营养组分变化等方面也正逐步开展起一些研究工作，但是关于各种营养组分在加工过程中的变化规律和相互关系的量化确证，及其与产品质量安全的关系方面尚未有全面深入的研究，缺乏不同粮油食品在加工过程中营养组分变化的有关基础数据库，缺乏对整个粮油生产企业的科学指导，造成了整个行业产能严重过剩，科技水平偏低，产品附加值不高，资源有效利用、洁净生产和低碳利用技术水平较低，市场竞争力弱的被动局面。

（三）与国外产生差距的原因

对于我国现阶段粮油营养学科发展水平与国外相比存在差距的原因，主要有以下3点。

1.纲领性的粮油营养科技政策扶持力度亟待加强

粮油营养问题涉及全体国民，与产业政策、公共服务、科技投入等多方面密切相关。从国外经验看，需要建立一套最高行政机关决策、多部门参与的协调机制。与之相比，我国还没有将粮油营养改善上升到国家政策层面，有限资源缺乏有效整合，对于相关基础研究的资助力度还有较大的上升空间。亟须通过科技体制改革，瞄准在国民经济和社会发展

主要领域中出现的粮油营养学科重大、核心、关键性问题，从基础前沿、重大共性关键技术到应用示范进行全链条设计，从而使科研经费分配更加公平合理，鼓励跨学科、跨领域的深度合作，实现标志性、带动性、能够解决制约发展核心问题的重大科学技术突破。

2. 粮油营养学科体系和高水平复合型人才队伍建设亟待加强

粮油营养科学研究涉及食品营养、食品资源、食品加工、分子生物学、细胞生物学、人体代谢等多个学科领域。加强各学科间的交叉、渗透来解决重大科学问题已成为当今粮油营养研究的基本原则。我国从事粮油营养学科研究的机构主要是传统的食品专业方向的科研院所，比较偏重于加工技术方面。而兼备粮油加工和分子营养学、营养组学、代谢组学等营养基础理论技术的研究人员非常缺乏，特别是具备丰富研究经历的高端复合型人才。

3. 学科发展方向需瞄准产业发展要求

随着学科的发展和产业对于技术革新需求的日益加剧，过度追求论文发表，而相对轻视生产实践，就很容易造成科研与生产两张皮的局面。目前，我国科技成果转化率仅为 10% 左右，与美国 80% 的转化率相比差距显而易见，成果与市场需求和生产实际的脱节。而食品企业对于那些理论性和技术性虽强，但与工业化和市场需求尚存在较大距离的成果，往往不敢或无力引进应用。这一方面使得整个行业科技含量低，同质化严重的问题无法得到解决，难以适应广大消费者对于营养健康的诉求。同时食品企业对于研发的投入以及科研人员的激励信心不足，抑制了科研人员的积极性和创造力，不利于学科的健康发展。产学研紧密结合的良性粮油营养科技创新体系亟待进一步培育和完善。

四、发展趋势及展望

（一）"十三五"规划对粮油营养学科的战略需求

在"十三五"期间将贯彻《中国食物与营养发展纲要（2014—2020）》《中共中央办公厅、国务院办公厅印发《关于厉行节约反对食品浪费的意见的通知》（中办发〔2014〕22号文件）的精神，通过组织实施具有中国特色的粮油食品营养健康技术创新体系，在粮食流通的加工、消费等环节，全面提升相关领域技术创新的整体水平与竞争力，强化对主食类加工产品的营养科学指导，显著提高人民健康水平，支撑和引领粮食流通产业的科技创新健康快速发展。

1. 我国粮油营养面临的形势

（1）国民饮食及营养问题突出。①营养不良（不合理）。据第四次全国营养与健康状况调查表明，我国约有 2 亿人体重超重（overweight），6000 多万人患肥胖症（obesity）。目前我国肉类、油脂消费过多、谷类食品消费明显下降。作为主食的粮油产品消费不合理是造成营养不良（malnutrition）的主要原因。从而引起的我国居民超重、肥胖以及心脑血管疾病（cardio-cerebrovascular disease）、糖尿病（diabetes）、癌症（cancer）和慢性呼吸道疾病等非传染性疾病数最剧增。②食物营养不足。我国尚有 1.28 亿人生活在贫困线以下，每人每日仅能量摄入就比标准低 300kcal。

（2）粮食加工需推进节粮减损，提高副产物综合利用。我国每年造成食用粮食损失达 3000 万 t 以上。研究粮食适度加工（appropriate processing）和副产物综合利用技术，可提高粮油出品率及食品利用率，达到节粮减损的目的。另外，目前对我国粮油加工业影响最大的大米、小麦粉、食用植物油等产品亟须开展适度加工和健康消费的技术研究，指导现行相关国家粮油标准的科学修订。我国粮油副产物资源丰富，目前粮食（谷物）加工副产物 2.15 亿 t。我国油料加工副产物 9000 多万 t。目前这些副产物食品增值转化效率很低，有待开发粮油功能活性成分，利用粮油资源转化食品、食品添加剂等功能性产品也具有很大发展潜力。

2. 粮油营养科技创新趋势和战略需求

（1）粮油营养研究符合国家战略规划。《国家中长期科学和技术发展规划纲要（2006—2020）》中明确指出"要发展以健康食品为主导的农产品加工业"，并坚持"瞄准重大需求、实现重点突破，突出自主创新、提升竞争能力，面向产品市场、加强支撑引导"，重点加强粮食加工中和消费中节粮和营养健康的研究，促进我国粮食流通和消费向着适度加工、减少浪费和营养健康的方向发展。《国家粮食安全中长期规划纲要（2008—2020 年）》提出要按照"安全、优质、营养、方便"的要求，推进传统主食食品工业化生产，提高优、新、特产品的比重。国务院《食物与营养发展纲要（2014—2020 年）》明确指出，要保障食物有效供给，优化食物结构，强化居民营养改善。为贯彻落实上述规划要求，紧密结合我国粮食加工产业和社会发展需要，迫切需要开展节粮减损和营养健康研究。

（2）粮油营养研究符合国民的健康需求。人民对食品营养健康的认知进一步提高，不再是以精、细为主要目标，营养和健康成为了广大人民群众日常饮食追求的主要目标。以营养健康为导向的新的粮油加工技术符合我国居民对新型膳食模式的需求，将开创现代粮食加工技术与营养膳食模式全面结合的新局面。

（3）减少粮食流通各环节营养物质损失研究势在必行。我国粮油加工综合利用率很低。虽然通过传统加工工艺改善副产物营养品质已取得进展，但增值转化、尤其是生物技术的应用，仍未取得突破。另一方面，我国的大宗粮食加工技术和装备多数从国外引入，加工技术严重依赖国外。新产品的开发无论是在产品种类还是技术水平上都无法与国外大企业竞争。面对进入粮食加工规模大型化、生产高效化、产品营养化的时代，我国粮食加工在产业链拓展方面的关键工艺和开发上尚不能满足生产实际要求，因此提高我国粮食加工技术已迫在眉睫。

（二）粮油营养学科发展方向及重点

1. 预防和控制慢性疾病的粮油制品消费方式与作用机理研究及应用

（1）完善我国粮食、油料新资源和植物油脂制品成分（营养成分及功能活性物质）数据库。

（2）粮油制品与慢性疾病防控和健康关系研究。

（3）粮油健康消费指南及计算机专家服务系统研究。

（4）粮油及副产物中健康膳食成分的研发与应用。

2. 稻米适度加工的营养健康评价和新技术新产品开发与示范推广

（1）稻米适度加工（appropriate processing）模型的研究。

（2）稻米适度加工评价体系研究。

（3）优化稻米加工过程中营养、感官、食用等综合特性的实用加工新技术体系研究。

（4）不同加工精度稻米中特征植物化学素对人体健康影响规律研究。

（5）研究验证生产条件下稻米适度加工模型。

（6）稻米适度加工生产技术规范和标准的研究。

3. 减少小麦粉过度加工的新技术新产品示范推广和营养健康评价

（1）小麦合理适度加工模型及评价体系研究。

（2）减少小麦粉加工过程中微量营养素损失的技术及对人体健康影响研究。

（3）不同加工精度小麦粉中特征植物化学素对人体健康影响规律研究。

（4）小麦专用粉、预拌粉适度加工新规程与新标准的建立。

（5）小麦粉适度加工新工艺和新技术研究与示范。

4. 谷物全成分食品利用关键技术研究及应用示范

主要针对大宗谷物加工的副产物如小麦麸皮、玉米皮、米糠、豆皮等进行充分利用时对谷物加工副产物充分利用，将大幅提高谷物加工的附加值。

（1）全谷物产品标准体系建立与企业推广研究。

（2）磨粉及加工工艺对全谷物食品营养品质的影响研究。

（3）杂豆资源在主食品中的应用技术研究与推广。

5. 重点研发项目

根据粮油营养健康等领域亟待解决的科技难题，凝练重大研究项目，明确研究方向、研究深度和研究广度，明确研究问题对解决行业科技创新问题的效果。重点开展两大科技创新工程建设。

（1）粮油流通行业节粮减损科技创新工程。

1）稻米合理适度加工的新技术新产品开发与示范推广；

2）减少小麦粉过度加工的新技术新产品开发与示范推广。

（2）营养健康粮油产品产业化应用示范科技创新工程。

（3）预防和控制慢性疾病的粮油制品消费方式与作用机理研究及应用。

6. 其他发展方向

（1）主要谷物制品及副产物营养品质改善新技术。

（2）完善我国粮食和植物油脂制品成分数据库。

（3）营养全、口感好、品质高、损耗低的粮食加工新标准、新规程制定。

参考文献

［1］李好，方学智，钟海雁，等. 油茶籽成熟过程中油脂及营养物质变化的研究［J］. 林业科学研究，2014，27（1）：86-91.

［2］贾卫昌. 谷物加工过程对营养素的影响［J］. 粮食与食品工业，2011，18（4）：44-46.

［3］陈志成. 彩色小麦主要理化参数的分布分析及分层制粉技术研究［J］. 中国农学通报，2011，27（29）：107-113.

［4］刘大川，李从军. 米糠油的营养特性及精炼新工艺［J］. 中国油脂，2014，39（2）：13-16.

［5］姚惠源. 全谷物健康食品发展趋势［J］. 粮食与食品工业，2012，19（1）：1-3.

［6］韩淑芬，张红，迟静，等. 复配式粗杂粮对胰岛素抵抗大鼠LCN-2表达影响［J］. 中国公共卫生，2012，28（5）：638-640.

［7］朱天一，周思宇，翟成. 社区血脂异常人群粗杂粮膳食干预2年效果的评价［J］. 东南大学学报（医学版）：2011，30（5）：696-699.

［8］王瑞元. 我国内外食用油市场的现状与发展趋势［J］. 中国油脂，2011，36（6）：1-6.

［9］谭斌，汪丽萍，刘明，等. 用全谷物大思路推动我国杂粮加工业的发展［J］. 粮食与食品工业，2011，18（3）：1-7.

［10］王瑞元. 粮油加工业在发展中应处理好的几个问题［J］. 中国油脂，2013，38（11）：1-6.

［11］韩飞，任保中. 从分子营养学角度探讨粮油食品的营养与功能［J］. 粮油食品科技，2008，16（6）：60-61.

［12］王瑞元. 我国粮油加工业的发展趋势——在2014年中国粮食加工产业升级企业家和专家学者峰会暨粮食机械与粮食深加工新产品展示会上的发言［J］. 2014，39（6）：1-4.

［13］Poutanen K. Past and future of cereal grains as food for health［J］. Trends in Food Science & Technology, 2012, 25 (2): 58–62.

［14］谭琴，翟成凯，郭延波，等. 复合全谷豆粗杂粮的活性成分及其对胆汁酸代谢的调控［J］. 卫生研究，2012，41（3）：369-374.

［15］丁舟波，王晓飞，翟成凯，等. 复配式粗杂粮对大鼠胰岛素抵抗及PPAR-粮表达的影响［J］. 卫生研究，2010，39（1）：29-31.

［16］汪丽萍，刘宏，田晓红，等. 挤压处理对麸皮、胚芽及全麦粉品质的影响研究［J］. 食品工业科技，2012，33（16）：141-144.

［17］谢岩黎，毕宁宁，赵文红，等. 微波处理对全麦粉中脂类稳定性的影响［J］. 河南工业大学学报（自然科学版），2013，34（6）：18-22.

［18］Andersson A A M, Dimberg L, Åman P, et al. Recent findings on certain bioactive components in whole grain wheat and rye［J］. Journal of Cereal Science, 2014, 59（3）：294–311.

［19］Björck I, Östman E, Kristensen M, et al. Cereal grains for nutrition and health benefits: Overview of results from in vitro, animal and human studies in the HEALTHGRAIN project［J］. Trends in Food Science & Technology, 2012, 25（2）：87–100.

［20］金青哲，王兴国，刘国艳. 食用油中脂肪伴随物的营养与功能［J］. 中国粮油学报，2012，27（9）：124–128.

［21］Nicholson J K, Holmes E, Kinross J, et al. Host-gut microbiota metabolic interactions［J］. Science, 2012, 336(6086): 1262–1267.

［22］Herforth A, Frongillo E A, Sassi F, et al. Toward an integrated approach to nutritional quality, environmental sustainability, and economic viability: research and measurement gaps［J］. Annals of the New York Academy of Sciences, 2014, 1332（1）: 1–21.

［23］ Rezzi S, Collino S, Goulet L, et al. Metabonomic approaches to nutrient metabolism and future molecular nutrition［J］. TrAC Trends in Analytical Chemistry, 2013, 52: 112–119.

［24］ Ohlhorst S D, Russell R, Bier D, et al. Nutrition research to affect food and a healthy life span［J］. The Journal of nutrition, 2013, 143（8）: 1349–1350.

撰稿人: 屈凌波　张建华　李爱科　丁文平　谢岩黎　赵文红　孙淑敏　卫　敏
　　　　马卫宾　张　庚　刘泽龙　王满意　谭　斌　韩　飞　吕庆云　易　阳

饲料加工学科的现状与发展

一、引言

（一）学科定位、性质、特点

"饲料"一词是指能提供动物所需营养素，促进动物生长、生产和健康，且在合理使用下安全、有效的可饲物质。饲料加工学科是指研究饲料原料、饲料添加剂的营养价值、饲用特性、加工特性、安全特性，研究饲料资源和饲料添加剂的开发利用新技术、研究不同动物的不同饲料产品的科学配制、加工新技术、饲料质量检测和控制新技术、饲料加工设备和加工工艺及饲料工程管理等的科学技术领域和相关人才的培养体系[1]。

（二）概要发展历程

饲料加工、饲料配制与商品饲料的概念有 100 余年的历史。19 世纪 70 年代世界上出现了第一座饲料加工厂；19 世纪 90 年代创立饲养标准；20 世纪 20 年代蛋白质与钙磷等矿物饲料作用被揭示；20 世纪初到 30—40 年代多种维生素相继被发现和认识；20 世纪 40—50 年代开始对微量元素和抗生素作用的认知和运用；20 世纪 50—80 年代各种新型饲料添加剂开发运用并进一步完善了各种饲养标准；20 世纪 20—80 年代饲料加工的新型加工方法和设备不断问世，使饲料加工工艺和装备不断更新和完善；20 世纪 90 年代安全饲料的提出及安全饲料生产技术得到重视和发展。进入 21 世纪，饲料产品与加工技术朝着绿色、安全、高效、生态的方向发展。饲料加工装备技术亦围绕这些方向不断创新发展。而规模化、自动化、信息化也成为现在和未来饲料加工科技的主要发展方向。其目标是以可持续发展方式实现饲料资源、人力资源、能源的高效利用，为畜牧饲养与水产养殖业提供优质安全的饲料产品，促进优质肉蛋奶的生产，满足社会的消费需求。

（三）产业特征

（1）饲料加工业是从粮食加工业衍生发展而来的。饲料安全是行业发展的第一位问题。饲料本身的安全是生产绿色动物食品的物质基础，饲料安全不仅关系到被饲养动物的安全和生产效率，更直接影响到人的安全和健康。

（2）饲料加工业除受农业种植业、畜牧养殖业发展的制约外，还受医药化工、生物技术、机械制造与自动控制发展的影响，也需要物流、信息、营销等作为产业发展的外部支持条件。

（3）人口的增长与消费需求的提升是推动饲料产量、品种增加和质量提高的原动力。

（4）饲料产品是微利产品，企业的发展要靠技术进步和规模效益。

（5）行业入门门槛相对较低，生产要素易于获得，市场竞争比较充分。

（四）饲料工业在国民经济中的地位

中国饲料工业是一个关系国计民生，联系种植业、养殖业、农副产品加工业和食品工业的综合性工业门类。

（1）发展饲料工业是推进农业和农村经济结构战略性调整的重要方面。大力发展饲料工业，能够有效带动种植业和养殖业的发展，促进农业结构调整和优化，促进粮食转化与增值，推进第二、第三产业的发展，提高农业综合效益。

（2）发展饲料工业是增加农民收入、开拓生产门路、扩大劳动就业和增加社会财富的重要途径。

（3）发展饲料工业是提高农业竞争力的有力措施。大力发展饲料工业，延长农产品加工的产业链条，发挥农副产品加工的后续效益，促进养殖业向规模化、集约化和现代化方向发展。

（4）发展饲料工业是提高人民生活水平的重要保障。现代饲料工业是养殖业持续健康发展的物质基础，是提供卫生安全和营养丰富的动物性食品的基本保障。

（5）发展饲料工业是促进相关学科的科技进步，推动关联行业的发展，增加国家财政收入的重要途径。

（6）2014 年我国工业饲料产量达到 1.97 亿 t，其中配合饲料 1.69 亿 t，浓缩饲料 2150 万 t，添加剂预混合饲料 641 万 t，饲料工业实现总产值 7603 亿元[2]。

二、近年来的最新研究进展

（一）饲料加工科技基础研究新进展

（1）国家行业科技项目取得重大进展。"十二五"期间，科技部安排了"十二五"科技支撑计划项目安全优质饲料生产关键技术研发与集成示范和公益性行业（农业）科技项目饲料高效低耗加工技术研究与示范、公益性行业（农业）科研专项——饲料营养价值与畜禽饲养标准研究与应用等项目，进行饲料科技攻关。完成了主要饲料原料的营养成分与营养价值的科学评价与数据库建设；研制成功了可进行自动控制的单胃动物体外仿生消化仪项目，填补了国内空白，为国内开展单胃动物饲料消化性评价提供了自动化测试仪器。农业部还在国内建设了 20 余家饲料效价评价试验基地（站），以满足国内进行新饲料、饲料添加剂营养功效的需求。农业部还在中国农业科学院饲料研究所建立了饲料加工工艺参考实验室，用于对饲料加工工艺项目进行评价试验。"十二五"期间，国家通过科技支撑计划安排了十多种水产动物营养需要的基础研究。

（2）在饲料工业标准化科研方面取得了很大的进步。①修订发布了强制性国家标准《GB 10648–2013 饲料标签》[3]，保持了与国家新法规的协调一致性，满足了新形势下饲料产品生产、贸易与质量控制新要求。②制定发布了国家标准《GB/T 27984–2011 饲料添加剂丁酸钠》[4]、《GB/T 27983–2011 富马酸亚铁》[5] 等 9 项饲料添加剂的国家和行业标准，特别加强了对饲料添加剂卫生指标的强制性要求。③发布了《GB/T 28643–2012 饲料中二噁英及二噁英类多氯联苯的测定》《同位素稀释 – 高分辨气相色谱 / 高分辨质谱法》[6]、《GB/T 30945–2014 饲料中泰乐菌素的测定》《高效液相色谱法》[7]、《GB/T 28716–2012 饲料中玉米赤霉烯酮的测定免疫亲和柱净化 – 高效液相色谱法》[8] 等近 20 项饲料添加剂、药物和有害物质的测定方法国家和行业标准，为饲料中安全卫生质量指标的控制提供了可实施的方法。④在饲料机械标准中方面，发布了《GBT 18695–2012 饲料加工设备术语》[9]、《GBT 26968–2011 饲料机械产品型号编制方法》等两项基础标准[10]；发布了《JBT 11683–2013 锤片式工业饲料粉碎机》[11]、《JBT 11684–2013 锤片式饲料微粉碎机》[12]、《JBT 11685–2013 立轴锤式饲料超微粉碎机》[13] 等 29 项单机设备行业标准；发布了《GB/T 30472–2013 饲料加工成套设备技术规范》[14]、《JB/T 11936–2014 添加剂预混合饲料成套设备技术规范》[15] 两项成套设备标准。这些基础标准、产品标准的发布了使我国主要饲料机械产品从名称、型号到单机设备和成套设备产品都有了可执行的标准，对于规范市场贸易、控制产品质量发挥了重要作用。⑤为满足饲料机械产品的转型升级要求，研究制定了《JB/T 11695–2013 单螺杆水产饲料膨化机能效限值和能效等级》[16]、《JB/T 11693–2013 工业饲料粉碎机能效限值和能效等级》[17]、《JB/T 11694–2013 桨叶式饲料混合机能效限值和能效等级》[18] 等 3 项饲料机械能效标准，这是我国首次制定这类标准，填补了饲料机械能效标准的空白。以上这些标准的研究制定与发布实施，为提高我国饲料和饲料加工设备的质量水平，为产品质量的监督检查，确保饲料安全都发挥了重要作用。⑥成功申请成立了国际标准化组织下的 ISO/TC293 饲料机械标准化技术委员。该委员会的秘书处设在江苏牧羊集团有限公司，分技术委员会主席也由我国学者担任。这将为我国今后参与饲料机械国际标准的制订，加强在国际饲料机械领域的话语权发挥重要作用。

（3）在饲料加工技术基础研究方面取得了较大进展。①研究获得了单一玉米、豆粕、乳清粉的比热值随温度的变化规律，仔猪配合饲料中这些原料的质量分数与比热值的数学模型[19]以及不同前处理对饲料玉米比热的影响[20];②研究了膨化饲料热特性参数和热风干燥数值模拟,得到了 3 种膨化饲料在不同温度、不同水分含量的导热系数的回归方程[21];③研究了菜籽蛋白经过不同条件热处理的多种功能特性的变化规律[22];④研究了微粉碎和超微粉碎的去皮和带皮菜籽粕的不同粒级部分经不同热处理后的功能特性,这些功能特性是构成饲料产品加工质量和消化利用的基础,为饲料原料的不同热处理后的功能特性研究提供参考[23];⑤研究了同一工况下 9 种谷物原料挤压后的理化性质:糊化度、吸水指数、水溶性指数、膨胀度、硬度、脆性和保脆性,分析了谷物原料成分与挤压后产品的理化性质之间的相关关系以及各理化性质之间的相关关系,为谷物的挤压膨化加工提供了理论指导[26];⑥研究建立了双螺杆挤压膨化机螺杆的力学模型并进行了有限元分析,为双螺杆的螺杆参数设计提供了依据[27]。

(二)饲料的产品开发技术新进展

近年来,我国饲料产品研发的主要方向是高效、低耗、环保、安全、经济。在新型配合饲料产品的开发方面取得如下主要进展。

(1)必需氨基酸平衡的低氮日粮产品取得较多成果。饲粮的氨基酸不平衡是造成蛋白资源浪费、动物粪便排泄量大,饲料饲养成本高的重要因素,"十二五"期间必需氨基酸平衡的低氮日粮产品开发成为国内技术攻关与产品创新的主要项目。必需氨基酸平衡的低氮肉鸡、蛋鸡、肉猪、肉鸭等的饲料产品的开发取得许多成果,并实际推广应用[28]。除了针对单胃动物配合饲料开发必需氨基酸平衡的低氮饲料外,在反刍动物的低氮日粮实现技术方面也获得一系列成果[29],如提出奶牛饲喂低蛋白日粮,通过瘤胃发酵调控来提高饲料转化效率,提高蛋白利用率等。

(2)低磷饲料产品技术研发取得较多成果。在植物性饲料原料中含有较高的植酸磷,但这些植酸磷的动物利用率很低。在"十五"和"十一五"期间,在蛋鸡饲料中添加植酸酶获得成功。而"十二五"期间,在猪及其他动物的低磷饲料技术方面也取得应用性研究成果[30]。

(3)鱼虾饲料鱼粉鱼油替代技术取得新的进展。由于全球鱼粉和鱼油资源的限制,鱼粉、鱼油价格的高涨,使得鱼粉鱼油替代技术成为研究热点。"十二五"之前,国内在普通淡水鱼配合饲料中的鱼粉鱼油的替代技术已经取得丰硕成果并广泛应用。而"十二五"期间,在海水鱼、肉食性鱼、虾、蟹等特种水产配合饲料中鱼粉鱼油替代技术取得了许多突破。如研究了 3 种植物油替代鱼油对军曹鱼幼鱼生长、血清生化指标和脂肪酸组成的影响,找到了最佳代替组合[31];研究了饲料中不同脂肪源对黄颡鱼生长性能和体脂肪酸组成的影响;探讨了饲料中玉米油替代鱼油对黄颡鱼生长性能、体脂肪酸组成和肝脏中间代谢的影响[32];研究了发酵豆粕替代鱼粉对黑鲷胃肠道和血清指标的影响,结果提示,饲粮中发酵豆粕替代 20% 鱼粉蛋白质可提高蛋白酶和脂肪酶活性,增强黑鲷抗氧化和免疫力,对消化道无不良影响[33]。

（4）新型乳猪教槽料研发应用取得新进展。将乳猪饲料中除热敏性添加剂外的原料经配料混合后先进行调质挤压膨胀处理，然后再经粉碎后加入热敏性组分进行低温制粒，这种乳猪教槽料生产工艺在"十二五"期间得到产业化推广应用，取得显著经济效益[34]。

（5）微胶囊水产饲料研发应用取得新进展。幼小水产动物体积很小，口腔亦很小，需要微粒状颗粒饲料，而微胶囊饲料成为满足幼小水产动物营养需求的主要技术途径，它可以在满足全面营养需要的同时，最大限度地减少饲料在水中的损失。有关学者研究了稚幼鲍微囊饲料对鲍苗免疫和生长的影响[35]，结果表明稚幼鲍微胶囊饲料对鲍苗的促生长效应在饲喂后的71d左右较明显。另有研究人员研究了不同微胶囊饲料对日本对虾仔稚幼体消化生理影响[36]和黄姑鱼仔稚鱼的营养生理及微粒饲料[37]，取得了相关科研成果和专利。

（6）水产膨化饲料的研发与应用取得新进展。膨化饲料因为其耐水性好，浪费少，对水环境的污染小，而且可以直接观察采食情况，在水产养殖业中的使用呈不断增加的趋势，膨化饲料的应用技术研究取得了很多新的成果。有关学者研究了全价浮性膨化饲料对线纹尖塘鳢生长和肌肉成分的影响，结果表明，使用全价浮性膨化饲料养殖线纹尖塘鳢能有效提高成活率、增重率、含肉率，增加线纹尖塘鳢的肌肉营养成分，降低养殖成本[38]。对环保型高效中华鳖膨化饲料的研究表明膨化饲料可以提高中华鳖的饲料利用率，保护水质[39]。另外在香鱼、大菱鲆、鲟鱼、黄河鲤鱼、草鱼等多种鱼的膨化饲料研究上都取得成功并在生产中推广应用。

（三）饲料资源开发与高效利用技术新进展

2011—2015年我国在饲料资源的开发利用技术方面取得了显著进展。

（1）饲料原料发酵处理增值加工技术取得许多成果。发酵豆粕生产技术、发酵菜籽粕生产技术、发酵棉籽粕及其他杂粕的生产技术。这些技术在发酵菌种的研发、发酵工艺创新方面均取得多项成果。这些发酵产品的特点是通过发酵脱毒，降低抗营养因子含量，增加小肽含量，改善产品风味，增加消化酶，增加某些维生素。经推广应用取得显著经济效益。

（2）发酵法脱除饲料中黄曲霉毒素等3种毒素的技术取得成功并经推广应用取得显著经济效益。针对国内玉米小麦中玉米赤霉烯酮、呕吐毒素、黄曲霉毒素污染较多，而影响这些资源的有效利用问题，国内中国农业大学等单位成功研制出可同时显著降解这3种霉菌毒素的微生物菌株，并获得国家发明专利。该项技术成果经转让实现工业化生产推广，取得了显著的经济效益和社会效益。

（3）微囊发酵技术取得成功。国家粮食局科学研究院的研究人员研究成功了采用微囊作为发酵单元进行饲料益生菌生产的技术，显著提高了产品发酵生产效率。

（4）小麦蛋白肽、大豆肽、菜籽蛋白肽等生产技术取得成果并应用推广。作为新型功能性饲料原料，小麦蛋白水解肽、大豆肽、菜籽蛋白肽等多种植物蛋白肽和动物蛋白肽的生产技术研发成果，并形成多种产品应有与畜禽和水产饲料中。

（5）替代鱼粉的新型蛋白饲料不断开发出来。畜禽加工副产物、昆虫蛋白粉、单细胞蛋白、发酵植物蛋白、浓缩植物蛋白等，已在不同程度上应用于水产饲料中。目前，对虾饲料中的鱼粉用量已降至20%左右，在草鱼、罗非鱼等淡水鱼类，已实现了无鱼粉饲料的生产应用。

（四）饲料加工装备与饲料加工工艺技术新进展

2012—2015年，我国的饲料加工装备的生产规模和制造质量得到很大提升。到目前为止，我国生产的饲料加工装备总体技术水平与先进国家接近，成为世界最大的饲料加工装备生产国。近年来全国年生产饲料加工装备出口产值超过35亿元，成套设备出口到世界几十个国家。在饲料加工工艺方面也取得许多新的创新成果。

（1）近年来开发的新型装备在大型化、自动化、成套化、节能化、安全性、清洁性等方面都取得了新的成果。在大型化方面，以江苏牧羊有限公司、江苏正昌集团已经制造出时产50～60t/h的锤片粉碎机、环模制粒机、混合机及配套设备；上海春谷公司发明的剪式振筛粉碎机获得国际发明专利，并出口美欧的国家；在自动化方面，国内饲料机械设备制造厂家已经能够制造全厂自动控制的成套饲料加工装备，在单机自动化方面，粉碎机、制粒机、膨化机、成品自动包装机、自动码垛机方面都已实现，并在诸多饲料企业应用推广。在成套化方面，我国已经能够制造从时产10t到时产50t的单条饲料生产线和时产120t的综合饲料生产线；在节能性方面，我国部分优秀企业制造的普通锤片粉碎机、锤片式微粉碎机、立轴超微粉碎机、单轴双层桨叶混合机、双轴桨叶混合机、饲料原料膨化机的单位产品能耗已经达到世界先进水平；在安全性方面，在"十二五"期间，我国部分优秀企业制造的主要饲料设备的安全性有了新的提升。已接近国际先进水平；在易清洁方面，国内的先进制造企业如江苏牧羊有限公司、江苏正昌集团生产的混合机、调质器、刮板输送机等装备已经接近国际先进水平。

（2）饲料加工装备的产品结构进一步发展。2011—2015年，国内在饲料原料膨化机、双轴卧式锤片粉碎机、新型饲料膨胀机、饲料码垛机、自动包装机、饲料自动采样机、制粒系统自动控制、挤压膨化机系统自动控制、微量配料系统等方面都有新产品推出和应用。

（3）饲料加工工艺技术研究取得新进展。在饲料粉碎粒度、调质工艺、制粒工艺、挤压膨化对饲料质量和动物生产性能的影响方面取得新成果。仔猪饲料的大料挤压膨胀与低温制粒工艺，水产饲料添加剂的包膜技术，长时间调质器和保持器的开发应用等技术已经得到较广泛的推广应用，取得显著经济效益。对水产饲料加工工艺方面，利用行业科技专项取得多项成果，如水产饲料加工工艺参数对水产饲料品质和鱼类的生产性能影响方面已取得部分成果。油脂等液体饲料和添加剂的真空喷涂技术开始在部分特种饲料企业推广应用，效果显著。

2011—2015年，据不完全统计，我国共申请获得饲料加工设备方面的国家发明专利在 70 项以上，大大提升了我国饲料机械的科技水平和创新能力。

（五）饲料添加剂技术新进展

由于饲料添加剂在强化基础饲料营养，提高动物生产性能保证动物健康，节省饲料成本，改善畜产品品质放有有明显的效果，饲料添加剂已经成为饲料工业不可缺少的原料。但是近几年饲料添加剂滥用导致的食品安全问题越来越受到公众所关注，饲料添加剂新技术的发展也是在不断解决问题中前进。"十二五"期间在研究开发植物功能成分高效提取技术、微生态制剂高密度发酵技术、高效酶制剂和氨基酸产业化生产配套技术，安全环保型饲料添加剂增效及制成品技术，饲用抗生素替代技术等都是保证饲料安全生产的关键技术。

氨基酸添加剂除了添加蛋氨酸、赖氨酸、苏氨酸外，根据氨基酸平衡理论，缬氨酸、异亮氨酸在以肉粉、肉骨粉等为主的饲料产品中添加比较普遍。此外断奶仔猪及母猪饲料产品中添加精氨酸，生长育肥猪饲料中添加谷氨酸等氨基酸添加剂，使氨基酸添加剂的使用更加广泛和通用。一些氨基酸类添加剂如胍基乙酸等新的饲料添加剂也获得批准使用。

酶制剂产品在饲料产品中应用广泛。目前允许在饲料中添加的酶有 13 种，包括碳水化合物酶、脂肪酶、蛋白酶和植酸酶等。饲料产品中添加的酶制剂已从原来单一的酶制剂发展为复合酶制剂，不仅提高酶制剂作用效果，相对降低成本，同时便于生产应用。

我国目前已经有超过 100 家专门从事水产饲料添加剂的生产企业，水产饲料添加剂行业趋向成熟。比较常见的添加剂有活菌制剂、糖萜素、饲用酶制剂、中草药添加剂、酵母细胞壁添加剂等。其中发酵中草药可以提高中草药药效，在水产养殖上减少使用量也可以达到好的应用效果，另一方面微生物也可以帮助水产动物促长、促消化、提高养殖效益。发酵中草药在水产养殖上可以发挥"少量、高效、安全"的优势，发展无公害水产饲料添加剂。作为水产的专用添加剂得到了开发应用，如微囊（包膜）氨基酸等；一些原先使用范围不包括水产动物的添加剂，经过研究和试用，也扩展到水产动物方面，如叶黄素（源自万寿菊）。

肽类添加剂产品被广泛接受。采用化学、分子生物学、生物技术等手段研制针对性更强的寡肽产品及其大规模低成本生产技术。利用 DNA 重组等技术，通过生物细胞的发酵或培养来直接表达出目的抗菌肽，生产活性肽是发展反向。天蚕素抗菌肽抗菌广谱、不易产生抗药性，抑菌试验表明抗菌肽 CAD 对畜禽主要致病菌沙门氏杆菌、大肠杆菌、粪肠球菌、粪链球菌、金黄色葡糖球菌等 12 种病菌具有很强的杀伤作用，但是对乳酸杆菌、双歧杆菌等有益菌没有伤害。作为抗生素的替代品已获得认可，在家禽饲料、猪饲料及水产饲料中添加效果明显，是最有潜力的抗生素替代产品。

（六）饲料质量检测技术新进展

饲料检测技术的发展以快速检测为目标，对饲料营养、卫生及安全等指标进行快速检测。检测技术的新成果主要体现在：饲料中激素类、精神类等违禁药物的同步检测技术，饲料中天然毒素、致病微生物及其毒素的快速检测技术，饲料质量快速检测新技术，转基因饲料的安全性评价技术，构建我国饲料安全检测及风险评估技术体系方面。

一些大的饲料集团公司研究应用近红外技术快速检测饲料中营养成分，并在集团公司内部联网共享，开发建立公司内部的模型数据库，据此对公司饲料原料实施分仓管理，从精细化水平上降低了饲料成本。

有害微生物的快速检测技术取得新的进展，通过基因探针或胶体金等技术，构建生物传感器，目前已成功通过生物素—亲和素系统将特异性沙门氏菌特异性基因核酸探针连接在 F0F1——ATPase 的 ε 亚基上构建生物传感器；将待测样品和阴性对照分别与生物传感器结合后，比较其催化三磷酸腺苷（ATP）合成 30min 后的 ATP 产生量，依此对样品中的沙门氏菌 DNA 进行检测。该方法对沙门氏菌 DNA 的检测时间仅为 1h，检出限为 10ng/mL。

饲料中霉菌毒素测定采用免疫亲和色谱柱进行净化处理，提高了检测的灵敏度，减少干扰。同时采用 ELISA 方法对霉菌毒素进行快速高通量检测，可以快速检测饲料霉菌毒素的污染。

此外，应用仿生酶法测定饲料原料消化率的体外测定法已经在一些公司中开始使用，国内成功研发了单位动物仿生消化仪，这种仪器与方法在测定猪、禽等饲料消化能、养分消化率方面具有精度高、稳定性强和重复性好等特点，在生产实际中已经得到一定的推广应用。

（七）饲料科技人才培养与科技创新团队建设新进展

我国已经建立较完善的饲料科学与工程的人才培养体系，国内有近 10 所院校具有动物营养与饲料科学博士学位点，30 多家高校具有动物营养与饲料科学硕士学位点。相关专业科研院所通过大量的科研课题和工程应用为饲料工业培养专业技术人才。在饲料加工学科专业人才培养方面，河南工业大学、武汉轻工大学、江南大学为我国饲料行业培养近1000 名饲料加工工程方向专业人才和 120 名研究生。为饲料成套设备公司、饲料加工企业的发展提供了人才保障。

（八）饲料企业管理技术新进展

2011—2015 年，我国颁布了新的《饲料和饲料添加剂管理条例》，农业部颁布了新的《饲料生产企业许可条件》《混合型饲料添加剂生产企业许可条件》《饲料质量安全管理规范》等，并在国内实施。这些法规文件的颁布实施，提升了饲料行业的准入门槛，为规范饲料生产，提升饲料生产技术水平，确保饲料安全起到了极其重要的作用。到 2015 年3 月，全国饲料生产企业数量与新法规实施之前相比，减少 30% 以上。但饲料产品总量仅减少 5%。我国饲料产品质量的合格率在逐年提高。2011—2015 年，我国饲料工业企业管理技术水平有了新提高，特别是国内饲料工业 30 强企业的管理已经达到较高的水平。许多先进的管理技术在企业中得到应用，饲料企业经营战略决策技术、原料集团采购决策技术、现代财务会计制度与管理软件应用、饲料企业的 ISO9001 管理体系、食品安全管理体系 /HACCP、饲料企业生产运作技术、饲料企业技术创新管理技术等成功应用，使企业的业绩得到很大的提升。目前在世界饲料生产企业前 10 强中，我国饲料企业占 4 席。这标志着我国饲料企业已经在国际竞争中取得显著成绩。我国饲料总产量已经连续 4 年成为全球第一。

三、国内外研究进展比较

（一）饲料企业规模

到目前为止，国内饲料企业规模年产量不足 2 万 t，北美饲料企业的平均年产量在 3.3 万 t。欧洲饲料企业平均规模 4.6 万 t。美国和欧洲的饲料产量的 80% 是由大型企业生产的，而中国大型饲料企业产量占总产量的比例在 40% 以下。目前中国饲料行业的市场已处于转型阶段。随着中国养殖业集约化进程的加快，饲料企业的竞争未来将会更加激烈，规模优势和规模效益将驱使更多的优势企业向大型化、专业化发展，企业数量将进一步减少。

（二）饲料主要加工装备技术

国内的饲料加工装备与发达国家仍有一定的技术差距，主要表现在设备材料质量及热处理技术、设备加工制造质量与检测控制、设备的研发试验水平、设备的自动控制技术等方面。

国内饲料加工设备在功能性、生产效率、可靠性和环保性能等方面尚存在差距。目前国内大型饲料设备的配套性有待提高，大型装备的整体制造水平与世界先进水平比较有较大差距。作为这些差距的本质还是创新能力较低，发明专利少。因此未来需要加强创新研发。

（三）饲料加工工艺

国内的饲料加工工艺技术方面缺少原创性。在代表饲料加工工艺发展趋势的安全饲料工艺包括清洁输送、粉料杀菌、排序生产、垂直一体化等工艺技术方面与国际先进水平存在一定差距。

（四）饲料资源开发与利用技术

我国在低质饼粕类资源的深度开发利用的创新研究不够，产品种类少，技术水平不高。能量饲料资源的科学利用尚有差距。谷物资源及其加工副产品的研究有待从传统的消化代谢试验，发展到研究其不同结构碳水化合物（如非淀粉多糖）的消化代谢利用规律、合理加工利用上。优质牧草资源有限，青贮技术推广应用水平与发达国家仍存在较大差距。

（五）饲料产品

发达国家的饲料产品更加精准和系统化，对于不同动物品种、不同生长阶段，甚至同一阶段不同生长时间均有相对应的饲料产品，饲料产品处于动态变化中，饲料营养完全满足动物生长需要并不超出其生长所需，不仅降低成本，同时减少因营养过剩或不足等导致的环境压力或生长不良等问题。

（六）饲料添加剂技术

目前，在新型益生菌添加剂的菌种研发，植物提取物的纯化制备与生物活性研究、保护技术方面我国与世界先进水平相比还有一定差距。在有机微量元素、新型抗菌肽制剂等的研发技术方面与国际先进水平也存在一定差距。

（七）饲料质量检测技术

发达国家在新产品研发的同时，同时开展饲料质量检测新技术的研发，尤其是在快速检测技术方面远远优于我国。利用近红外技术，建立饲料中氨基酸消化率快速评价系统和测定菜籽饼粕中热损伤蛋白的含量，从而正确评价饲料质量。一些酶制剂公司建立自己产品的快速分析方法，采用 ELISA 方法或者试纸条检测方法对木聚糖酶、植酸酶等饲用酶制剂进行检测，使检测时间缩短为几分钟，大大提高了检测速率。与湿化学法相比，近红外技术、ELISA 方法及试纸条法不仅检测时间缩短，同时减少了湿化学法的操作复杂及带来的环保压力。

（八）饲料企业管理技术

发达国家的饲料企业在生产安全管理、能源效率管理、机械化、自动化、网络化管理、饲料厂可追溯管理、环境管理、企业责任管理等方面具有领先优势。我国的饲料企业在这些方面与发达国家还存在不小差距，需要学习提高。

四、发展趋势及展望

（一）饲料科技基础研究

饲料基础研究是决定未来应用研究水平的关键。饲料加工学科未来基础研究的主要方向包括：①饲料原料理化和消化特性与饲料加工之间的关系及变化规律；②饲料添加剂理化和消化特性与饲料加工之间的关系及变化规律；③饲料原料与混合料在加工中的流变学特性；④饲料不同加工性状对动物生理生化的调节机制；⑤新型高效粉碎机理研究；⑥新型绿色饲料添加剂对动物机能调节机制研究。

（二）饲料资源开发

利用微生物发酵工程和基因工程等生物技术手段，筛选脱除有毒有害物质、提高 NSP 和蛋白质消化利用率的单一或复合菌株，建立节能型发酵工艺和装备，生产新型生物饲料，开发小肽营养产品和功能性肽产品，提高蛋白质及 NSP 类营养物质的消化利用率，达到节约饲料消耗的目的。

大力提高大宗饼粕的饲用效价。对大宗饼粕饲料资源，要进一步完善制油工艺过程中提高饲用效价的技术。提高脱除饼粕有毒、有害物质的比例，去除皮壳杂质，提高蛋白质利用率的目的。

努力开发利用油茶籽、亚麻籽、油桐等小品种油料饼粕，丰富我国的蛋白质饲料资源，缓解供应紧张的状况。

（三）饲料加工工艺与装备

1. 开发推广安全、节能饲料生产工艺

垂直式饲料厂工艺：垂直式饲料厂中提升设备数量和次数大大减少，从配料、混合、制粒、冷却、包装等采用垂直式布置，尽量采用自流式加工流程，可最大限度地降低交叉污染、饲料分级和提升次数。

专业化饲料产品生产工艺：针对猪饲料厂、家禽饲料厂、反刍饲料厂的不同要求而进行的个性化、专业化生产工艺设计，包括原料处理工艺、特种混合、制粒等工艺。这类饲料厂工艺精细、复杂、针对性强，标志着饲料的生产与质量控制在精细、准确方面有显著的进步。

清洁饲料工厂工艺设计：随着对饲料卫生要求的不断强化，清洁饲料厂设计成为国际趋势。这类工厂的设计从整个厂区规划、原料储存、运输、处理、饲料的配料、混合、制粒、成品包装均考虑了防止交叉污染、饲料加热杀菌、饲料设备的自动清扫等要求，保证生产的产品能满足卫生标准的要求。这类饲料厂在欧洲已经投入实际生产。

饲料厂全厂自动化控制技术：全自动控制的饲料厂采用散装进料，大宗原料汽车卸料后直接进入立筒仓，其中添加剂原料也采用散装进料，直接卸入添加剂小型筒装仓。整个生产系统根据输入计算机的指令进行自动控制。成品也全自动包装和堆垛。与企业 ERP 系统相连，可实现生产管理全部功能

2. 开发推广无残留加工设备

为了满足清洁饲料加工的要求，减少加工过程中的交叉污染，要开发、推广无残留的加工设备。如混合机、清洁式刮板输送机、清洁螺旋输送机、清洁斗式提升机等。

3. 自动化在线监测设备

研发推广粉碎机破筛自动检测、饲料在线水分检测、混合均匀度在线监测、饲料调质

效果在线监测、饲料产品质量在线监测等检测设备与技术。

（四）饲料添加剂

在当前乃至今后一段时间内饲料添加剂的开发生产，将融合动物营养学、生理学、饲养学、生物化学、生物工程学、药学等多门学科和多种新技术，开发绿色环保、高效及功能化饲料添加剂是今后发展的主流方向。提高饲料转化效率，充分利用饲料原料中的各种营养物质，饲用酶制剂将广泛地在饲料中使用；微生态制剂，益生菌保障动物肠道健康，提高动物饲料利用率，真菌毒素降解菌实现饲料中霉菌毒素的温和降解，去除饲料中毒素污染，保障动物健康。由于抗生素等一些副作用较大的饲料添加剂被逐渐淘汰后，取而代之的抗菌肽、植物提取物及一些复方中草药制剂将会得到发展。人们对于功能性动物产品的某种特殊需求，如动物产品的颜色、肉质、味道以及保健功能等，可以通过研发功能性饲料添加剂来实现。

（五）饲料产品

根据我国自己的饲料资源数据库，建立饲料产品的动态饲喂技术。我国饲料行业目前最迫切的是饲料原料数据库的开发，对一些非常规性饲料原料做正确、准确地评估，充分了解其中的有效成分和可利用成分。优化现有的饲料配方，研发氨基酸更平衡、低污染、有毒有害物质含量低的生态型饲料，以及开发出真正高效、安全、环保的饲料产品。

加强水产动物营养与饲料的基础研究，选择主要养殖品种，系统地开展不同生长阶段的营养素需求研究，对不同原料的利用率研究，环境对营养素需求的影响，加工工艺与饲料品质等。

加强饲料蛋白源的开发和研究，进一步减少鱼粉使用量。目前国外的三文鱼（大西洋鲑）饲料中的鱼粉用量已降至10% ～ 20%，我国水产饲料中的鱼粉使用量仍然有较大的下降空间，这需要加强新饲料蛋白源的开发和氨基酸平衡技术、诱食技术、抗营养因子去除技术等的综合应用。

加大膨化饲料的推广应用，研究膨化加工条件下鱼类对营养素的需求和配方调整策略，加快膨化饲料的推广应用。

<hr>

—— 参考文献 ——

［1］白文良，王卫国，王亚琴，等. 饲料加工科学与技术发展研究 // 粮油科学与技术学科发展报告（2010—2011）［M］. 北京：中国科学技术出版社，2011.

［2］沙玉圣. 协会是推动我国饲料行业发展的重要力量［J］. 饲料广角，2015，（9）：5-11.

［3］GB 10648-2013 饲料标签［S］. 北京：中国标准出版社.

［4］GB/T 27984-2011 饲料添加剂丁酸钠［S］. 北京：中国标准出版社.

[5] GB/T 27983-2011 富马酸亚铁[S]. 北京：中国标准出版社.

[6] GB/T 28643-2012 饲料中二噁英及二噁英类多氯联苯的测定 同位素稀释 – 高分辨气相色谱 / 高分辨质谱法 [S]. 北京：中国标准出版社.

[7] GB/T 30945-2014 饲料中泰乐菌素的测定 高效液相色谱法[S]. 北京：中国标准出版社.

[8] GB/T 28716-2012 饲料中玉米赤霉烯酮的测定 免疫亲和柱净化 – 高效液相色谱法[S]. 北京：中国标准出版社.

[9] GB/T 18695-2012 饲料加工设备术语[S]. 北京：中国标准出版社.

[10] GB T 26968-2011 饲料机械 产品型号编制方法基础标准[S]. 北京：中国标准出版社.

[11] JB/T 11683-2013 锤片式工业饲料粉碎机[S]. 北京：中国机械工业出版社.

[12] JB/T 11684-2013 锤片式饲料微粉碎机[S]. 北京：中国机械工业出版社.

[13] JB/T 11685-2013 立轴锤式饲料超微粉碎机[S]. 北京：中国机械工业出版社.

[14] GB/T 30472-2013 饲料加工成套设备技术规范[S]. 北京：中国标准出版社.

[15] JB/T 11936-2014 添加剂预混合饲料成套设备技术规范[S]. 北京：中国机械工业出版社.

[16] JB/T 11695-2013 单螺杆水产饲料膨化机能效限值和能效等级[S]. 北京：中国机械工业出版社.

[17] JB/T 11693-2013 工业饲料粉碎机能效限值和能效等级[S]. 北京：中国机械工业出版社.

[18] JB/T 11694-2013 桨叶式饲料混合机能效限值和能效等级[S]. 北京：中国机械工业出版社.

[19] 王红英, 高蕊, 李军国, 等. 不同原料组分的配合饲料比热模型[J]. 农业工程学报, 2013, 29（5）：282–292.

[20] 王红英, 李倪薇, 高蕊, 等. 不同前处理对饲料玉米比热的影响[J]. 农业工程学报, 2012, 28（14）：269–276.

[21] 刘倩超, 谭鹤群. 膨化饲料热特性参数研究和热风干燥数值模拟[D]. 华中农业大学, 2011.

[22] 周小泉, 王卫国. 干热处理对油菜子蛋白分子结构及功能特性的影响研究[D]. 河南工业大学, 2013.

[23] 冯世坤, 王卫国, 任志辉, 等. 低温带皮菜籽粕微粉的不同粒级部分的功能特性[J]. 中国粮油学报, 2015, 30（1）：88–91.

[24] 任志辉, 王卫国, 冯世坤, 等. 不同粒级低温脱脂去皮菜籽粕微粉的功能特性研究[J]. 粮食与饲料工业, 2014,（2）：44–47.

[25] 杜江美, 张晖, 等. 挤压谷物原料成分与理化性质之间的相关性分析[J]. 食品与生物技术学报, 2012, 31（9）：996–1001.

[26] 杨凯, 武凯, 王以龙, 等. 双螺杆挤压膨化机螺杆的力学模型及有限元分析[J]. 机械设计与制造, 2013,（1）：175–177.

[27] 刘尧君, 任曼, 曾祥芳, 等. 低氮日粮补充支链氨基酸提高断奶仔猪生长性能和氮的利用效率[J]. 中国畜牧杂志, 2014, 50（7）：44–47.

[28] 樊艳华, 孙海洲, 李胜利, 等. 不同蛋白质水平下丝兰皂甙对山羊氮代谢的影响[J]. 家畜生态学报, 2015, 36 (2)：22–28.

[29] 刘利, 严文恒, 王建, 等. 低磷低赖氨酸日粮中添加植酸酶对断奶仔猪生长性能、血液指标及骨骼发育的影响[J]. 饲料工业, 2015, 36（2）：22–24.

[30] 林华锋. 三种植物油替代鱼油对军曹鱼幼鱼生长、血清生化指标和脂肪酸组成的影响[D]. 湛江：广东海洋大学, 2012.

[31] 谭肖英. 黄颡鱼脂类营养生理研究[D]. 华中农业大学, 2012.

[32] 彭翔, 宋文新, 周凡, 等. 发酵豆粕替代鱼粉对黑鲷胃肠道和血清指标的影响[J]. 江苏农业学报, 2012, 28（5）：1096–1103.

[33] 程宗佳, 王勇生, 陈轶群, 等. 膨化和膨胀加工技术及其对猪生产性能的影响[J]. 动物营养学报, 2014, 26（10）：3082–3090.

[34] 王云, 朱庆国, 潘瑞珍, 等. 稚幼鲍微囊饲料对鲍苗免疫和生长的影响[J]. 福建农业学报, 2014（6）：

575–579.

［35］谢中国，过世东. 微胶囊饲料的研制及对日本对虾仔稚幼体消化生理影响研究［D］. 无锡：江南大学，2011.

［36］金煜华. 黄姑鱼仔稚鱼的营养生理研究及微粒饲料的研制［D］. 舟山：浙江海洋学院，2014.

［37］潘淦，许爱娱. 全价浮性膨化饲料对线纹尖塘鳢生长和肌肉成分的影响［J］. 广东农业科学，2011，38（21）：123–125.

［38］吴格天，赖年悦，王幼鹏，等. 环保型高效中华鳖膨化饲料的研制与应用［J］. 水产养殖，2014，35（12）：1–4.

［39］中华人民共和国国务院令 第 609 号 饲料和饲料添加剂管理条例. 2011.

［40］中华人民共和国农业部公告第 1849 号《饲料生产企业许可条件》. 2012.

［41］中华人民共和国农业部公告第 1849 号《混合型饲料添加剂生产企业许可条件》. 2012.

［42］中华人民共和国农业部 2012 第 1773 号《饲料原料目录》. 2012.

［43］中华人民共和国农业部 2014 年第 1 号令《饲料质量安全管理规范》. 2014.

［44］中华人民共和国农业部公告第 2045 号《饲料添加剂品种目录（2013）》. 2013.

撰稿人：王卫国　高建峰　白文良　冷向军　李爱科　王金荣　曹　康

发酵面食学科的现状与发展

一、引言

发酵面食是以面粉为主要原料，以酵母菌为主要发酵剂，经面团调制、发酵、成型、醒发，再经蒸制而成的食品。西方发酵面食是指经烘焙而成的面包类食品，在我国，发酵面食则主要指蒸制熟化的馒头、包子和花卷等。发酵面食不是一个单独的学科，隶属于主食中的一个分支，即面制主食。发酵面食是中华民族重要的传统主食之一，在当今华人的膳食结构中仍占有重要的地位。

发酵面食在我国占有很大的消费量，对发酵面食的研究也备受国人的关注。当前我国经济发展进入新常态，保持高速增长和迈向中高端水平"双目标"，对我国主食工业化发展提出了新的要求，主食加工业面临提质增效、转型升级的重要任务。在新的形势下发展我国发酵面食工业化生产能够促进主食生产方式和膳食方式的现代化，能够起到带动农业经济发展的龙头作用，促进农业发展，推动国民经济的持续和谐增长。

随着我国农业经济的发展和科技进步以及人民生活水平的不断提高，我国传统发酵面食的制作已逐步从家庭手工操作转为商品化生产，中国的发酵面食市场已日益突显出巨大的商业市场潜力。加拿大、美国、澳大利亚、法国和日本食品及小麦专家多次来我国探讨馒头等面食的加工技术，掌握不同小麦品种生产的预混馒头专用粉与馒头质量的关系，以开拓中国市场。

近年来，依靠科技进步，我国发酵面食的工业化程度越来越明显，主要表现为原料更加规格化、标准化，生产过程控制更加精准，同时，相应的冷链物流配送体系、现代化物流技术应用、食品安全检测体系等内容的建设也在逐步完善，逐渐实现了食品消费的成品化、安全化、方便化、快捷化。在提高人们生活质量，改善人们消费方式的同时，还切实提高了企业经营效益和社会效益。

发酵面食学科体系正在完善，科学研究得到了加强，技术开发和加工装备创新工作初见成效。馒头连续发酵和醒蒸一体化综合配套技术研究与示范项目的建立，实现了馒头自动成型、自动摆盘、醒蒸一体、冷却及包装全过程。在改进传统工艺模式的基础上，精化了流程、节省了劳动强度，实现了从和面到成品冷却全自动化，将百姓餐桌上的馒头实现了工业化生产，中国发酵面食产业呈现出了现代化的态势。

中华发酵面食被称之为东方面包，有华人的地方，就有传统发酵面食。包子、馒头等发酵面点不仅是中华传统饮食的一部分，也是中华文化的一部分。中华面点无论从营养角度还是从口感方面，都不逊于面包，但中华面点在全球的影响力与面包相比差距不小。与西方发达国家的面包主食产业相比，我国传统发酵面食的商品化程度仍然不高，与食品现代化有较大差距。我国传统发酵食品工业化面临的挑战主要表现在：缺乏高品质原料的固定生产供应基地；关键装备和整体自动化水平落后；传统面点手工制作精准理念的缺乏，现代商业模式有待进一步探索。除了吸收国外食品加工的经验和技术外，对我国传统发酵食品进行全面系统的调查、整理、发掘和工业化是当前的重要课题。

二、近几年的研究进展

最近几年，以发酵面食为主的传统主食工程备受重视。国家政策多次强调传统主食社会化生产及配套工作，要求加速发展传统食品的工业化管理。国家工信部和农业部依据《国家粮食安全中长期规划纲要（2008—2020年）》联合组织编制的《粮食加工业发展规划（2011—2020年）》，首次将中国主食工业化单列为一项重点发展任务，并提出在2015年前建设200个传统主食生产工业化、标准化、社区配送示范项目；2015—2020年再建设200个示范项目[1]，基本满足城乡居民的消费需要。2014年农业部又实施主食加工业提升行动，主食引领膳食加工提升农业。"十二五"国家科技支撑计划重点提出了主食工业化关键技术与装备及其产业化示范项目。

发酵面食产业是小麦产业发展的根本和动力，关系到国家的农业和经济发展。为推进发酵面食的产业化发展，近年来我国科研机构和重点企业经过了漫长的探索，在保持美味、保障安全、提高营养以及实现产业化生产等方面取得了一定的成就。

（一）发酵面食品质评价标准体系初步建立

过去很长一段时间，我国发酵面食的品质评价体系基本沿用西方国家烘焙食品品质评价体系，难以客观评价蒸煮食品对小麦品质的要求，对小麦育种和产业发展缺乏指导作用。

目前，由国家粮食局科学研究院起草的关于馒头感官评价方法的国家标准《粮油检验 小麦粉馒头加工品质试验》已经通过审定。该国家标准规范了实验室以小麦粉为主要原料制作馒头的方法和馒头品质感官评价方法，适用于对小麦和小麦粉的馒头品质进行实验室水平的评价。它是继《小麦粉馒头》[2]国家标准以来我国蒸煮类面制食品领域的第二个国家标准。

此外，国家粮食局科学研究院起草的国家标准《粮油检验 小麦粉面团流变学特性测试 混合试验仪法》也已通过了审定，它提出了一种新式的面团流变学特性分析技术。Mixolab混合实验仪主要是实时测量面团搅拌时的两个双揉面刀的扭矩（单位是Nm）变化，可以测量在搅拌和温度双重因素下的面团。该标准规定了利用混合试验仪测试面团流变学特性的原理，仪器，试剂，样品，操作过程和结果评价方法，初步研究结果表明，其对于馒头用小麦粉的品质评价具有一定的优势。

上述标准方法的研究和建立，解决了馒头用小麦品质评价的关键技术，为我国小麦育种、生产、收储及加工等提供了科学、合理的标准，为加强我国粮食生产，确保粮食安全，促进传统蒸煮面制品产业化发展，提供了技术支持。此外，馒头的品质评价指标体系对指导我国优质专用小麦品种育种、对小麦及其小麦粉的质量控制和提高馒头品质具有重大意义。

（二）发酵面食品质评价方法逐步创新

馒头品质评价以感官评价为主，而感官评价对品评员要求比较高，受评价者主观因素影响较大，影响评价的因素较多，不易标准化，不同地区、不同实验室的鉴定结果可能会有较大差异，评价结果在国际间很难沟通。小麦及小麦粉理化特征指标与馒头品质的相关性研究可用于对该类食用品质的预测，相对于食品制作和评价试验，理化特性数据测试相对简单，误差较小，可重复性高。通过研究一些仪器与感官评价相结合的方法，能更客观、准确的评价馒头以及小麦品质。仪器分析方法在发酵面食的应用主要包括对面制品色泽、质地特性和纹理结构的分析。

1.馒头色泽的分析

近年来，色彩色差计或者色度测定仪在小麦制品中的应用研究较多。色彩色差计使用D65的CIE-L*a*b的色度系统。L值表示黑–白（亮）度，值越大则越白（亮）；a值表示绿–红色，值越大则越红。b值表示蓝–黄色，值越大则越黄。研究表明，小麦粉b值与馒头感官评定的结果呈负相关。亮度值L与馒头感官评价的表面颜色呈极显著正相关，说明相对感官评价而言，色度仪能更好地区分馒头色泽间细微差别，甚至可以代替感官评价对馒头色泽进行定量测定。

2.馒头质地特性的分析

物性测试仪可以通过对距离、时间和作用力这三者相互关系的处理和研究，获得对实验对象的物性测试结果。它可以正确地将人体感官的好恶，转化成具体的、可量化的电子数字信号，从而减少食品分析评价过程中因主观因素造成的误差，提高试验的可靠性、准确性和可操作性。研究表明，物性仪测试指标中的弹性和回复性与馒头感官评价及度量指标间有很好的相关性，当馒头的感官品质及度量体积较好时，物性仪测试的弹性和回复性数值越高，馒头品质越好[3]。

3.馒头纹理结构的分析

英国 Calibre Control International 公司研发的 C-Cell 图像分析仪是基于计算机识别技术研发的，是一种对面包和其他发酵产品进行质量控制的系统，通过对切片产品表面的图像进行处理和分析，得到关于样品的形态大小、气孔结构和特性等大量质量信息。它不仅可以对馒头瓢部的光泽度进行评价，还能够以气孔为研究对象，给出气孔结构和数量的数据性结果。因此，根据 C-Cell 对馒头切片亮度和气孔大小的数据分析结果，可以定量分析小麦粉馒头内部气孔是否细腻均匀，其中，气孔对比度、气孔直径、孔壁厚度、粗糙气孔体积以及气孔延长度均可以用于馒头内部品质的评价。它还可以用于分析各种处理或添加剂对馒头品质的影响，也可以用于分析不同小麦原料的馒头加工品质，得到相对客观和准确的结论[4]。

图像分析技术是近年来才发展起来，目前国内应用较少，应加强此类研究，更充分利用此项技术，逐步引入对馒头外观光滑度和内部结构的量化测定，研究确定图像分析数值所对应的馒头品质评分，以提高馒头品质评价的准确性和量化水平。

（三）发酵面食的风味和保鲜技术研究逐渐加强

馒头中的风味物质主要来自酵母菌、乳酸菌和醋酸菌等微生物在发酵过程中产生的低分子挥发性化合物，比如有机酸、醇类、酯类等，醇类和有机酸之间可能会进一步发生酯化反应生成酯类，还可能形成极少量的醛类、酮类等重要的风味物质和风味辅助物质，不同酵母菌发酵馒头时形成的风味物质存在差异。

江南大学食品科技学院通过固相微萃取和 GC-MS 联用技术，对山东青岛 SDQ、河北邢台 HBX 和河南驻马店 HNZ 三地酸面团馒头风味物质进行检测，并研究食用碱的添加对馒头风味的影响。结果显示，每个地方的酸面团馒头都有自己独特的酯、醛、烯等风味物质呈现[5]。

四川理工学院以小麦粉和麸皮为主要原料、采用复合菌（酵母、乳酸菌粉和甜酒曲）发酵来制作麸皮馒头，发现麸皮、乳酸菌粉和甜酒曲添加量对麸皮馒头品质和风味都有一定的影响。

陕西师范大学使用传统老酵母为发酵剂，结合无菌在线热包装技术生产传统老酵母馒头，以新鲜馒头为对照，对常温保存 90d 的馒头每隔 5d 进行取样，检测微生物含量、营养成分、感官评价、淀粉老化等指标。结果表明：馒头常温储藏后的馒头微生物检测达到国家标准，金黄色葡萄球菌、大肠杆菌未检出，霉菌个数满足国家标准要求；蛋白质、水分、脂肪等营养物质未见显著变化，X 光晶体衍射结果表明淀粉老化程度不明显。热包装后产生的水蒸汽在包装袋内 3d 即自行消失，不会在馒头表面产生水汽凝集，而且还会产生类似真空包装的效果。克服了馒头冷却后包装所需要的能耗，以及运输、销售过程中的二次污染，实现了常温下馒头保鲜期 90d，不添加任何添加剂，复热后口感好，风味好，馒头老化现象不明显的要求。

（四）发酵面食的营养研究逐渐深入

1. 馒头等发酵面食的优势

在我国发酵面食则主要靠蒸煮熟化，包括馒头、包子、烙饼等主食食品，其优势即内涵丰富、营养合理、亲近习惯。

蒸煮加工的优势：不焦不生、火候易控；包容诸菜、配餐方便；杀菌彻底、有利贮存；复蒸如新、方便食品。加工方式不产生丙烯酰胺等致癌物质是蒸煮加工的优势。

震惊世界的新闻：2002年4月25日，瑞典政府食品局和斯德哥尔摩大学向新闻界发表了重大发现：油炸土豆片或焙烤的淀粉质食品含有非常高浓度的丙烯酰胺。丙烯酰胺是神经毒素，国际癌研究所指定其为致癌物（Group 2A）以大鼠试验得到人的容许摄入限量为：0.2ng/kg/d，体重70kg的人限量：14ng/d。

世界卫生组织（WHO）和美国环保局（EPA）规定饮水中浓度限量为：0.5ppb、0.5ng/L以下。一天如果喝水2kg，应该在1.0ng/d。按照瑞典当局的计算，欧洲人日均摄取量为：35 ~ 40ng，超过限量数倍。瑞典当局认为本国癌症发病的相当人数病因来自这些食品。于是要求超市收回这些食品，并希望民众做饭尽量不要高温、长时间油炸食品。

结论：100℃以上高温处理才产生丙烯酰胺，蒸煮马铃薯没有检出。

120℃	140℃	160℃	180℃	200℃	220℃
174ng/kg	264ng/kg	469ng/kg	1003ng/kg	1591ng/kg	2273ng/kg

世界反响：美国缅因大学（University of Maine）食品学院教授：我们检出微量物质的能力大大超过了对这些物质在人体内代谢认识的能力。目前实验室证明可以致癌的烹调发生物很多，例如：烧肉会产生很高的多环芳烃类、亚硝基化合物、杂环胺等，但至今也没有吃牛排增加癌危险的直接证据。加州大学伯克利分校研究癌的学者Lois Gold甚至说抽烟的人摄取的丙烯酰胺比食品中还要多。FDA立即对美国各种食品丙烯酰胺含量进行了测定，并于2003年12月4日发表，注明只是调查，不作为选择食品的指导。

最近的评估：2005年FAO/WHO食品添加剂专家委员会对17个国家的膳食摄入资料进行了分析评估，发现从总人口上看，平均摄入0.3 ~ 2.0ng/（kg·d）的丙烯酰胺，最高每天每千克体重可摄入5.1μg的丙烯酰胺；2005年FAO/WHO食品添加剂委员会第64届会议上提到的摄入参考量：平均摄入1ng/（kg·d），最高可达4ng/（kg·d）。

2005年WHO对欧洲、美国等烘烤食品中丙烯酰胺含量检测结果：WHO将水中丙烯酰胺的含量限定为1ug/L。炸薯条：170 ~ 2287ng/kg；炸薯片：50 ~ 3500ng/kg；煎饼：3 ~ 42ng/kg；焙烤食品：50 ~ 450ng/kg；饼干：30 ~ 3200ng/kg；麦片：30 ~ 1346ng/kg；玉米片：3 ~ 416ng/kg；面包：30 ~ 162ng/kg。蒸煮烹调安全，宜副食互补、和谐。

2. 发酵方法对面食营养的影响

发酵是面食制作过程中最重要的步骤，直接影响到产品的最终质量。目前，面食发酵的方法主要有：化学膨松剂发酵、老面发酵和酵母发酵。这 3 种发酵方法的最终目的都是利用发酵剂在面团中产生大量的二氧化碳气体使面团充分膨胀，从而使面制品达到膨松、酥脆或柔软可口的效果。由于不同的发酵方法所使用的原料成分和产气机理有很大的差异，其对发酵面食营养和品质的影响均有所不同[6]。

（1）化学膨松剂发酵法。该发酵法产气速度快、面制品体积大，但组织结构疏松，口感差；且化学膨松剂中的明矾、泡打粉等成分含铝量超标，危害健康[6]。

化学膨松剂发酵法的机理。化学膨松剂发酵法是通过化学膨松剂诱发化学或生化反应，在面粉制成的食物中产生大量的二氧化碳等气体，使面团或面糊体积充分膨胀，从而形成良好的面筋网络，面团结构在气体作用下呈均匀致密的多孔状态，从而使食品膨松、酥脆或柔软可口。

化学膨松剂发酵法对面食营养的影响。化学膨松剂中所使用的明矾、泡打粉等均含有铝，具有神经毒性，对人体健康不利，过多食用会引起呕吐和腹泻，在饮食中铝含量过多会减退人的记忆力和抑制免疫功能，阻碍神经传导，而且铝在人体内从吸收到排出的周期较长。近年来，国际上很多报道均指出铝与老年性痴呆症有密切关系。1989 年世界卫生组织正式将铝确定为食品污染物，要求面制食品中铝含量必须控制在 184mg/kg 以下。但用泡打粉发酵制作的馒头，铝含量在 980mg/kg 以上，超标 5 倍以上，对人体健康构成了严重的威胁。因此，我们应该在食物中严格控制明矾和泡打粉的使用；另外，小苏打（碳酸氢钠）和臭粉（碳酸氢铵）反应产生的二氧化碳和氨气还会破坏食物中的某些营养成分，如维生素等。

（2）老面发酵法。研究表明，老面发酵对发酵面食的营养与安全会造成一定的负面影响。老面中很多微生物在发酵时会产生有害物质，甚至产生致病菌，在实际生产中无法有效控制；此外，为了中和面团中的酸性物质，必须加一定量的碱，故会破坏面团中B 族维生素。对老面发酵的面食进行营养成分测定，老面发酵法制作的面食 B 族维生素损失达 51.88%；微生物代谢会消耗大量的多糖、泛酸和水溶性蛋白质，造成了营养损失。

老面发酵法的原理及流程：老面是指前一次生物发酵面团留下来的面，其制作方法是将上次制作面食时留下的发酵好的面团再次发酵，然后将其与温水搅匀放到新材料里一起揉，再进行发酵。其工艺流程如下：老面、面粉、辅料→搅拌成型→醒发。老面中的微生物主要是野生酵母、霉菌、乳酸菌和其他一些好氧的嗜温性细菌。

老面发酵法对面食及面食营养的影响：老面制作方法比较原始，依靠面头作为微生物载体。微生物在面头中自然繁殖，难以控制，在不同的温度、湿度和环境中其他微生物影响下，造成老面中微生物的种类非常复杂，且不同微生物在代谢过程中产生较多的代谢副产物。

（3）酵母发酵法。目前，国内市售酵母有鲜酵母和干酵母。鲜酵母是没有被干燥的酵母产品，水分含量较大，成本低，且制作的面包、馒头风味好，香味浓厚。但鲜酵母的活性和发酵力稍低于干酵母，贮存条件也很严格，需要在低温条件下贮存，且使用前需进行活化，故使用的方便性受到了限制。干酵母是经脱水干燥处理程序真空包装后的酵母产品，水分含量低、易于保存和运输。采用酵母发酵法制作面点时不会使面团过度偏酸性或偏碱性，也不会破坏面粉中的营养成分。

酵母发酵法的原理及流程：酵母是一种真菌类微生物，工业生产的酵母是将筛选出来的优秀酵母菌种经过糖蜜等营养物质进行提纯培养、加工而制造出的生物发酵剂。酵母发酵法的原理是利用面粉中的糖分与其他营养物质，在适宜的生长条件下繁殖产生大量的二氧化碳气体，使面团膨胀成海绵状结构。酵母发酵法分为一次发酵法和二次发酵法，简单常用的发酵方法为一次发酵法，其发酵工艺流程如下：酵母、面粉、辅料→和面→成型→发酵。

酵母发酵法对面食及面食营养的影响：酵母在发酵时，产生大量氨基酸、低聚糖、酯类、醇类等小分子风味物质，使馒头、包子等面制品口味纯正、浓厚；酵母中含有多种酶类，可以将淀粉、纤维素、蛋白质水解成易被人体消化和吸收的低分子物质，提高了面粉的消化吸收率；酵母中含有植酸酶，可以有效水解面食中的植酸，有助于人体对锌、铁、钙等的吸收，因而酵母发酵法可以增加面食的营养性、消化性和风味；此外，酵母中含有丰富的蛋白质、碳水化合物、多种B族维生素和钙、铁、锌、镁等微量元素，且酵母蛋白中氨基酸组成合理，且含有丰富的赖氨酸和色氨酸，可以弥补谷物中赖氨酸与色氨酸的不足，达到平衡营养的作用。

从营养角度来讲，酵母发酵比泡打粉发酵和老面发酵具有明显的优势。泡打粉发酵和老面发酵不仅对小麦粉的营养造成不同程度的破坏，还会产生一定的危害成分，而酵母本身具有丰富的营养价值，从而强化面粉营养[6]。

（五）发酵面食的生产技术和装备逐渐趋向自动化

1.馒头连续发酵和醒蒸一体化综合配套技术

长期以来，馒头的生产方式落后，缺乏系统的科学研究，与西方面包、饼干等焙烤食品的生产和科学研究相比差距较大，不能当今市场经济条件下大规模、自动化的生产要求。随着人民生活水平的提高和消费观念的改变，机械化半机械化馒头生产方已经不能满足市场需求，高品质、全营养、安全放心已经市场消费的主流。馒头的规模化、自动化生产已经势在必行。

连续发酵技术和醒蒸一体化技术是馒头自动化进程中的两项关键技术，创新点主要有6个方面：连续发酵工艺的研究、自动和面设备、自动分切设备、自动成型设备、醒蒸一体化、自动冷却包装系统。

连续发酵技术就是通过连续补料来培养处于对数增长期的发酵剂中的微生物，利用发酵充分的流体作为发酵面食的发酵剂。连续发酵技术采用液体连续深层生物发酵（又称肥浆发酵），达到一定的发酵力之后用食用碱调和。利用连续发酵技术制作的发酵剂为流动态的液体，具有发酵速度快发酵力强的优点。结合加水自动控制、加面自动控制、温度自动控制、液位自动控制和流量自动控制装置可以实现整个过程的自动化运转，不但减小劳动强度更降低了人为因素带来的产品质量不稳定。把传统的酵子与现代的工业化生产有机结合，制作的馒头不但具有传统老面馒头的麦香味、曲香味、碱香味，营养价值高，且制作成本大大降低。此外，在发酵的过程中可以加入人体所需的营养功能因子，提高馒头的功能附加值。连续发酵技术把传统的工艺配方和先进的设备相结合，得到的发酵剂性质稳定而且具有传统老面特有的风味，既满足馒头自动化生产需求又符合现代消费理念。

醒蒸一体化技术是将馒头醒发和蒸制两个过程合二为一的一项新技术，该技术的应用极大降低劳动强度、减少劳动力，干净卫生，符合食品车间的生产管理理念，是馒头自动化进程中的一项技术创新。醒蒸一体化技术特别适合馒头的连续化、规模化、自动化生产，其生产效率高，整个过程可以实现无人化控制，避免了二次污染，减小劳动强度，提高产品品质和卫生指标。此外，利用醒蒸一体化设备生产出的产品一致性好。操作过程易于控制，做出的馒头一致性较好，质量稳定，符合馒头商品化理念。

中百集团武汉生鲜食品加工配送有限公司的粮油科技成果——馒头连续发酵和醒蒸一体化综合配套技术研究与示范已应用于公司实际生产。该项目采取综合配套技术将自动水温调节、和面机自动定量加水、和面方式的程序控制及面团的定量分割满足了连续压面的要求，从而实现自动成型、自动摆盘、醒蒸一体、冷却及包装全过程。在传统工艺模式的基础上，精化流程、节省劳动强度，实现从和面到成品冷却全自动化，将百姓餐桌上的馒头实现工业化生产。

2. 家用全自动馒头机

做馒头的工序很复杂，要经过和面、揉面、成型、发酵、蒸制等很多道工序，哪一步出问题都会影响馒头口感。九阳首创的专利产品家用全自动馒头机很好地解决了这一问题。该产品只需一键操控，即可完成混合食材、揉面、成型、发酵、升温、蒸制、焖烧的手工馒头全过程。这台馒头机采用了创新的"蒸"技术，360°立体蒸汽加热，保证均匀加热，快速释放蒸汽量，并能自动感测蒸汽量。通过大扭力揉面工艺，完全仿效了手工揉面的原理，全自动的操作也可以让馒头有嚼劲。家用全自动馒头机的发明是我国发酵面食便捷化制作和消费的先驱。

（六）发酵面食产业商业模式逐渐创新

新型商业模式主要表现为更加贴近消费者、更加快速布局，以便有效满足消费者的多样化需求为目标。具体做法为：在大型城市推广建设以发酵面食为主的主食加工配送中心＋中央厨房＋物流系统。大力发展连锁经营，方便快捷进入千家万户。推进面向社会团体或餐饮企业、快餐企业的主食厨房、加工、配送，快餐、饮食服务业、冷链业共同发展。推进营养健康中央厨房和食堂建设面向主体消费人群。在县城及农村，依托摊点和商贩现有的营销网络，使有条件的作坊由生产者转变为优质主食的销售者，公司对其实施统一规范的销售管理，构建城乡主食市场的安全保障体系。联合推进放心粮油进农村进社区工程、早餐便民工程、主食厨房工程、馒头工程、学生营养餐工程等。

津粮集团的"利达放心馒头工程"（主食厨房+配送中心），已建成全国规模最大、设备最先进、醒蒸自动连续化的放心馒头生产线（39条），日产规模达到300万个，销售点上千家，让放心馒头走进了千家万户。该集团充分发挥国有粮食企业保市场、保供应、保安全的主渠道作用，建立了从田间地头到百姓餐桌全过程的放心馒头、放心面粉质量控制体系，严格执行质量标准、卫生标准、原料选用标准、工艺流程标准、员工操作标准和卫生行为规范等九大节点控制，加强检验检测微生物、磁性金属物等20项指标控制，严把生产经营环节、工序流程和产品质量安全关，确保投放市场的馒头百分之百安全放心。

巴比公司是一家以生产销售包子、馒头等大众化早点品牌专卖店，是上海最早、最标准和最专业的大众化早点食品加工厂之一。其成功的事实证明了规模化、标准化在中式餐饮中的可行性。主要表现在几个方面：①全面、系统的CIS管理，保证品牌形象传达统一。②实施集中采购，从源头保证产品品质优良和食品安全。巴比公司成立之初，巴比各门店的馅料和饮料均有总公司统一生产和配送。这样既实现了产品口味和质量的统一，又保证了门店的整洁和卫生。更重要的是，统一生产和配送，质量可控可查。③现代化生产加工基地，标准化作业流程，保证品质稳定和口味统一。公司将包子成品标准化，即在中央厨房统一制作包子。在这个模式中，中央工厂是巴比馒头的中枢，也是其实现标准化、连锁化经营的根本保证。④健全的配送网络，完善的配送体系，保证产品安全、准确、及时到达。目前，大多数巴比馒头门店的产品都是由中央厨房统一配送，门店只需将总公司送来的冷冻生包子醒发和蒸熟即可，门店只承担很小部分的加工工作，更多则是承担了终端销售功能。冷冻面团技术保证了产品口味与现蒸的基本相同。更重要的是，实现了从馅料到产品的完全标准化作业，这在中式面点行业中尚属首家。⑤系统的营运管理体系，保证门店管理规范有序。巴比馒头既有直营店，也有加盟店，门店管理是巴比公司的重中之重。巴比总部设有督导队伍，由专人对每个门店进行巡查，判断其原料和成品进货量是否合理，杜绝门店以次充好。因为中央厨房在采购上的规模优势，使原料和成品本身的成本降低，所以门店也不愿意弄虚作假。⑥总部实施统一营销部署，强力推进品牌知名度和市场占有率，促进业绩提升。⑦通过加盟培训和定期再培训，使得门店管理水平不断提高，有助于获得稳定收益。⑧强大的后勤管理体系，为门店经营提供有效支撑和服务保障。巴比馒头的成功，就在于它将早餐包子做成了大家耳熟能详的品牌，实现了标准化、连锁化经营[7]。

（七）发酵面食产业化及科普活动逐步推进

1. 发酵面食产业大会

每两年一届的发酵面食产业发展大会，是行业内最具影响力的学术交流会之一。分会成立以来，连续举办了以"致力科技创新，促进产业振兴""提高自主创新能力，促进主食产业化"等为主题的数届发酵面食产业发展大会。50多位高校、企业、科研单位的专家在会上做了近70次学术交流。1500多名来自发酵面食行业知名企业、科研机构、大专院校以及相关配套企业的代表参会。大会增进了彼此之间的交流与合作，使得发酵面食产、学、研紧密结合，为传统食品的安全、工业化提供技术支撑，共同推动了发酵面食产业的快速发展，开创了全新的良好局面。

2. 安琪酵母杯中华发酵面食大赛

为促进我国发酵面食行业的技术交流，引导和带动广大发酵面食从业人员钻研技术，提高技能水平，宣传普及《食品安全法》和GB/T21118-2007《小麦粉馒头》知识，分会创办了中华发酵面食大赛。大赛由安琪酵母股份有限公司冠名并承办。大赛不同于其他以往的发酵面食大赛，增设了以《食品安全法》和GB/T21118-2007《小麦粉馒头》为基础的理论考试，该成绩占总得分的20%。大赛分预选赛和决赛，预选赛分为北京、上海、广州、成都、武汉、沈阳、台北、吉隆坡（马来西亚）、马尼拉（菲律宾）、新加坡市10个城市进行，决赛与产业大会同期举行。

经过国家级专业裁判、高水平的专业辅导，选手的比赛作品均符合中华人民共和国食品安全法和《小麦粉馒头》标准的要求，且绝大部分作品营养、健康，具有创造性、实用性和商业性，有广泛的市场推广价值并能进行规模化生产，可转化为企业的生产力。大赛开办以来，得到了企业、学校、个人以及社会团体的广泛参与，受到新加坡、马来西亚、菲律宾、中国台湾等海内外国家和地区从业人员的关注，开创了中华发酵面食从业人员学技能、比技术的全国性赛事的先河。

3. 科普宣传

自2004年以来，发酵面食分会组织成立了发酵面食科普宣讲团。宣讲团由分会第一届专家委员会成员李里特教授、俞学锋会长、王凤成教授、黄卫宁教授、孙辉研究员以及位凤鲁等科技工作者，共计36人组成。随后，宣讲团在全国开展了逾100场发酵面食科普讲座专题活动。在中国粮油学会的推荐下，宣讲团获得了中国科协"万名科技专家讲科普"活动优秀奖。其中位凤鲁同志因在汶川地震中表现优秀，还被中国科协评选为抗震救灾先进个人。

每年春节期间，分会都组织开展以发酵面食科普为主的"面点师之乡"活动。活动覆盖了湖北省、安徽省、河南省、浙江省、江西省、陕西省、山西省、河北省等13个省的近30个县，逾20万农民群众，数万面点师朋友。其形式主要有：开展科普讲座和技术交流会；利用发酵面食书籍、杂志、报纸、标语等宣传科普知识；与当地政府和有关企业联合建立技术培训中心，为企业提供跟踪服务等。活动受到了当地政府和广大群众的热烈欢迎和大力支持。各省市电台和报纸等新闻媒体对科普宣传和面点加工技能大赛活动进行现场录制和报道。2010年2月，新华社刊发新闻专题报道《我国上万农民工面点师春节在家乡接受培训》，专题介绍"面点师之乡"活动。

4. 面点师之乡

2008年以来，分会在会员中组织开展了"面点师之乡"命名活动。安徽省怀宁县江镇镇、湖北省监利县毛市镇、福建省仙游县园庄镇、山东省乐陵市黄夹镇在从业人数、职业技能培训等方面的情况符合"面点师之乡"的命名条件，先后被命名为全国"面点师之乡"。

通过命名活动，加强了剩余劳动力职业技能培训，鼓励了科技创业，有利于争取社会各界对发酵面食产业的支持，推动发酵面食产业的发展与进步。

得益于"科技下乡"，多个地方已从"面点师之乡"发展成为"面点师之县""面点师之市"，富民效应显著发挥。目前，免费技能培训活动已在全国13个省的数十个县乡同步进行，10万余名面点师因此直接受益，间接受益人数超过30万人。

5. 面点培训

依托相关单位，在北京、上海、宜昌、成都等地联合开班面点加工技术职业技能鉴定培训，为会员免费提供技术服务，为行业培养专业技术人才，促进产业经济持续发展。2014年在北京、宜昌、上海、成都、武汉、沈阳等地共举办105场专业面点加工技术培训班，培训人数达2311人次。目前，分会已开办了数十期面点加工技术培训班，并协助地方政府开展了近200场面点加工产业技术和创业交流活动，受益群众逾万人。

三、国内外研究进展比较

国际上发达国家食品加工的主体都是主食的加工。主食市场无疑是一个最稳定、最广大的市场。发达国家居民消费的食物中，工业化食品达到70%左右，有的达到90%以上，而我国只有15%～20%。如，美国主食面包工业化已经成为集原料供应、生产加工、食品添加剂修饰、生物发酵、机械制造、标准评价、科技创新以及教育培训等为一体的庞大产业体系[8]。目前欧洲人均面包年消费量约67.75kg。欧洲早已拥有年产10万t以上的完全连续化的工厂，且自动化程度高，可实现由中央控制管理的无人车间。生产线包括供粉机、和面机、揉面机、搅拌器、生面团分离器、球形卵形成形器、醒面、烘焙、包装及其他特殊设备[9]。当前我国也在逐步转变观念，着力提高主食加工的工业化水平，开拓主食市场。

在发酵面食品种创新方面，我国的传统主食产品只有300多个品种，而国外仅汉堡包就达到100多种，意大利通心面有800多个品种。速冻或冷藏冷冻食品具有营养、卫生、方便、快捷的特点，发达国家人均消费冷冻食品一般在20kg以上，并以30%的速度递增，而我国人均只有7kg。目前，我国冷冻食品品种有600多种，而美国有2700多种，日本有冷冻食品达3100余种，是我国的4～5倍。值得一提的是，一些发达国家已经建立了现代冷链物流体系，通过采用GPS等先进的管理手段实现产品流通中的动态位置管理、运行速度管理、车内温度管理、紧急制动管理等，对产品实施即时运行管理，确保产品品质和安全。

发达国家十分重视自己食文化的弘扬，通过向国外推介自己的饮食习惯，扩大本国的影响力和农产品贸易的优势地位。美国通过麦当劳、肯德基等餐饮方式，成功地向全世界建立了其小麦、肉、奶酪、马铃薯的市场地位；法国、印度等也以自己的传统食品文化抵制美国的食文化，维护自己的市场；日本更是把米饭、盒饭、寿司、纳豆等作为食育的核心，不仅让其在国内巩固主食地位，在国际上也作为输出优质日本大米的先锋，开展一系列宣传运动。我国作为世界最大的小麦生产国和最大的消费国，馒头作为发酵面食的代表，理应是我们在考虑国家发展、农业振兴和国民健康问题时，不可忽视的食品。

目前，中国传统发酵面食工业化的发展面临三个方面的挑战。具体如下：

1. 原料缺乏基地化供应

对于工业化生产的产品来说，如要达到稳定的高品质，必须要有高品质的原料，从源头上保证产品的质量和安全，这就要求要拥有相当固定的原料生产基地。目前，我国绝大多数生产企业没有自己的原料基地，因此今后食品质量应该从种子抓起，对原料的物理化学性能、保鲜贮藏性能、运输性能等应该做全方位的研究，甚至是分子水平的研究。例如：我国小麦品种的培育、种植、生产和面粉加工都应该主要围绕传统小麦面食工业化的要求开展，应该深入研究原料品种质量与产品品质特性之间的关系，加强相关领域之间的交流与沟通，对田间育种栽培到餐桌食品品质的各个环节及各环节之间的内在关系进行系统科学的研究，并以此类研究成果为导向，生产适合不同种类面食加工所需的优质小麦粉。

2. 关键加工工艺和技术落后

发酵面食的开发需要创新和高科技，既包括对产品从营销学角度的定位和设计，也包括运用现代营养学、加工工艺和技术生产出受市场欢迎的新产品。在国外，像肯德基炸鸡、麦当劳汉堡包等就是这样成功开发的范例。例如我国馒头虽然经过科技人员的努力，基本可以实现机械化生产，但是发酵工艺、老化控制、风味和营养等加工工艺方面还需深入研究，在标准化方面尚未达到商品化要求，因此，还未达到工业化水平。开发传统发酵面食品，除了吸收国外食品工业的技术和精华外，对我国传统发酵面食进行全面系统的调查、整理、发掘和工业化改造也很重要[10]。

3. 连锁化经营模式有待进一步探索

连锁经营是餐饮业国际化发展的趋势，也是中国传统食品工业化发展需要借鉴的途径之一。连锁经营作为一种最具活力的经营方式，可以使餐饮业实现低成本扩张。我国主食的连锁化经营已经开始初具雏形，各地都有主食的连锁企业，如包子连锁企业，早餐工程企业等。在博大精深的东方饮食文化基础上发展起来的中式快餐，要有中国特色。西式快餐品种单一，而中国传统发酵面食就有很多品种。营养方面，西式快餐以高蛋白、高脂肪、高热量为特点，人体必需的纤维素、维生素和矿物质含量则很少，多吃对人的健康无益。而中式面点采用传统蒸煮方法，有着较为合理的营养和膳食搭配。形成规模化经营是中式快餐发展的关键，也是难点。采用连锁经营的快餐企业总部实行统一采购、集中储存制度，既保证了原料质量，又降低进货成本，总部还可以集中大量的资金和人力物力进行经营战略研究和特色食品的开发，并将成果应用于各分店，而分店只需做好专业化的销售和服务。中式快餐发展的难点在于简单化和标准化，只有简单化和标准化的生产才能保证所有加盟分店能快速简单的生产出同样口味的产品，所以中式快餐在注重口味的同时，还应加强对快餐食品营养合理配比的研究，并制定量化指标，以便于标准化生产，向工业化发展，实行机器化生产，增强产品品质的稳定性和一致性。西式快餐大多是全国甚至全球性连锁式经营，而中式快餐一般都局限于本地区、本省区，较少有全国性连锁经营的，中式快餐一直停留在小打小闹的单打独斗式经营模式上，始终上不了规模，难以形成知名的品牌，竞争十分激烈，连锁发展非常困难和缓慢[11]。我国早点餐饮连锁的模式要进一步探索，向国外学习经验，早日将中国的包子企业推出类似肯德基、麦当劳的国际知名品牌。

我国主食加工的规范化、标准化、现代化水平低，技术、工艺、设备研发相对滞后。研究国外发达国家主食产业化的生产技术实践和发展经验，学习和借鉴国际先进的主食产业经营科学理念，进行发酵主食产业经营体制和生产方式的创新，才能使我国发酵主食产业具有核心竞争力和发展动力，真正实现发酵面制主食产业的现代化。

四、发展趋势及展望

中国发酵面食是中华民族传统饮食文化的优秀成果。在当前社会发展的新形势下，吸取国外现代餐饮企业的生产、管理、技术经验，采用先进的生产工艺设备、经营方式和管理办法，开发具有中国特色、丰富多彩、能适应国内外消费需求的品种，是中国发酵面食今后的方向。

当前发酵面食领域的科技研究和产业发展重点如下：

加强对面粉、面团的特性研究，揭示它们与发酵面食品质之间的对应关系，实现工艺技术条件的量化，从而找出风味、口感、内部结构的优化工艺条件。原料小麦、小麦粉的化学组分，包括蛋白质、淀粉、脂类与发酵面食的品质关系密切。面团流变学特性反映的是小麦粉加水混合过程中面团的物理性质，包括面团形成前后所表现的耐揉性、黏弹性、延伸性等。测试面团流变学特性能够近似地评价小麦粉的食品加工品质。随着市场对发酵面食品质的要求越来越高，迫切需要育种单位加强小麦品种的研究改良。我国小麦产业要以传统面食工业化创新为导向，建立具有中国主食特色的小麦规格标准，并带动小麦育种、收购、加工、制粉等全产业链发展。

加强科技自主创新，开发合理而先进的生产工艺和技术，大力发展发酵食品的减菌化加工技术和保鲜技术。减菌是保证主食保质期的一条重要途径，但减菌并不能仅仅局限在产品的最终杀菌，而要建立一套从原料减菌化、烹饪加工减菌化、包装减菌化以及操作空间减菌化的全程综合减菌技术，并贯穿到所有的关键装备及整条生产线之中，达到生产高品质主食的目的。馒头的保鲜技术特别是抗老化技术是保证馒头品质和延长货架期的首要因素，也是关系到馒头能否实现商业化与工业化生产的关键技术之一。

当下，面制食品包装多采用脱氧、真空、气调包装，以抑制微生物的生长、减缓食品老化速度，从而达到保质的目的。化学类防腐剂的毒副作用较强，而气调、冷藏保质技术只能抑制微生物的生长，不能有效地杀灭微生物。冷藏、气调包装、添加防腐剂等都会对面制食品的保质存在一定的局限性，因此，面制食品保质急需具有杀菌作用的抑菌剂。在此背景下，天然植物精油抑菌剂已经逐渐被应用于食品工业。天然植物精油中的主要抑菌成分有芳香族化合物、萜类化合物、脂肪族化合物、含氮含硫化合物。天然植物精油具有无毒、无害、纯天然等特点，并且对革兰氏阴、阳性菌、霉菌等均有一定的杀菌活性[12]，现已在面包、月饼的保质包装中逐渐开始使用。天然植物精油具有一定的挥发性，当加入包装袋中，可以挥发到面制食品表面，有效杀灭导致面制食品腐败的微生物。通过控制天然植物精油的使用量，并选择合适的加入方式，将成为面制食品加工的主要研究方向。由于天然植物精油的主要抑菌成分是酚类、醚类物质，其挥发性较强，已有研究结果表明，精油中的酚类物质对微生物的细胞膜或细胞壁有破坏作用，从而导致细胞膜的功能受到一定程度的影响，细胞体内的内容物外流，导致微生物死亡[13]。因此，天然植物精油对面制食品表面微生物的抑制作用明显，可以有效地延长面制食品的货架寿命。可将天然类抑菌剂与可食性材料（如纤维素、壳聚糖、乳清蛋白、大豆分离蛋白等）混合制备可食性薄膜；或者将其涂覆到普通塑料薄膜表面，制备成具有抑菌性能的绿色包装材料[14]。这方面的理论研究已经较为成熟，将其应用到工业化生产面制食品保质包装，可以有效延长面制食品的保质期，因此，其必将成为面制食品保质包装技术新的研发方向[15]。

研制可靠而先进的机械装备，提升发酵面食工业化生产水平，提高产品质量品质。今后发酵面食机械设备无疑会向连续化自动化生产的方向发展，在这一过程中，将会引入节能、热流及温度和压力控制、多电机程序控制等多项新技术，使蒸制品的产量和质量得以不断提高。

同时，还需要加强发酵面食营养性与健康性的优势研究，尤其是发酵面食营养效价对粮食利用与节约的研究。作为发酵面食的皮坯原料，可以在继承传统选料的基础上，选用中、西式新型原料，如：紫薯、山药、杂粮、巧克力、咖啡、干酪、炼乳、淡奶、酸奶等，以提高面团的质量，不但会使产品的色泽更诱人，在风味和营养方面也会有很大的突破，赋予创新面点品种以特殊的风味和质量特征。另外，充分利用我国现有资源，开发功能性发酵面食、药膳发酵面食等系列产品，满足不同消费需求。

传统食品的创新与开发，比如米发糕产品的工业化。米发糕是我国传统的大米发酵食品，它同北方馒头一样，在我国南方地区有着悠久的加工历史和深厚的文化蕴涵，有人亲切的将其誉为"米馒头"。传统米发糕多采用老浆发酵，由于微生物体系复杂，在发酵过程中菌种的活性和比例难以控制，导致米发糕的生产周期长、产品质量不稳定，且因米发糕含水量高，淀粉易回生老化、易被微生物腐败，产品的贮藏稳定性较差，从而导致米发糕难以大规模工业化生产。米发糕预拌粉的开发，解决了传统米发糕生产中的关键技术问题，可直接加水调浆、发酵和蒸制，就能制成风味、质构特性优良的米发糕。通过一系列的研究，米发糕预拌粉采用了优良的发酵剂，可有效地提高米浆中特定发酵菌的数量，加快米浆的发酵速度并保证产品质量，研究了部分大米品种特性与米发糕品质之间的关系，并筛选出生产米发糕专用大米品种，这为米发糕的工业化生产奠定了基础，同时实现我国传统米发糕生产工艺的革新和现代化。

中国传统食品历史源远流长、经久不衰，有文化内涵，使传统食品赋有更多的价值。将具有良好风味性、营养性、保健性和安全性的传统食品实现工业化生产，具有重要的意义。

传统食品要取得快速发展必须走工业化和现代化之路，要引进现代食品加工的理念、赋予现代食品加工的技术，只有在此基础上，传统食品的发展才能规模化、产业化。现代食品加工的理念之一是食品加工标准化。传统食品的发展理应如此，目前传统食品的加工配料、方法等有很大的经验性，急需加强传统食品加工的标准化建设。只有建立了传统食品原辅料、配方、工艺、销售等环节的标准，才能确保传统食品优质、独特的风味和品质。也只有通过建立传统食品的国际化标准，才能使传统食品走出国门，增强其国际竞争力，扩大国际影响，创造更高的经济效益。

研究国外发达国家主食产业化的生产技术和发展经验，学习和借鉴国际先进的主食产业经营科学理念，进行发酵面食产业经营体制和生产方式的创新，使我国发酵面食产业具有核心竞争力和发展动力，真正实现发酵面食产业的现代化。

近几届由中国粮油学会发酵面食分会主办、安琪酵母股份有限公司承办的中华发酵面食大赛的成功召开，促进了我国发酵面食行业技术交流，引导和带动了广大发酵面食从业人员钻研技术，提高了发酵面食制作的技能水平，也推动了行业的发展和进步。

科学是关键，创新是灵魂，管理是保证。可以满怀信心地展望，通过持续不断的科学研究和技术创新，必将为我国发酵面食工业化生产注入强大的动力和核心竞争力，激发出发酵面食产业活力，促进中国特色发酵面食产业的快速发展。

—— 参考文献 ——

[1] 规划司.《粮食加工业发展规划（2011—2020年）》. http://www.miit.gov.cn/n 11293472 /n11293832/n11293907/n11368223/14474951.html.

[2] 中华人民共和国国家标准（GB/T21118–2007）. 小麦粉馒头［S］. 2007.

[3] 陈华. 仪器分析方法在小麦粉馒头感官评价中的应用［J］. 粮油食品科技, 2012,（4）.

[4] 方秀丽. 利用图像分析仪评价馒头品质的研究［N］. 中国粮油学报, 2013,（6）.

[5] 李娜. GC–MS分析传统酸面团馒头风味及添加食用碱对其风味的影响［J］. 食品工业科技, 2014,（16）.

[6] 豆康宁, 石晓. 发酵方法对面食营养的影响［J］. 粮食与食品工业, 2008（5）.

[7] 王振家. 巴比馒头：小包子里面的大生意［J］. 光彩, 2012（11）.

[8] 屈凌波, 孙中叶. 国外主食产业化发展趋势及经验［J］. 农业工程技术·农产品加工业, 2014,（3）.

[9] 张泓. 国内外主餐工业化差异分析. 农产品加工·综合刊［J］. 2014（6）.

［10］ 姚惠源. 我国主食工业化生产的现状和发展趋势［J］. 现代面粉工业，2010，（4）.

［11］ 张超. 中式快餐企业连锁经营模式初探［J］. 中小企业管理与科技，2010，（21）.

［12］ Shan Bin，Cai Yizhong，John D Brooks，et al. The inVitro Antibacterial Activity of Dietary Spice and Medicinal Herb Extracts［J］. International Journal of Food Micro-biology，2007，117(1)：112-119.

［13］ Rasooli I，Rezaei M B，Allameh A. Growth Inhibitionand Morphological Alterations of Aspergillus Niger by Essential Oils from Thymus Eriocalyx and Thymus X-Porlock［J］. Food Control，2006，17(5)：359-364.

［14］ RamosM，Jimenez A，Peltzer M，et al. Characteri-zation and Antimicrobial Activity Studies of PolypropyleneFilms with Carvacrol and Thymol for Active Packaging［J］. Journal of Food Engineering，2012，109(3)：515-519.

［15］ 李广生. 面制食品的保质技术研究［J］. 包装学报，2015，（2）.

撰稿人：孙　辉　欧阳姝虹　杨子忠　位凤鲁　俞学锋

朱克庆　王凤成　　付仔振　连惠章

粮油信息与自动化学科的现状与发展

一、引言

  粮油信息与自动化学科是以信息与自动化和粮油行业现代化发展深度融合为目的，以粮油信息为研究对象，以信息论、控制论、计算机理论、人工智能理论和系统论为基础理论和方法，进行粮油信息的获取、传递、加工、处理和控制等技术研究与应用的一门交叉性学科。本学科定位于促进信息与自动化技术在粮油行业生产、经营和管理中应用，提升粮油行业收储、物流、加工、交易、管理等业务环节的信息化、自动化和智能化水平。本学科是粮油科学与技术学科的分支学科，是近年来迅速发展的信息学科的重要应用领域，涉及计算机科学与技术、控制科学与工程、电子科学与技术、信息与通信工程、食品科学与工程等学科的综合交叉应用。

  粮油信息与自动化学科研究的内容是将信息和自动化相关理论和技术应用到粮油行业各个领域和环节，提升粮油检测技术与装备、粮食收储、粮油物流、粮食加工、粮食电子交易和粮食管理等领域信息和自动化技术的应用水平。"十二五"期间，粮食行业信息与自动化水平极大提升，并取得了卓越的成果。行业网络基础设施建设加速，涉粮企业信息化水平提升，业务管理信息系统得到应用，信息网络安全保障机制初步建成；行业电子政务平台初步建成，粮食行政管理部门基本建成门户网站并成为政务公开的主渠道，国家和省级粮食数据中心、全国粮食动态信息系统等项目建设进度明显加快；粮情测控技术向多参数、网络化和智能化方向发展，粮食仓容测量与水分传感、清仓查库等关键技术取得突破[1]；太赫兹波、生物光子学、声学、光学等在粮油检测技术与装备中得到应用和突破；《粮油仓储信息化建设指南（试行）》等标准规范制订并发布，一些省（区、市）出台了部分信息化应用标准；物联网、云计算、大数据等新型信息和自动化技术在粮油购、储、运、加工等环节得到应用和推广。

粮油信息与自动化学科的发展有利于更加全面、准确地掌握粮情，有利于更加合理、科学地加强国家宏观调控和监管能力，能够对粮油行业科技进步起到巨大的支撑作用，是粮油行业创新发展的驱动力。本学科主要科研单位包括：国家粮食局科学研究院、国贸工程设计院，郑州、无锡、武汉、成都等粮食科研设计院所，河南工业大学、南京财经大学、武汉轻工大学等高等院校，中粮集团、中储粮总公司等大型国有企业，以及陕西、湖南、江西、山东、黑龙江、天津、北京等省市粮科所。随着国家粮食安全的战略地位日益凸显，上述科研单位科研人才得到重视，科研经费得到保障，科研水平正得到逐步提升，是"科技兴粮"和"人才兴粮"工程实施的重要保障。本学科必将带动粮食行业科技进步，增强粮油产业竞争力，实现粮食行业经营能力和管理现代化水平的大幅度提升；同时促进粮食产业转型升级、构建现代产业体系、提升国家粮食安全保障能力，支撑粮食行业健康可持续发展。

二、近年来的研究进展

（一）学科研究水平

近年来，随着国家"863"计划、科技支撑计划和粮食公益科研专项等一系列项目的立项实施，信息与自动化技术在粮油行业的应用更加广泛和深入，达到了较高的理论和技术研究水平。

1.粮油检测技术与装备

（1）运用太赫兹波[2]研究粮食品质、组成成分、真菌类微生物、真菌毒素、食品中的非法添加和营养成分等。该技术比现有生化检测方法的效率大为提高，目前处于实验研究阶段，该系统装备的便携化将有利于实现粮食、食品质量安全的现场化、快速化检测。

（2）运用压力传感器[3-4]、激光扫描等方式估算仓容的技术已由实验验证阶段过渡到应用推广阶段。该技术的推广提升粮食数量在线监测设备的综合性能，促进储备粮动态监管预警系统的应用推广，加快项目的产业化进程。

（3）利用声学信号检测小麦硬度仪器主要应用于小麦品质快速检测领域，以撞击发声及声音传播方法作为获得声学信号的方式、以小麦硬度与关键参数之间的数据模型作为预测小麦硬度值的理论依据，研究了不同品种小麦声音信号之间的差异。

（4）粮食品质多功能检测仪主要用于测定粮油中的脂肪酸值、酸度、酸值、过氧化值和还原糖等五种品质指标，建立了滴定分析数学模型，实现了自动控制滴定终点和自动分析检测，提高了仪器的精度、抗干扰能力和自动化水平，实现了仪器的小型化。

（5）粮食快速智能检测系统能够解决粮食收购中人工定等效率低和人为干预因素大等问题，实现了数字容重检测、水分检测和玉米定等检测等功能，使检验数据传递过程中无人工干预，提高了工作效率和保证测定数据的真实性，实现了玉米定等检测全过程（取样、检测、统计）的智能化管理。

（6）食用植物油脂烟点自动测定仪采用了光陷阱，提高了检测的灵敏度和准确性；设有屏蔽导流孔、抽气装置、排污孔，避免了油烟对光电元件的污染，减小了温度对光电元件的影响，提高了仪器精度和使用寿命。

2. 粮油收储信息和自动化

在粮食收储领域，开展了智能出入库、粮情测控、智能通风、智能气调、智能安防、太阳能利用及粮食品质智能检测等研究和开发，并开展了智能化粮库技术集成与应用示范[5-7]。

（1）粮情测控远程监管平台将粮情预警、远程测控、远程监管等功能集于一体，实现对存储粮食的数量、质量、生态环境等远程监督管理，减少巡查成本，实现了粮情测控从本地检测为主到与远程监管并重、粮情数据从单一孤立数据采集为主走向全面综合数据分析，并逐步走向粮情数据的深度挖掘与应用，为粮食仓储的科学发展提供理论基础。

（2）智能通风控制系统解决了常规机械通风中通风条件判断难、控制难等问题，实现了粮情的智能化分析判断和预警预报以及通风设备智能控制，确保仓储管理和技术人员准确了解粮情变化并及时发现储粮隐患，且能在通风过程中自动选择最优的通风时间，提高通风效率，降低通风能耗。近几年，智能通风技术得到了大规模的推广应用，建设完成近2000万t规模的智能通风仓。

（3）智能氮气气调储粮技术是用高浓度氮气代替化学药剂充入粮堆，形成不利于害虫及霉菌生长发育的生态环境，抑制粮食呼吸，实现防治虫霉危害、延缓粮食品质变化的绿色储粮技术。综合利用氮气气调储粮的稀释法、置换法和抽气强排置换法充气工艺，研制了氮气气调储粮自动控制系统，通过在测气点检测仓内氮气浓度来判断制氮设备、各仓进排气阀门的自动开启和关闭，实现智能化气调储粮。该系统已在中储粮总公司系统内直属企业推广安装使用，建设总规模已达1000多万吨，并取得一定的社会效益和经济效益。

（4）油脂库存测控远程监管平台通过信息化技术手段解决油脂库存远程监管的实时性问题，通过网络远程随时随地查看并监管各库点油脂库存数量和库存环境情况，解决对油脂库存数量和存储环境远程监管的技术难题，建立健全科学保油预警机制，整体提升油脂存储科技水平，保证油脂存储安全。

（5）智能化粮库关键技术研发及集成应用示范由中储粮总公司研究、实施和推广，将物联网、智能计算、多媒体等技术应用于粮食出入库、检化验、检斤计量、仓储管理、财务结算等各个环节，集成仓储信息管理系统、OA办公系统、智能出入库系统、数量监测系统、粮食质量检测定等系统、智能气调系统、智能通风系统、智能安防系统和集中显示等9个子系统，实现了管理信息化、作业自动化、监控可视化、数据实时化、办公自动化、信息网络化，取得了较好的效果。

3. 粮油物流信息和自动化

利用信息和自动化技术，粮食物流领域进一步实现数字化、自动化和智能化。主要研究成果体现在：运用物联网技术基本实现了粮食从收购、仓储、运输、加工到成品粮流通的全程监管；运用云计算、大数据等理论和技术，综合考虑粮油物流网点多、规模大、数据多属性、实时更新、转换频繁等实际问题，建立粮食物流数据分析与处理平台[8-10]。

（1）粮情上报工程充分利用已有的仓储信息化建设基础，利用信息化手段实现8000家省级仓储企业与全国粮食动态信息系统互联互通。利用物联网、RFID等新技术完善粮情信息采集手段，深化技术应用，扩大粮情信息采集范围和样本量，完成涉粮信息资源的集成和整合，形成涵盖种植、气象、收购、储藏、流通、加工、消费、贸易、政策等信息、多部门有机配合的大粮情信息采集网络平台，实现了粮食流通数据网上直报，提高了准确性和及时性。

（2）粮安工程利用现有的物联网、大数据、云计算、数据挖掘技术整合各类物流信息资源，为粮安工程实现了信息化管理，实现粮食在运输过程的各项信息的追溯和跟踪，实时掌控粮食的物流信息。

（3）质量溯源工程能够保障粮油质量安全，老百姓吃到安心粮、放心粮。实时地监控食品的生产、加工、流通过程，充分利用物联网技术，将监测区域内的传感器节点科学连接起来，形成一个物联网系统，监控人员通过这个系统，及时便捷地感知、采集和处理监测网络覆盖区域内被监控食品的信息。

（4）粮食电商平台为全国粮食物流配送、交易和管理信息平台，实现粮食物流信息资源共享，提供了有力的支撑作用。粮食电商物流平台主要是针对粮食加工企业、粮食购销企业等中间商开展的以电子竞价为主要方式的原粮网上交易；在粮食流通的分销渠道上，面向终端消费者的电子商务企业开始颠覆传统交易模式，网上订货，线下配送已经成为规模。

4. 粮油加工信息和自动化

粮食加工核心装备向着自动化和智能化方向发展；粮食加工生产控制系统自动化、数字化、网络化水平不断提高；粮食加工企业（油、玉米、饲料）向着规模化、集约化、集团化的趋势发展[11-12]。

（1）面粉、大米、油脂、饲料等粮油加工企业的生产规模日趋大型化、规模化，粮食加工核心装备的自动化和智能化逐渐得到重视，粮食加工装备智能化不仅为企业产品质量的精准控制提供了保障，也使得整个粮食加工自动化生产线更加信息化。

（2）利用计算机控制、PLC、总线与网络等技术，大中型企业普遍实现了生产自动化和数字化，小型企业也日趋普及。粮食加工生产控制系统向网络化发展，从单个设备、单个工段、单个车间向多个工段、多个车间的连接和集成。

（3）在粮食加工企业内，集先进的控制技术与科学的经营管理思想于一体的管控一体化技术得以逐步开展应用。将管理信息系统和自动控制系统有机结合在一起，有效解决了两者的数据交互问题，将企业生产经营过程中的人力、技术及管理三要素的信息流、物流及其他信息有机集成并优化，从而缩短响应市场时间、降低生产成本、提高产品质量、加强企业竞争力。

5. 粮食电子交易

近年来，我国已逐步实现将信息技术和电子商务引入粮食电子交易领域，并逐步建立起适合现代社会发展的高效能粮食行业电子交易体系。

（1）粮食市场电子交易运行环境逐步成熟。当前，粮食行业电子商务呈现出前所未有的发展势头，国家政府对信息化建设的高度重视也为粮食市场电子交易提供更加完善的保护和更为规范的机制，一系列国家政策的出台规范了粮食竞价交易机制，完善了粮食市场价格形成机制，提高了国家对于粮食宏观调控能力。

（2）粮食电子交易模式多层次发展。目前我国粮食行业电子交易模式主要有 B2B、B2C 以及 G2C 模式，其中，B2B 模式是主要形式，包括网络拍卖、网上招投标、网络直销等。同时随着粮食体制改革的深入进行，粮食市场交易主体逐渐呈现出多样化的特征。网络期货方面有大连商品交易所和郑州商品交易所，其价格发现、套期保值两大功能和优化资源配置、调整农业种植结构的作用越来越显著。大宗商品交易市场有广西糖网、全国棉花市场等 161 家，其交易模式有期现货式、渤海模式、糖网模式等多种形式。国家政策性粮食网络交易发展十分抢眼，小麦、稻谷的网络投放量都大大增加，交易价格也成为市场风向标。

（3）粮食电子交易平台百花齐放。作为综合性粮食电子交易平台的典型代表，中华粮网为粮食行业打造的电子商务服务平台一直承担着国家托市收购小麦竞价销售任务，从 2006 年开始，共举办交易会近 400 场，交易总量 7.4 亿 t，成交总量超过 1 亿 t，已成为国家宏观调控粮食市场的重要载体和得力工具；中粮的我买网致力于打造食品和成品粮油领域全新的网络销售平台，成为成品粮油行业的一种崭新的发展业态，开创了粮油产品交易的崭新渠道；京粮的商务网坚持以优质健康粮油、食品为基础，多品类产品为支撑，致力打造 B2C 及 B2B2C 电子商务的营销模式，为广大客户提供一对一贴身的服务，提供"放心、省心、贴心"的三心管家式服务。这些蓬勃发展的粮油电子交易平台都已成为粮食行业持续电子商务创新的动力源泉。

6. 粮食管理信息化

2011 年启动的全国粮食动态信息系统基本建设完成并处于试运行阶段，项目建设内容涵盖国家粮食局机关内各司、处数据库、应用系统、软硬件环境、标准规范等；2014 年，国家粮食局开始启动智慧粮食建设，将逐步建设完成粮食供需平衡预测系统、粮食库存监管系统、目标价格与种粮直补系统和粮食质量安全可追溯系统。各省份粮食主管部门信息平台建设也逐步推进。

（1）粮食管理方面逐步启动了"数字粮食"管理系统的建设。"数字粮食"[13]建设体系的主要内容是"网络、平台、功能模块"。"网络"就是通过"数字粮食"体系建设形成一个全数字化的信息化网络，网络核心是区域信息中枢，节点为各县区粮油储备库、粮油经营企业、应急保障网点灯，实现分级管理、动态管理、监控管理。"平台"就是通过建设信息化管理的基础硬件系统和软件系统，提供可供各功能模块运行技术支撑平台和信息管理平台。"功能模块"是指粮油储备管理系统、粮食预警应急保障系统、粮食执法监管系统、粮食流通统计系统、粮油市场管理系统、粮油产业化经济系统、机关建设与管理系统等业务模块。充分利用先进的计算机技术,将数据库应用、数据仓库等技术集成在一起,为各粮食局的数字化管理提供了高效、便捷的数字化应用平台。

(2)粮食预警将朝着移动终端的方向发展。构建可以提供粮食管理、风险预警和应急响应为一体的粮食管理服务,从而解决粮食从生产、加工、运输到仓储等一系列过程中的数据管理、风险预警以及紧急预案启动的问题。建设内容有粮食信息采集、粮食市场的监测、粮食风险预警、粮食系统综合安全性评定,应急预警的编制与管理、应急预案的启动与执行、基于CMPP的短信预警等。

(3)在成品粮储备库建设、仓型选择、储备形式、低温储藏工艺、粮情测控及物流管理信息系统、运营管理模式等方面取得了一些成效,推出了适用于不同情况的成品粮储备仓型,广泛采用低温储粮、粮情检测、虫霉防治等技术,推进绿色储粮技术的发展,使用计算机物流系统,有效监控成品粮储备情况;在成品粮物流方面,在进出仓工艺及设备、物流信息管理以及自动制冷系统、加湿系统、缓温技术等专用的关键设施设备和技术等方面进行了研究,研发了关键设备,开发了相关了物流信息管理系统;在成品粮加工方面,已经开始制定相关行业标准。

(二)学科发展取得的成就

1.科学研究成果

(1)创新成果较为丰硕。"十二五"期间,粮油信息与自动化技术研究获省部级以上奖励约6项,其中获中国粮油学会科技奖4项,其他省部级奖2项;申请国家发明和实用新型专利70多项;出版著作、发表学术论文500余部(篇);制修订标准3部。

(2)重大科技专项实施顺利。2013年,国家粮食局首次作为公益性行业科研专项承担部门开始组织、申报、推荐粮食公益性行业科研专项。该专项以基础性、前瞻性、应急性的研究为重点,为保证国家粮食安全提供有力支撑,并重点考虑支持行业的基础性研究。2013年共安排相关项目8个,包括粮食污染物监测与消解、粮油质量安全检测、粮库数量在线监测、数量安全预警、储粮通风干燥、储粮虫霉监测控制、大农户储粮、储粮安全防护等。同时支持需培育的方向,包括物流装备节能减损、加工技术装备、主食品及油脂品质研究、品质资源数据库等。2014年主要围绕"粮安工程",突出了粮食应急供应、监测预警、质量安全、节约减损、物流和仓储等6个重点领域,共计7个项目立项,其中围绕"智慧粮食"开展创新研究的信息化研究项目全部获批立项。

国家"十二五"科技支撑计划项目中"节能增效绿色储粮关键技术研究与示范项目"取得丰硕成果,项目研究围绕生态储粮技术理论,探索出了有效的烘干节能、储藏节能、降温节能技术,并形成国际先进水平的技术示范体系,取得的技术成果在研究示范中的应用得到了行业的认可;数字化粮食物流关键技术研究与集成项目顺利启动,该项目围绕粮食流通过程中储藏、收购、监管、检测等领域的技术需求，开展粮食业务管理与粮食流通信息应用的衔接技术研究。通过数字化的粮食特性模拟，粮食收购品质、储藏数量和质量安全检测、运输装卸、应急处理方法与设备研制与应用示范，建立基于物联网的管理网络，实现粮油数量和质量的跟踪管理，提高从收购、储藏到消费环节的粮油流通全程数字化检测与管理水平，提高粮食流通领域的信息化水平。

（3）科研基地与平台建设有成效。国家粮食局科学研究院拥有粮食储运国家工程实验室，建设有粮食储运共性技术工程平台、储运技术推广示范平台、小麦储运技术工程平台、稻谷储运技术工程平台4个子平台。依托该平台，构建了包括国家粮食局科学研究院、河南工业大学、南京财经大学等13家单位的产学研用为一体的科研团队。该平台以国家粮食安全战略为依据，在对粮食储运环节的基础理论、新工艺研发与集成应用、核心装备开发等开展研究的基础上，重点开展粮食基础参数与平台、新型粮情测控技术、成品粮集成单元化控制工艺、农户储粮信息化以及基于云技术和多参数粮情测控技术的粮情数据平台建设，提升信息与自动化技术与粮食储运的深入融合，实现粮食储运的提质增效。

河南工业大学粮食信息工程中心拥有粮食信息处理与控制教育部重点实验室、河南省粮食信息与检测技术工程技术研究中心、粮食物联网技术河南省工程实验室、河南省高校粮食信息与检测技术工程技术研究中心、粮食信息处理河南省重点实验室培育基地、河南省粮食信息处理技术院士工作站等6个省部级科技平台。依托上述平台，以国家粮食安全中长期发展规划为指导，以河南省工业大学粮油食品优势学科群为支撑，以粮食品质信号检测与处理、粮情感知与控制、粮食信息传输、粮食信息融合与决策支持等领域的基础和应用基础理论问题为核心研究内容，开展计算机科学与技术、信息与通信工程、控制科学与工程、食品科学与工程等学科的交叉研究，致力于利用信息技术解决粮食储藏、流通、加工、管理等过程涉及的质量安全和数量安全问题，促进粮食行业产业升级，提升粮食行业科技创新能力，强化粮食安全保障能力，服务于国家粮食战略工程和河南省粮食核心区建设的战略需求。

南京财经大学拥有国家级电子商务信息处理国际联合研究中心、江苏省粮食物联网工程技术研究中心、江苏省电子商务重点实验室、江苏省商务软件工程技术研究中心等一批国家、省级科研平台。依托上述平台，结合南京财经大学传统优势粮食、食品科学的基础上，将物联网技术应用于粮食、食品溯源管理、服务于"大粮食信息化"，并向农业领域扩展。主要研究基础信息追踪与采集系统融合了目标自动识别技术、RFID信息采集技术、ZigBee技术等，将ZigBee与GPRS结合，形成远程数据获取平台。

中粮郑州质检中心是国家在粮食流通领域中对粮仓机械产品进行质量监督检验测试的机构，是国家粮食局质量监督检验测试中心之一，在2013年3月6日通过国家计量认证（2013002105A），检测中心仪器设备配备率能够满足检测能力的要求，可以向社会出具粮食输送机械设备、粮食清理设备、粮食干燥设备等五大类产品和9个参数的数据和结果。

（4）理论与技术有所突破。"十二五"以来，国家粮食局组织了河南工业大学、南京财经大学、国家粮食局科学研究院、国贸工程设计院、中国科学院遥感所、航天信息股份有限公司等行业内、外单位，开展了一系列重大信息技术研究课题，研究内容涉及粮情监测技术、粮食物流信息追踪技术、粮食数量信息检测、监控技术装备、粮食质量信息追踪技术装备、成品粮应急指挥技术装备、大数据获取技术、云计算技术等，其中，关键的识别码信息传递技术和"数字粮库"相关技术等部分课题研究已取得阶段性成果。

2. 学科建设蓬勃发展

（1）学科教育得到重视。全国开设信息科学与技术、控制科学与工程的高校很多，然而同时开设粮油科学与技术学科课程的高校较少。其中具有传统代表性的 3 所粮食高等院校分别是为河南工业大学、南京财经大学和武汉轻工大学。"十二五"期间，这 3 所高校具备了完整的本、硕、博学位授予权。作为曾经闻名全国的三大粮院，河南工业大学粮油食品学院、信息科学与工程学院、电气工程学院，南京财经大学食品科学与工程学院与信息工程学院，武汉轻工大学食品科学与工程学院电气与电子工程学院、数学与计算机学院，在长期的教学科研中始终保持深度广泛的合作，努力为粮油信息与自动化学科研究和人才培养做出贡献。其中，食品科学与工程学科致力于以计算机信息技术改造和提升传统产业和企业的业务流程，信息科学与工程学科则把计算机信息技术、控制科学与技术在具体产业和企业的应用作为学院教学科研和社会服务的重点，粮食信息处理与控制、电子商务等重点实验室也融合多方人员，在应用技术和应用框架的研究和实践中做出了一系列的显著成果，培养了大量既掌握粮油产业专业的技术技能、又能运用计算机信息技术提升工程质量和工作效率的优秀人才。

（2）学会自身建设逐步完善。中国粮油学会信息与自动化分会是由粮食信息技术领域科技工作者和有关企事业单位自愿结成的学术性、非营利性、全国性社会团体，是发展和提高我国粮食行业科技水平的重要社会力量。2011 年，河南工业大学成为分会的挂靠单位，分会工作主要包括：多次组织和参加学术交流活动；开展每年一次的中国粮油科学技术奖的评审推荐工作；组织全国优秀科技工作者推荐工作；开展粮油信息与自动化科普活动等。通过 4 年的发展，进一步完善分会管理机制，加强了会员管理，增强分会凝聚力，截至 2015 年 3 月，信息与自动化分会单位会员数量 22 个，其中企业数量为 8 个，事业单位数量 14 个；个人会员数量 589 个，其中高级职称会员数量 257 个。

（3）人才培养明显进步。目前，粮油大学院校在粮油信息与自动化方向人才培养，主要依托于信息科学与工程学院和自动化学院，在专业课上设置粮油信息与自动化方向的相关课程，缺乏专门人才培养。上述三大高校在信息与自动化方向的本科生招生规模在3000 人左右，硕士研究生招生规模在 200 人左右。毕业生从事粮油信息与自动化行业工作的较少。粮油科技工作者主要分布在科研院所、高校和粮企，职称覆盖研究员系列、教师系列和工程师系列，初级、中级职称占多数，高级职称比例较低。河南工业大学中国粮食培训学院是贯彻落实《国家中长期人才发展规划纲要》精神的有效举措，是学校立足行业与专业特色优势，发挥学校教育教学功能，进一步提升服务社会能力的特色载体，是学校把握国家、行业和地方重大发展战略机遇，更加强化办学特色，更加突出内涵发展，努力创建高水平大学的新增长点。以高校、企业、政府专家培训团队为依托，以国内粮食行业专业技术人才、党政管理干部、高技能人才、企业经营管理人才和发展中国家人力资源培训工作为重点，通过筹建、运行的积累，使中国粮食培训学院在河南工业大学成为整合专业教学资源的平台、在河南省内成为具有粮食特色的培训机构、在国内外成为具有一定知名度和影响力的粮食产业人才培训基地。粮油信息与自动化科研团队主要集中在科研院所和高校，从业人员数量和学历正逐年增加和提高。本学科国内外学术交流活动逐步活跃。粮油信息与自动化学科国内学术刊物有 14 种类。世界粮食日和粮食科技周是每年本学科进行科普宣传的主要窗口和形式。

（三）学科在产业发展中的重大成果、重大应用

1. 重大成果和应用综述

"十二五"期间获得中国粮油学会及省级科学技术奖等奖项的粮油信息与自动化学科成果，代表着本学科科技创新的最新成就，在粮油产业中得到推广应用，产生了巨大的经济和社会效益。

（1）网络化多功能粮情监控系统研究开发与应用示范。该成果来源于河南工业大学牵头主持的国家科技支撑项目，获河南省科技进步一等奖和中国粮油学会科技一等奖。结合我国粮食安全的重大战略需求，采用信息技术和感知技术，开发了具有储粮数量、温度、湿度、水分及气体监测能力的网络化粮情测控系统，实现了国家粮食储备库粮情监测的标准化与精确化。主要成果包括：①研制了储粮专用的抗腐蚀、高可靠、低功耗的水分、温湿度、数量检测等传感器。开发了基于电磁波探测技术的储粮粮情仓外检测设备，提升了大型粮堆的快速检测能力；②提出并建立了粮堆湿热传递数学模型、粮堆温度场和湿度场有限元模型，距离—时间—温度曲线模型。提出了基于压力传感器网络的粮仓储粮数量的计算模型与系统标定方法；③提出并设计实现了混合型粮仓数据采集网络，设计了粮情监测应用数据交换协议和网络扩展接口标准，构建了粮库粮情监测物联网体系；基于软件组件和中间件技术，开发了粮情测控开放式软件平台，实现了基于模型的储粮数量检测、测温、测湿、测气、粮情分析、通风控制等功能组件；④发表了 60 多篇论文，申请了 12 项专利，完成了 3 项软件著作权的登记，制定并已发布了 5 项国家标准。所开发系统已在全国等地 32 家粮食储备库中推广应用。项目成果及形成的粮情测控的系列国家标准，规范了粮情测控的技术要求，对提升行业的技术进步起到推动作用。本项目在国家粮食储备库中的推广应用，实现了粮情远程监管，提高了储备粮的管理水平，为粮食的宏观调控提供了数据基础和技术保障。

（2）智能化粮库关键技术研发及集成应用示范。该成果源于中储粮总公司承担的项目。开发的智能化粮库业务支撑平台集成了仓储信息管理系统、OA 办公系统、智能出入库系统、数量监测系统、粮食质量检测定等系统、智能气调系统、智能通风系统、智能安

防系统和集中显示系统等 9 个系统、1 个平台。智能粮库建设已在中储粮规模化推广应用，其中智能通风建设规模近 2000 万 t，智能气调建设规模超过 1000 万 t，智能安防及出入库系统也完成 200 多个直属粮库的安装建设。该项目颁布国家标准 1 项，行业标准 1 项，企业标准 1 项，行业标准报批稿 3 项，获得专利授权 8 项，申报软件著作权 4 项（已获得授权 3 项），发表论文 10 篇。

（3）粮油远程监管系统。粮油远程监管技术的研究应用，填补了国内粮油远程监管应用的空白，有效整合各储存库点多种仓储设备，实现标准统一、远程测控、远程监管及深度挖掘。其中，中储粮粮情测控远程监管平台于 2012 年获得中国粮油学会科学进步奖二等奖，中储粮云计算平台粮油大数据中心于 2014 年获得中国粮油学会科学进步奖二等奖。

2. 重大成果与应用的示例

（1）国家粮食储运监管物联网应用示范工程。2013 年国家粮食储运监管物联网应用示范工程获得国家发展改革委批复，该示范工程依托"北粮南运"，以粮食流通通道"三省一市"进行新技术成果的应用示范。经过近两年的建设，项目组解决了粮食出入库作业及日常保管自动化、储备粮远程监管、储备粮在线常态化清仓查库、智能通风控制、虫害自动检测、磷化氢浓度在线检测、基于压力传感器的储粮数量监测、多传感器集成与数据融合等技术难题。在粮食物联网应用技术方面取得 8 项软件著作权，申请 5 项国家发明专利。创新了清仓查库模式，以 RFID、各类传感器为代表的物联网技术实时准确直观地采集各级储备粮仓储保管情况，实现远程实时监管，变大规模运动式现场查库活动为信息技术支撑的远程和现场结合的清查方式。通过物联网技术的应用，创新了粮库管理模式和粮食物流服务模式，提高粮食出入库和保管作业自动化水平和效率，提高了客户满意度。

（2）粮油远程监管技术成果及应用。中储粮作为全国性的大型粮食企业，在全国范围内拥有众多的粮食储备库，粮油远程监管技术的研究与应用对中储粮整体监管水平的提升起到了重要作用。在中储粮总公司的统一规划和部署下，郑州华粮科技股份有限公司（中华粮网）自 2011 年开始依次在中储粮福建分公司、河南分公司、兰州分公司等 20 多个分公司的粮食存储库点开展粮情测控远程监管技术的研究及应用。截至目前，已经完成了中储粮全部直属库的应用覆盖，并不断扩充至代储库点监管。中储粮粮油远程监管平台不仅仅局限于粮情基础数据收集、预警，而是依托粮情数据中心进行深度挖掘，提供粮情综合情况处理、分析、专家判断等。

（3）粮食品质近红外品质检测系统应用。在数字粮库建设中，粮食品质近红外品质检测系统具有非常广泛的应用。利用无线采集装置进行粮库现场近红外光谱区域的光学吸收信号采集，并通过 GPRS 网络和因特网将信号传送给信息中心，信息中心接收无线采集装置发送的监测信息并进行处理；信息中心的评价模块建立评价模型，通过建立的模型分析粮食样品；评价模块包括建立粮食数据库、数据预处理、模型试建、模型评价和模型研判等；分析粮食样品包括模型选择、组分分析、后处理和结果评价等，解决了粮食数量安全和质量安全的在线监测与预警等问题。

（4）地磅称重管理系统的应用。地磅称重管理系统主要应用于粮库出入车辆货物信息的综合管理。该系统主要包括地磅称重系统以及自动扦样系统两个部分。当粮库运输车辆进入粮库前，首先由地磅房发放 RFID 卡，然后车辆进入地磅称重，此时地磅称重系统记录车辆信息以及重量，然后车辆进入粮库装货或者卸货，离开粮库前进入地磅，由系统记录车辆信息及车辆重量，最后由地磅房收回 RFID 卡，车辆离开粮库。系统结合两套自动化管理系统，采用计算机、数据库和多媒体技术、网络技术、现代通信技术等技术完成米厂的地磅环节的信息化管理。

（5）粮库业务管理系统应用。针对粮库日常业务管理需求，粮库动态业务管理系统应用是数字粮库建中的重要环节。应用复合频段射频识别、智能图像理解、传感器数据融合等多项技术重点突破了基于有源标签的库区移动设备跟踪管理技术实现了基于物联网技术的数字粮库出入库管理系统。大幅提升了粮食出入库作业的自动化、信息化、精确化与智能化水平，为粮油仓储企业规范化管理、动态精准管理奠定基础，有效攻克了"人情粮""舞弊粮""转圈粮"等行业难题。采用自主研发的粮食流通管理控制设备，设计实现了智能粮情检测系统、储粮数量在线监控系统、储粮质量在线检测系统、自动虫害监测系统、智能通风系统、智能熏蒸系统、智能烘干系统等一系列数字粮库智能仓储保管系统。针对从数字粮库系统中直接采集的各类传感器数据和业务数据，通过研究多传感器数据融合、多源数据一致性保障技术，实现了数字粮库远程监管技术及应用系统。利用此系统可以对粮库粮食储备及相关业务的实时、远程监管，实现了粮库仓储可视化、智能化，为国家清仓查库提供了一种新手段，大大减少了清仓查库的时间和人力成本。

（6）散粮物流管控一体化系统应用。我国近年建设的粮食码头、粮食物流中心等项目，普遍实现了装卸及输送作业的自动化生产，中粮工程科技（郑州）有限公司研发的"散粮物流管控一体化"控制及生产信息系统将管理系统和控制系统紧密结合，实现作业、计量、能耗、仓容、粮情、品质、设备运行数据自动采集，与计划自动关联、汇总，实现了企业经营计划、生产控制、成本核算、设备管理、粮情测控、计量系统等系统的集成，覆盖粮食现代物流作业的全过程。在锦州港现代粮食物流项目、中粮佳悦（天津）有限公司筒仓项目、深赤湾港务有限公司散粮仓库等多个大型现代粮食物流项目应用，仓容 91万 t，年作业量近 1000 万 t，提高了作业效率，降低成本，为企业带来了较好的效益。

三、国内外研究进展比较

（一）国内外研究进展

在粮食生成机械化程度高的德国，一般家庭农场都配备计算机管理系统。有的农场还在粮食机械上配备了全球定位系统，做到定位、定时、定量施肥与管理。美国、俄罗斯依靠先进的航天和卫星技术，通过卫星遥感、GPS 对土壤酸碱度情况、农作物种植密度、生长进行分析，并通过卫星拍摄的照片可以对各区域作物生长状况进行适时监测，对农作物产量、种植面积进行预测，根据农作物的生长状况信息决定是否采取除虫或施肥增产等措施。

美国在玉米收获环节可以自动在线采集玉米质量信息并储存。收获后，相关质量信息传递到销售商或者运输商，进而携带至加工、贸易环节。实现了玉米质量的可溯源机制。以色列最大的农业和粮食科研机构 ARO 通过研究储粮生态学、储粮微生物与真菌毒理学、昆虫及昆虫生理学、检验与害虫防治技术，在粮食储藏具体处理方法上尽可能通过改变储粮生态条件，利用信息技术控制储粮环境生态因子，减少化学药剂使用，实现绿色储粮。

美国河流运输公司主要使用运输管理软件来收集、发布、管理该公司船队的运输情况，包括船只状态、起点、终点、装载状态、位置、装载货物种类数量等级和人员信息等。数据采集方式包括电话、电子邮件、传真和人工录入以及 GPS 信息采集等，数据集中到中心系统进行整理分析和发布，并进行可视化的展示。美国邦吉公司、Alien 科技等公司研制了基于 RFID 技术的粮油物流信息化技术。在铁路运输系统中，RFID 标签安装在火车上，主要信息包括车辆信息，货物信息和质量信息，而读写器安装在装卸点，当列车通过装卸点时，信息被读取。在散粮运输过程中，通过读取承载的重量和载荷比较，进而优化装载能力，避免超载或欠载。与此类，在卡车运输系统中，RFID 标签储存的信息主要包括承运人、集装箱信息、拖车信息、货物信息等，避免人工录入而提高效率。

日本的食品加工机械设备大多是光、机、电一体化自动化设备。尤其是包装类、输送类等智能机器人应用广泛，如面粉袋、大米袋用堆码机、食品包装分拣机器手等，其精确度、准确度、灵活度、灵敏度都非常高。大量采用了 CCD、计算机、侍服驱动系统等先进技术，设备的附加值高，具有自动检测、自动报警、自动纠错功能，甚至达到无人操作。

瑞士布勒公司的近红外在线监测系统，实现了实时监测在小麦粉加工生产线上的加工过程。利用近红外监测技术，直接完成物料流量、水分、灰分、蛋白等所需监测数据的在线测定，达到在线监测、检测的目的，减少了常规生产线人工取样、测试的繁杂工序，避免了操作人员接触产品，污染车间环境的环节，大幅提高了产品的安全性和稳定性，实现了自动化生产控制。

俄罗斯联邦农业部目前建立与粮食相关的公共信息服务平台有 4 个：农业综合体信息通讯系统、农业部自动化信息系统、远程监控土地系统和粮食市场信息系统。通过这 4 个系统的综合运行，国家将确定的数据指标发布给各地，并将政府采集到的信息和各地反馈的信息进行综合分析处理，提供给粮食生产者联合体、粮食经营企业或私人农场主。目前，有 80 个城市和 95% 的城镇能够共享这些系统提供的信息数据。在国家搭建信息共享平台的基础，粮食生产和经营机构也通过多种方式，联合建立以自主服务为主要用途的信息交流网络。但由于各企业联合体建立的信息网络是以内部自主服务为宗旨，这些信息网络间缺乏关联。

澳大利亚农场主对农产品及生产资料的品种与价格信息、购买与销售等所有活动均可通过网络进行。澳大利亚有关政府部门、粮食企业以及中介组织利用先进的信息技术手段，向农场主提供粮食品种、市场、期货、贸易、价格、天气多方面信息服务，指导和服务农场的生产和经营。

日本稻米流通建有信息溯源查询系统，消费者可通过包装信息标签（二维条码）和网络信息进行追踪查询稻米从稻谷原产地、收获、糙米加工、储藏、大米生产的日期、质量、生产商等信息。流通过程中通过集装袋的垫板号码也能够直接索引到大米的产地、年份、品种、等级等信息，便于实现大米物流和质量信息追溯管理。

德国、澳大利亚、新西兰等发达国家认为食品安全是整个食物链，所有食品生产与经营者必须对食品安全负责；要求食品具有可追溯性，能够跟踪任何食品的生产、加工和销售过程。消费者有权从公共机构获取准确的食品安全信息。

此外，美国埃森哲（Accenture）咨询公司和IBM等一些大型高科技企业正在逐步进入美国粮食行业信息化建设过程中。这些企业除了系统上参与建设外，正逐步开展粮食数据的分析与利用等核心模型工作。

（二）国内研究存在的差距

与国外粮油信息与自动化发展水平相比较，在技术深度和广度上都存在较大差距，具体体现在以下几个方面。

1. 粮油行业信息和自动化基础薄弱

目前，我国粮库信息化建设的功能设计考虑到企业运行管理方面有限，导致多数粮库信息化建设主动性不强，多数粮库甚至不具备基本的信息化设备，只有中储粮和中粮等大型粮企的库点，处于自身发展管理需求，所属粮库的信息化基础较好，但数量有限。鉴于粮库信息化水平薄弱，缺少信息化手段的辅助，许多粮库信息系统没有自动采集粮食生产、销售、流通等关键环节的数据信息。

2. 粮油行业信息没有互联互通

虽然国家层面粮食信息化有了一定的进展，但地方才是所需粮食信息的发源地，因管理制度或经济发展的限制，粮食行业信息孤岛现象严重。目前的信息化建设，一般将管理层面（特别是安全监控等）和储藏过程控制分离，两者数据和信息交互建设较差，无法形成一体化的管理；受经济条件的影响和制约，各地信息化水平差异较大，所建信息系统不统一，甚至同一地区不同粮食部门间的系统架构千差万别，导致不同系统内的数据无法互联互通，大大影响了多源数据的整合和集成应用。

3. 粮油信息技术标准化水平低

尽管我国粮食行业已发布若干国家标准和行业标准，但是，仅限于基于传统管理模式的国家层面标准，没有面向全行业的信息化标准体系。特别是面向部门和企业信息的数据标准几乎处于空白状态，缺乏统一指导，不能有效互联互通。各部门计算机应用系统通常是根据各自情况和需求独立建设，所采用的软件技术、数据格式等存在较大差异，缺乏统一的标准建设，各系统之间的信息共享和交互较为困难，不利于信息的管理与应用。由于信息化技术的不断应用，各部门和企业将产生海量的数据传输与交换需求，但由于各地方信息系统建设重点各不相同，建设标准不统一，缺乏数据共享接口。

4. 新方法、新技术应用程度不高

目前，在粮食行业，新方法、新技术应用十分有限，如没有用于粮食大数据的分析、应用以及实现的成熟模式；没有将物联网和云计算技术运用到粮食系统的建设过程中；没有基于现有数字粮库的基础，落地云平台的铺设；没有落地大数据技术的安全保障方案，确保安全的前提下，广泛收集数据；没有现成的、适合我国粮食粮情的算法模型等。

（三）产生差距的原因

由于我国粮油行业信息化、智能化起步较晚，相比于发达国家，我国粮油信息与自动化学科还有许多不足之处亟待发展，具体包括：粮油行业信息和自动化发展缺少顶层设计，国家标准体系不健全，基础支撑研究还不够，粮油基础数据匮乏。具体原因如下：

1. 体制管理方面

制约粮油信息与自动化发展的重要原因之一是粮食管理的体制问题。粮食行业数据存在信息孤岛，信息共享程度低，难以实现互通互联，信息化建设缺乏统一规划和总体设计。

2. 学科建设和人才培养方面

高校开设的粮食、信息专业基本上是各自为主，基于原来的学科基础，缺乏交叉学科、多元素的培养策略。因此需要利用现有的粮食、信息技术学科优势培养既懂得知识，又能够熟练应用现代化信息工具的综合型人才。粮食行业信息化培训机制的不完善，也使得人才培养问题成为粮食信息化发展的瓶颈问题，对粮食信息资源的利用和应用都产生了不同程度的影响。

3. 技术发展应用方面

数据分析与处理技术应用不够，对信息的智能分析不够深入。粮食信息采集技术落后。缺乏对信息数据进行有效挖掘，无法实现对粮食行业的前瞻性和预测性。实用型技术研究较少，基础实用型技术推广应用有难度。

4. 科学研究方面

与发达国家相比，我国对于粮食信息化建设投入还有较大差距，专业科研机构较少。虽然国家近年来对粮食行业信息化建设越来越重视，但每年的科研经费拨付还是不足。由于粮食信息化行业具有多学科交叉的特殊性，目前尚缺少稳定专业的科研队伍，缺乏全面性学术带头人或者技术研究者。

四、发展趋势及对策

（一）战略需求

1.信息采集需求

尽快实现粮食生产、流通、销售等环节关键信息的自动采集。由于储运过程信息化建设的失调，导致在大型企业或者省级信息化建设发展较为迅速，大农户储粮信息化建设则较为落后，直接影响了粮食行业全流程数据收集的效果。没有数据的信息化是无法实现智慧粮食的，因此首先要提高全国粮库信息化水平，完善粮库信息系统的功能。

2.互联互通需求

储运过程本身存在信息孤岛，需要打通纵向网的联通网络，真正实现粮库系统内部、系统间的信息共享。目前的信息化建设，一般将管理层面（特别是安全监控等）和储藏过程控制分离，两者数据和信息交互建设较差，无法形成一体化的管理。建议从地方粮库到省里，以互联网为主，有条件的尽量使用电子政务外网，互联网加密，有云的启用安全措施。省里以上，走涉密网络。另外，打破信息孤岛，还需要对现有的信息标准和接口进一步完善。特别是未来随着智慧粮食建设的逐步开展，储运企业内部数据和管理部门的接口标准与协议，不同环节之间的信息交互标准有待深化研究。

3.技术标准需求

建立规范、统一的全国粮食行业信息化标准体系，从信息内容、采集、处理、加工、展现、服务、分发、交换等层面进行统一设计与规范建设，形成基于大数据的面向全行业的信息化标准体系，实现粮食生命周期整个产业链条上各类经营企业（包括生产、收购、仓储、加工、物流、销售等各类型企业）与粮食行政管理部门，以及粮食行政管理部门内部、不同粮食行政管理部门之间进行信息互联互通的基石与保障。

4.应用支撑需求

智慧粮食主要构成"1+3"包括库存监管、目标价格、质量追溯、粮情监测、供需平衡等，实现这些功能需要应用支撑。数据应用技术需要进行科技攻关。特别是涉及粮食储运过程质量和数量数据的综合应用，以及由此带来的基于大数据云技术的综合分析方法和平台建设需要进行攻关，以便能够提升信息化建设参与者积极性。

（二）研究方向及研发重点

1.基于物联网技术的粮情信息采集与获取

近年来，全国各地均在建设智能化（数字化）粮库，主要建设内容包括粮情测控、智能通风、智能气调、出入库管理、安防监控、粮食品质智能检测系统等，厂商繁多，技术各异，信息孤岛问题严重，全国粮食行业信息化的整合面临困境。因此，粮情行业信息化需设计顶层数据，应做好粮食信息化分类工作和标准基础数据结构设计。目前，粮食测温是较成熟的技术，虽然按照国家标准进行经济布点，但也存在测温盲区，影响粮食安全，也急需提出研究开发新的连续点测温模式，并开展基于网络传输的检测技术研究。在"十一五""十二五"期间，粮食水分、粮食数量及害虫自动识别等方面都进行了前期研究工作，但大规模推广应用仍然存在技术瓶颈，急需研究突破关键技术。

2. 基于云平台的智慧粮情检测技术

以建设智慧粮食需求为背景，以节约计算资源、共享粮情数据和创新服务模式为目标，重点面向粮情云平台多参数检测、粮食供需平衡预测、粮食库存监管、目标价格和粮食质量安全可追溯等业务的共性技术需求，提出服务于全国粮库粮情信息数据汇聚、存储、挖掘和应用的智慧粮食云模型，整合我国粮食行业各部门和地方的海量、散落的粮情信息资源，改造分散的信息系统格局，提高国家粮食监管能力和调控水平，提高粮食全行业信息化水平和决策支持能力，为"智慧粮食"的建设提供关键技术储备，为全国粮食动态信息系统的扩展建立基础。

3. 智慧粮食平台关键技术研究

近年来，随着粮食资源商品化和战略化地位的逐步增强，国际上粮食生产大国均以粮食数据为核心、以信息技术为支撑，实现粮食生产、库存、消费和价格预警预测，从而达到控制国际市场、影响他国政策的目的。自 2014 年以来，在国家粮食局领导下打造团队，借助云计算、大数据技术、物联网等新技术，逐步打通内外粮食数据获取通道，通过以数据为核心的"智慧粮食"服务体系建设。"智慧粮食"的主要功能是为政府部门、粮食企业、信息技术公司和粮食信息服务商创造一个生态平台，主要实现目标价格、政策性粮食监管、预警预测、质量安全追溯和信息服务等五大功能。智慧粮食平台的建设将达到提高国家对粮食供求的预测能力和决策水平、增强行业信息服务和监管能力、提升粮食流通效率和企业经营管理水平、保障国家粮食安全的目的。

4. 互联网＋的应用研究

互联网＋是促进以云计算、物联网、大数据等信息技术与现代制造业、生产性服务业等行业融合创新，发展壮大新兴业态，打造新的产业增长点，为大众创业、企业创新提供环境，为产业智能化提供支撑，增强新的经济发展动力，促进国民经济体制增效升级。在粮油信息电子交易平台应用"互联网＋"的概念，并融合大数据分析、云计算、物联网、移动技术等新技术，可以帮助粮油企业更好地连接客户、员工、合作伙伴和其他外部资源，开拓移动交易平台市场，拓宽销售渠道，增加销售企业营业收入，提高用户满意度。另外运用大数据分析功能，可以为粮油交易电商平台提供基于物联网数据、经营数据和互联网数据的智能决策服务。未来粮油市场电子交易平台企业都将以互联网＋管理软件的形式切入到管理软件领域。因此粮油电子交易平台发展具有巨大的发展潜力。针对目前农户方面信息收集成本高，难度大的现状，利用互联网＋技术，实现对粮食溯源信息的低成本采集。利用互联网＋概念可以实现低成本粮食生产加工等供应链全程信息采集与监控，粮食质量安全监控视频数据的自动摘要。使管理系统更能满足用户需求，实现管理智能化，高效化以及便捷化。

5. 工业4.0的应用研究

工业4.0是在全球范围内受认同的制造业的未来发展趋势，也是中国新常态经济背景下制造业企业转型的重要方向。2015年中国政府工作报告首次提出要实施《中国制造2025》，该规划被称为中国工业4.0版规划。"工业4.0"包含了智能工厂、工业网络系统、IT系统、生产链的自主控制，目标是建立一个高度灵活的个性化和数字化产品与服务的生产模式。实现工业4.0的核心是智能工厂与智能生产。将工业4.0引入粮食加工行业，能够实现：①粮食加工装备智能化，目前设备制造商都在朝着这个方向不断投入加大研发。如，面粉厂智能型磨粉机、米厂智能色选机、油脂厂离心机等；②粮食加工生产过程智能化、信息化，建立一个工业价值链网络完成信息交换、触发流程以及自动控制等功能，实现从供应商到客户的人、机、物的互联互通，最大限度提高生产效率，降低生产成本。

（三）发展策略

1. 技术研究

在技术方面，应重视实用型技术研究并加强推广示范。借鉴发达国家粮食信息化建设经验，在粮食信息和自动化建设过程中，从应用角度出发，收集用户需求，根据实际需求应用信息和自动化技术，注重研究成果的实用性。同时，应激发自主研发创新动力，扩大新理论、新技术的应用程度。

2. 平台建设

完善法律法规信息化体系，建立健全信息化管理和协调机构，利用信息通信技术来采集、公布各种信息数据，提供国内外粮食行情信息等，扩大粮食部门向公民提供信息的数量和信息服务的种类，实施各部门的信息化建设计划，建立跨部门和地方性的信息系统和数据库，来提高这些机构的工作效率，保障公众能够切实得到便捷的政府信息服务。

3. 人才队伍培养

随着粮油行业体制机制改革的不断深化，粮油行业的人才需求也呈现多元化趋势，不但需要传统的粮油保管、检验、加工技术人才，也需要熟悉信息技术、物流、贸易、经济、财会等的专业人才。因此，高等院校的粮油信息与自动化有关专业在安排上述教学计划时，应注意适当增粮油食品专业课程、信息与自动化专业课程，形成学科交叉，注重学科融合，为粮食行业培养更多的复合型、特色型专业人才。

4. 学术交流

（1）整合科研力量，建立政府主导的公益性技术示范推广服务体系。政府组织专业人员负责粮食信息技术推广、新技术示范应用、信息咨询服务等工作，并且组织这些专业人员参加国家和国际高层次的专业学术会议，会议之后要专门组织对市县层级农技推广人员进行传达和培训。应进一步整合科研人员和设备仪器及实验室资源，充实重点学科的研究力量，培养在国内外有影响力的学科带头人，配置形成老中青结合的研究团队；加强与国内外大学和科研机构的合作，继续推进与国内大学的合作办学，鼓励研究人员到大学兼职教授。

（2）加强对外交流与合作，建立国家之间的粮食信息交流机制。按照优势互补、互利共赢的原则，进一步拓展对外交流合作的深度和广度，既要充分发挥我国市场规模优势，积极稳妥开展境外粮食投资合作；又要通过技术引进、人才交流、项目合作等多种方式，充分利用全球粮食科技资源，提升粮食行业科技水平，推动粮食行业又好又快发展。发达国家在粮食信息监测、质量管理、市场监管等方面有很多好的经验值得我们学习和借鉴，与发达国家政府有关部门建立稳定的工作交流机制，进一步加强在粮食信息化领域的交流与合作，有利于我国粮食行业的健康长期发展。

5. 体制建设

（1）加快粮食信息化技术应用建设步伐。各级粮食生产、流通部门充分调动各种社会力量，全力推进粮食信息化建设，强化粮食生产、流通的服务、管理和指导，加快现代粮食产业发展。大力推进粮食生产集约化、规模化经营，加快信息技术粮食行业普及应用步伐。利用信息化技术手段，优化种植结构，因地制宜发展粮食生产，造福子孙后代。

（2）加快我国粮食流通信息化标准体系建设。我国粮食行业现阶段缺少直接面向粮食种植的信息服务体系，粮食产前、产后存在信息对接不及时现象。建议加快我国粮食信息化体系建设，利用现有的网络技术，打造粮食基础信息采集、粮食流通统计、粮食加工、粮食消费、粮食价格、问题调查、服务信息发布综合平台，通过网络、广播、电视台、报纸等媒体，建立全方位立体化服务粮食行业从业人员的信息化体系，获得必要信息，促进粮食增产、增收。

（3）建立产学研一体化服务研究体系。建立政府主导，高校、企业、研究机构一体化合作的科研创新体系，整合行业科技资源，促进粮食科技成果转化，实现产学研有机结合，不断提高我国粮食科研水平，推进新技术在粮食流通领域的应用，为保障国家粮食安全提供科技支撑。鼓励大型的高科技企业参与粮食行业信息化建设，在硬件系统上参与建设外的基础上，逐步强化粮食数据的分析与利用等核心模型工作的开展。

—— 参考文献 ——

［1］吴子丹. 绿色生态低碳储粮新技术［M］. 北京：中国科学技术出版社，2011.

［2］蒋玉英，葛宏义，廉飞宇，等. 基于 THz 技术的农产品品质无损检测研究［J］. 光谱学与光谱分析，2014，34（8）：2047-2052.

［3］张德贤，杨铁军，傅洪亮，等. 基于压力传感器的粮仓储粮数量在线检测方法［J］. 中国粮油学报，2014，29（4）：98-103.

［4］张德贤，杨铁军，傅洪亮，等. 粮仓储粮数量在线检测模型［J］. 自动化学报，2014，40（10）：2213-2220.

［5］王永志，刘媛媛. 大型粮库的温湿度监测报警控制系统［J］. 农机化研究，2008（8）：167-169.

［6］牛波，张元，廉飞宇，等. 温度场下利用元胞自动机建立粮仓害虫模型研究［J］. 中国粮油学报，2012，27（11）：84-86.

［7］甄彤，郭嘉，吴建军，等. 粒子群算法求解粮堆温度模型参数优化问题［J］. 计算机工程与应用，2012，48（12）：206-208.

［8］张锡贤，孙苟大，朱庆锋. 粮食仓储物流企业中信息化技术的全面应用［J］. 粮油仓储科技通讯，2012，28（4）：54-56.

［9］邱星亮，尹龙，刘庆辉. Controlnet网络在现代粮食物流中的应用研究［J］. 粮食流通技术，2014（3）：32-35.

［10］尹龙，邱星亮，李堃. iFIX与Oracle关系数据库在粮食物流管控一体化系统中的应用［J］. 粮食与食品工业，2014，21（3）：72-74.

［11］阮竟兰，伍维维. 粮食加工机械的现状与发展［J］. 粮食加工，2013（1）：7-8.

［12］王瑞元. 我国粮油加工业的发展趋势［J］. 粮食与食品工业，2015，22（1）：1-4.

［13］王洪宝. "数字粮食"管理系统的设计和实现［D］. 济南：山东大学，2010.

撰稿人：张　元　惠延波　甄　彤　杨卫东　赫振方　曹　杰
赵会义　胡　东　赵小军　李　堃　龚　平　杨铁军

ABSTRACTS IN ENGLISH

Comprehensive Report

Review on Science of Cereals and Oils in China: Current Situation and Future Prospects

1. Introduction

China's cereals and oils science has made eye-catching developments during its 12th Five-Year. Grain storage technologies have achieved internationally advanced levels. Techniques and equipments for cereals, oils and feed processing have reached or come close to the international industrial standard. Moreover, technology research and development associated with the science of grain and oils safety and quality have also made significant progress. All of which substantially contributed towards providing a solid scientific foundation for ensuring China's food security.

The 13th Five-Year is critical towards China's ambitious goal of comprehensively building a moderately prosperous society. Cereals and oils science must develop in face of the "new normal" of China's economic growth. Research studies, thus, should be designed to address industry needs. Goals and priorities must to be identified, and it will be necessary to better implement industrial policies and strategic plans in practice. These efforts will help start a new chapter in driving the continual evolution of cereals and oils science and technology.

2.　Recent developments of cereals and oils science in China from 2011 to 2015

2.1　Research development has been improving over the past five years

Regarding the development of grain storage science and technology, the pattern of Industry-University-Research Unit collaboration has been effective in operation. Breakthroughs have been made in theoretical studies with respect to the grain storage ecosystem.

Cereal processing technology is constantly evolving and industrial applications have shown impressive results. At the same time significant developments have been disclosed in theoretical studies.

Fats and oils processing has become more focused on nutrition concerns and health effects, and moderate processing theory has proven to be an effective method.

A framework has been developing in the process of grain and oils safety and quality standardization, and comprehensive improvements have been made in evaluating the safety and quality of grain and oils.

Integrated and systematic approaches have been applied to grain logistics management and operations process, and the technological development is clearly here to stay. A large number of logistics nodes have been built on the basis of intelligent and digital technologies.

Grain and oils nutrition is now a matter of popular concern in China, becoming a critical force behind the strong growth in the industry. Research studies in this field have shown promising results, including how food (grains, oils, and their products) nutrients work on human health and regulatory mechanisms.

Biotechnology has been introduced in developing feedstuffs and the processing equipments have continued upgrading. A database has been established to provide access to the information on nutritional components and values of major raw materials, as well as their specific evaluations.

With respect to the development of flour fermented foods, industrialization of staple foods has produced initial results and a framework has taken shape for quality evaluation standards.

Progress in information and automation technology of grain and oils has given great impetus to the modernization of China's grain industry. As a part of the effort, the "Smart Grain Project" has been carried out across China.

2.2 Remarkable achievements have been gotten in research

2.2.1 Outcomes have been fruitful in science and technology innovation

a. Overall, 13 national and 27 provincial awards were awarded to praise the scientific achievements in cereals and oils science and technology.143Chinese Cereals and Oils Association Science and Technology Awards and hundreds of other awards were granted during the same time.

b. 5018 patents were applied for and received, with 3873 of them being invention patents.

c. *The Journal of Chinese Cereals and Oils Association* has been listed in The Engineering Index Compendex (Ei Compendex) starting in the year 2013.

d. A total of 277 grain and oils standards were developed and modified, with 77 of being national standards.

e. Thousands of new grain and oils products have been developed.

2.2.2 Government-backed projects and scientific research bases have been launched to boost development of the grain and oils industry

There have been almost 50 initiatives established consisting of commonwealth projects, programs under the 12th Five-Year Plan framework and other national scientific and technological plans. Five national research bases (in the forms of national key labs, R&D centers, and engineering centers) have been set up to accommodate the needs of grain storage and transportation.

2.2.3 Disciplinary development in cereals and oils science has been promoted in the higher education system

A large number of universities in China have concluded cereals and oils science and technology in their specialty settings and offered relevant courses. 146 universities can grant bachelor's degrees, 38 universities are capable of offering master degrees, and 15 universities are able to grant doctoral degrees.

2.2.4 A bigger talent pool has been built and engaged in science research

More and more young scientists choose to work with cereals and oils science and technology. More than 20 research teams have been built with a great presence in science development.

2.2.5 The Chinese Cereals and Oils Association (CCOA) has been building capacity for providing holistic services

CCOA has been recognized as a registered social organization nationwide with the rank of 4A by the Ministry of Civil Affairs of China since 2011. Owning to its great performance in carrying out the Capacity Building Program, CCOA was granted a Third Prize of Outstanding Organization by the China Association for Science and Technology (CAST).

2.2.6 Cooperation in carrying out academic exchanges has become a regular trend

Statistically, over 130 national and international conferences with an emphasis on cereals and oils science and technology took place over the past 5 years. More than 25000 participants joined in and almost 2400 papers were delivered in these activities. 4 academic conferences have built their own brands for their big presences in the grain and oils sectors. They are: the CCOA Annual Meeting, Annual Meeting of CCOA Sub-association in Grain Storage, Annual Meeting of CCOA Sub-association in Oils and Fats Processing, and the Flour Fermented Foods Industrialization Conference.

August of 2012 saw the commencement of the 14th ICC Cereal and Bread Congress and Forum on Oils & Fats in Beijing. Known as the Olympic Scientific Conference in cereal science and technology, this event achieved great success with fruitful results.

Regarding personal exchanges in the community, recommended by CCOA, Prof. Wang Fengcheng from Henan University of Technology has been elected ICC President 2015—2016 and has taken the helm at the beginning of 2015.

2.3 Important research findings and key technologies have been used in the cereals and oils industries

A number of significant achievements in this field (2nd Prize of the State Science and Technology Advancement Awards, 1st Prize of the CCOA Science and Technology Awards, etc.) have been transformed into industrial applications. This created significant social and economic benefits and spurred the strong growth of the cereals and oils sectors. Some of the award-winning technologies are listed as follows:

a. Activation of absorbing materials for edible oils by dry method. After 10 years of application, over 200000 tons of edible oils have been saved in practice, more than 2000 tons of antioxidants have been reduced in use and over 120millin tons of waste water has been reduced in production.

b. New technology of energy efficient processing of wheat. Over 20% increase in unit capacity and 15% reduction in energy consumption was generated by using this technology. Furthermore, the yield rate of high quality wheat flour increased more than 10% and the rate of flour yield increased by 3% as a whole.

c. Technology of cassava-based fuel ethanol production and its engineering applications. A pilot project was carried out to produce 200000 tons of cassava-based fuel ethanol each year. So far, it has contributed more than 1.3 billion RMB to farmers' incomes in the growing areas and effectively reduced hydrocarbon and nitrogen oxide emissions in exhaust gases.

d. Development and preparation of a new starch derivative as well as the green technology of producing traditional starch derivatives. For three years, an amount of 550 million RMB has been added to the total value of the outputs after carrying out this program. 75.49 million RMB profits and 45.11 million RMB of tax revenue have been generated at the same time.

e. The application of controlled atmosphere of nitrogen on stored grain. In China, 151 grain depots have employed this technology in their storage practices, helping to make a world record 11.95 million tons of grain stored under controlled atmosphere in grain reserves. As a result, 340 million RMB have been generated in revenue.

f. Development on efficient feed grinding techniques and the processing equipments. A total of 120 million RMB has been got in sales revenue by using the technology and equipment in recent 4 years. 30million RMB have been paid for the profits and taxes. Comparing with traditional hammer mill, 20% of energy can be saved by using the processing equipment.

3. Comparative study on the science of cereals and oils between China and aboard

Developed countries, including the US, Japan, EU countries and Russia, have long been recognized as leaders of technology innovations and applications in various aspects, and their success stories are worth learning from. Due to imbalanced growth in different sub-disciplines, China still lags behind other developed nations in the evolution of cereals and oils science and technology. Existing problems are indicated below:

a. Basic theory in this field lacks of in-depth studies;

b. It takes time to transfer technologies in applications;

c. Low efficiency is found in utilization of resources;

d. Improvements are required in technologies and equipments of grain and oils processing.

4.   Emerging trends and future development in China

Looking forward, finding out the emerging needs of the industry is vital in developing cereals and oils science and technology. Efforts must be made to encourage technological innovations and speed up industrial modernization of Chinese cereals and oils sectors. Technology advances will, in return, trigger the growth in these industries. Research directions and priorities for the future work, therefore, have been set in 9 branches of the science:

4.1   Grain storage

Researches will be carried out with focuses on:

a. New mode and technology of grain purchase and storage;

b. How to maintain required quality, reduce potential losses and identify the mechanism of dust control in the process of grain purchase and storage;

c. Using optimized and integrated technology solutions to reduce losses, ensure the quality, lower the energy consumption and increase the profit of the stored grain in depots;

d. Improving technologies and equipments to control dust in the horizontal warehouses for grain storage;

e. Developing technologies and facilitates used to carry out dust explosion risk assessment and monitoring in grain storage companies;

f. Developing novel techniques and materials with the capacity of thermal insulation and air tightness, for the purpose of building new warehouses, repairing and upgrading the facilities allocated for the old ones;

g. Using integrated sensors and intelligent operating systems to monitor pests &insects, mould, gases and water content for the stored grain.

4.2   Grain processing

Future researches in this aspect will put spotlight on 9 areas. They are:

a. Basic theories on grain processing and technology transfers;

b. Industrial standards framework for rice product producing;

c. Safety assurance and green technologies for processing grain;

d. New products, process and technology of grain by-products;

e. Key technologies and equipments for rice milling with low broken rice yield;

f. Flour-based food making and processing equipment in a complete set with large capacity, and automatic & intelligent operating systems;

g. Key processing equipments to produce instant rice (dehydrated rice) and conventional rice products;

h. Key technology solutions applied for the automatic production of seasonal foods incorporated with rice and flour ingredients, as well as intelligent equipments designed for the processing;

i. Key technology solutions applied for the automatic production of potato food products, as well as intelligent equipments used for the processing.

4.3 Fats and oils processing

Priories for relevant studies include:

a. How processing degree affects the nutrition and eating quality of vegetable oils;

b.What is the relationship between the structure formation mechanism and functional properties of structured lipids;

c. Functional nutrients and processing properties of wood oils;

d. Solvent safety and efficient use of oil cakes;

e.Upgrades in key refining technologies for moderate production of healthy vegetable oils;

f. New nutritional and functional fat products;

g. Processing technologies and equipments used to produce various wood oils;

h. Preparation of new microbial oils with special functions via bio-technologies;

i. Techniques and equipments for the continuous extraction of soybean and double low rapeseed oils with new solvent;

j. Oil production equipments with large capacity and energy saving, as well as relevant automatic& intelligent control technologies;

k. Technology upgrades for producing rice bran oils by centralized processing, and the effective use of oil cakes.

4.4　Safety and quality of grain and oils

Focuses on the area involve in:

a. Building a framework with safety and quality standards when it comes to the raw materials of grain and oils and related products;

b. Developing specifications in terms of grain and oils safety and quality risk assessment through the whole industry chain, representative sampling as well as rapid screening and determination;

c. Developing technology specifications for risk alarm and assessment in order to monitor and serve for the safety of grain and oils; developing user directional push for precautions to assess potential risks;

d. Identifying the relationship between heavy metal contamination of water/soil and grain; establishing risk assessment model to analyze whether the land is available to grow food and possible problems on the way;

e. Investigating how hazards are produced in the procedure of grain storage and processing, as well as their changes and control mechanisms;

f. Finding out how gene composition transfer in the practice of processing genetically modified (GM) grains and oils; developing safety assessment for their food consumptions.

4.5　Grain logistics

In this field, efforts will be put on the research of:

a. Developing a modern grain logistics operating model;

b. Predicting the trend of food supply and demand;

c. Establishing the operating and standard system for modern grain logistics and required equipments;

e. Building a service platform for information gathering in the process of grain logistics;

f. Developing more efficient conveyors to load/ unload grain bags;

g. New technologies and improvements of storage containers applied for grain transportation;

h. Standard-type ship used for bulk grain transportation on the inland waterways, as well as related handling equipments;

i. Low-temperature vacuum dryers for grain drying and related technologies;

j. Equipments designed for horizontal warehouse cleaning in the process of bulk grain in and out of it; relevant transport and handling (loading and unloading) equipments for the bulk grain;

k. New techniques and complete set of equipment applied for receiving and distributing grains in the warehouse.

4.6 Nutrition of grain and oils

Researches in this regard lie in:

a. Developing a guide for consumers to take healthy grain and oil food;

b. Studies on components and nutritional mechanism of active compounds in grain and oils;

c. Building a system to develop nutritional daily meals;

d. Developing novel processing technologies to reduce the loss of micronutrients;

e. Nutrition formulation of the diet for special populations; Key technologies served for producing healthy grain and oil products;

f. Key technologies applied to produce fortified grain and oil foods;

g. Technologies focusing on how to make various nutrients more digestible and absorbed for human consumption, as well as improve the utilization of these nutrients;

h. Developing novel products of functional carbohydrates and functional peptides;

i. New technologies for the degradation and control of endogenous toxins and anti-nutritional factors (ANF) in grain and oil products.

4.7 Feed processing

Relevant researches will be engaged in:

a. Developing a prediction model for feed demand;

b. Identifying feed processing effects on grain nutrition and digestibility;

c. New methods used to evaluate the efficiency of utilizing grain & oils and their by-product proteins (amino acids and peptides); new evaluation methods to estimate the efficiency of energy utilization after feed intake and consumption;

d. Investigating the rheological properties of the feed ingredients and blended feeds in the processing practice;

e. Mechanism of effective releasing and absorbing functional carbon nitrides of feeds;

f. Developing new technologies and equipments to process feed;

g. Developing new feed equipments in order to produce the products in a way of high efficiency, energy saving and environment friendly;

h. Process design for feed plant cleaning and upgrading automatic control technologies for it;

i. Inspection equipments and technologies for monitoring the quality of feed products online.

4.8 Flour fermented food

Studies related to this field will focus on:

a. Methods and standards to evaluate the quality, sanitation and safety of raw materials for flour fermented food;

b. The processing effects on the flavor of the product;

c. Technologies to improve the quality of fermented flour food; assessment methods to evaluate properties of the improvers;

d. Fresh keeping and shelf life of the products associated with fermented flour foods;

e. Techniques and equipments available to produce flour-fermented staple food for industrial processing; new technologies and products of fermented flour food made by frozen dough;

f. Developing new leavening agents with complex ingredients and traditional flavors;

g. Developing technologies and equipments for the preservation of fermented flour foods;

h. New improvers developed to improve the quality of fermented flour foods with high efficiency and safety in use.

4.9 Information and automation technology in grains and oils

Priorities in this study are listed as follows:

a. To develop models (as information providers) used for price targeting, regulatory supervision, warnings and forecasts, traceability, emergency dispatch, as well as policy support (policy making and implementing);

b. To establish a system of informatization standard for the grain industry;

c. To ensure information sharing and to strengthen the interconnection and communication between the private (producers and service providers) and public sectors (policy makers) involved in the whole industry chain;

d. To monitor grain situation by information acquisition based on "big data" technology;

e. To promote the management with informatization and intelligent technologies in the whole industry chain;

f. To explore how to establish a sound traceability system to ensure the food (grain, oils and related food products) quality and safety in the whole process from the farm fields to table forks.

Written by Hu Chengmiao, Tang Ruiming, Zhu Zhiguang, Zhang jianhua
Bian Ke, Du Zheng, Lin Jiayong, Liu Yong

Reports on Special Topics

Report on the Current Status and Future Developments in the Science of Grain Storage in China

This report was carried out to review recent developments in the science of grain storage for the past 5 years in China. To this end, three research directions were identified. They are: technology innovations and research findings, progresses in the science development in China, as well as comparative study on the science development both at home and aboard. Outlines for these studies are indicated as follows:

Technology innovations and research findings:

• Overviews on the developments in the science of grain storage: They were involved in the basic situation, research priorities and new technologies;

• Progresses have been concluded and reviewed on the basic theoretical studies including a) the research of grain storage ecosystem theory system, b)grain storage ventilation theory, c) pesticides insecticidal mechanism, d) low temperature or quasi-low temperature and e) controlled atmosphere. Elaborate and innovative approaches have been used in the research practices;

• Technology of controlled atmosphere with nitrogen: grain storage theory of this technology has been completely researched. Moreover, it has achieved internationally advanced level and has been already widely used in China;

• Green storage technologies, such as low temperature have been well developed and it helped to build a new storage parameters system providing with the limits of low temperature or quasi-low temperature;

• Pollution-free technology and four upgraded and integrated grain storage technology: these two technologies have been upgraded and widely used for stored grains in a more holistic approach;

• Technologies of grain drying and intelligent ventilation: These technologies have been employed across China and it helps to save energy and reduce emissions in the process of grain storage;

• Farm storage technology: More efforts have been carried out to improve this technology. And it works well in reducing post-harvest losses for Chinese farm households;

• Intelligent operating systems for grain management: Under the umbrella, information technology based on radio frequency identification (RFID) has been used in the management of stored grain. And these systems continue to develop at a fast pace;

• Major outcomes have been got in the field of scientific research, technology development and research projects;

Progresses in the science developments of grain storage in China: this report provided a clear picture about the progress in the science development, framework and education. Other outcomes were also listed when it came to the academic exchanges, capacity building of the Grain Storage Sub-Association of Chinese Cereals and Oils Association (CCOA), talent pool building, academic publications, and scientific popularization.

Comparative study on the development in the science of grain storage both at home and aboard was investigated with the analysis on the current situation and future trends of the science and technology globally.

Based on these findings, existing problems in China, regarding to the grain storage research and technology development, were pointed out in this paper. It also identified research priorities and outlook of the science development after analyzing strategy requirements and develop trends.

As a result, it proposed several suggestions and recommendations for the science development in next

10 to 15 years: efforts should be made to a) strengthen the basic study of the science; b) establish an innovation platform in order to develop grain storage technologies; c) improve innovation ability; d) promote the technology upgrading; and d) facilitate the industrialization of sci-tech achievements. Priorities for future research were proposed at the same time, such as energy-saving and emission-reduction technology, green grain storage technology, intelligent grain depot construction.

Written by Guo Daolin, Jin Zuxun, Zhou Hao, Wang Dianxuan, Cao Yang

Zhang Huachang, Tao Cheng, Li Fujun, Wu Zidan, Xiong Heming,

Bian Ke, Song Wei, Yang Jian, Yan Xiaoping, Fu Pengcheng,

Ding Jianwu, Tang Peian, Wang Yanan

Report on the Current Status and Future Developments in the Science of Grain Processing in China

Grain processing is an important branch of grain and oil science, which coversa large filed, including three staple grain (rice, wheat and corn), minor grain, tuber crops and processing of rice product sand wheat flour products. This subject is a basis for the development of grain processing industry.On the other hand,agriculture industrializationdepends on the development of grain processing industry, since it is labor-intensive industry and can absorb a lot of surplus labor force. Therefore, the development of grain processing not only improves living standards but also can expand employment to increase peasants' income and drive the regional economic development.

According to the requirements of 2014—2015 Discipline Development Research Project proposed by academic department of China Association for Science and Technology, this grain processing development report summarized major research projects and achievements in the last five years.During 2011—2015, our government launched and implemented national and provincial 12th Five-Year Plan for Science and Technology Support Project, Safety Engineering of Gain Collection, Storage and Supply, and Science and Technology Special Project of Public Welfare Industry(Grain), and at the same time many researchers actively applied these projects against this background. Besides, some researchers have also successfully applied for National "863" Plan Projector National Science Foundation Project.As a result, some breakthroughs were obtained in 12th Five-Year Plan for Science and Technology Support Project, such as staple grain green processing technology and products, the key technology and equipment of staple industrialization and industrialization demonstration, coarse grain and beans eating quality improvement, key technology of their deep-processing and integration and demonstration, and so on. In the last five years, hundreds of research achievements have been obtained in the fields of processing technology of rice, wheat, corn, minor grain, tuber crops, rice products, and processing equipment. These achievements have reached or been nearly at world advanced level and promoted the rapid development of Chinese grain processing. Moreover, 1 second prize of National Award for Technological Invention and 3 second Prize of the National Sci-Tech Advance Award have been won. In the field of cereal processing, a lot of invention patents have been applied and approved, a large number of academic research papers have been published; several cereal national and industrial standards have been set and revised. Plenty of cereal foods products have been designed and produced. In addition, under the concern and support of National Development and Reform Commission, Ministry of Science and Technology, and the relevant provincial governments, several national scientific research platform and base of deep processing and utilization of cereal have been approved to establish. The conditions and levels of talent training of cereal processing have been greatly developed and improved. All these achievements have accelerated the development of China's cereal processing disciplines, strong support for the rapid development of China's cereal processing industry.

This report also summarized research actualities of big or medium sized grain processing companies, engineering centers, institutions of higher education and research institutes, the grain processing development and achievements, the subject construction and application of research findings during the development of industry. Furthermore, the report reviewed the domestic and abroad research progresses, and analyzed the cause of differences between China and the world. Finally, the development tendency and future strategies of the subject were discussed, as well as suggestions about the research direction during the 13th Five-year Plan period.

Written by Yao Huiyuan, Gu Zhengbiao, Yu Yanxia, Zhang Jianhua, Liu Ying,
Zheng Xueling, Zhu Kexue, Tan Bing, Zhao Yongjin, Chen Zhicheng,
Zhu Xiaobing, Cheng Li, Jin Shuren, Wang Zhaoguang, Zhang Liang,
Li Xiaoxi, An Hongzhou, Cen Junjian, Zhao Siming, Liang Lanlan

Report on the Current Status and Future Developments in the Science of Oil Processing in China

Oil science and technology is the application discipline which could use as a guideline to study oil crop, oil and lipid companions, chemical and physical properties of plant protein and related products, oil and vegetable protein processing and utilization technology, engineering equipment technology and scientific theory whereby, which belongs to a branch of food science. With the rapid development of national economy and science, oil science and technology has made remarkable achievements. At present, oil science and technology has become the major branch disciplines which include oil chemistry, oil nutrition and safety, fuel oil processing, oil processing equipment and engineering, and the comprehensive development and utilization of oil. The interdependence of oil science and technology and oil industry precedes the development of oil industry and also promotes the development of oil science and technology. In the recent five years, the huge achievements have been obtained in the oil processing technology and related interdisciplinary, which was listed as below: ① the developments of specialty oils and new oil resources in China has been significantly improved, ② the technical bottleneck of oil production has been overcome, ③ the long-term monopoly by foreign company in some certain oil industry, such as hydrogenation and ester exchange, has been broken with the improvements of the oil resource utilization technology, ④ the technology has been improvement to trace, detect and control the hazard factor which gives a guarantee for the safety of oil production, and ⑤ significant improvement was also achieved in the research of large-scale oil equipment, intensive and intelligent technology, and energy-saving technology. Meanwhile, 2 National Science and Technology Progress Award, 3 National Technology Invention Award, 11 Provincial Science and Technology Process Award, 1598 invention patents, 502 utility model patents, 4019 science and technology papers (250 SCI index), 13 academic books, 2 popular science books, 10 special high school teaching material and 114 quality standards in multiple products were achieved in the recent five years, which significantly promote the rapid development of oil processing industry. The rapid development of oil science and technology reflects the increase of living standards in our country and the current status of oil processing discipline and technology. The work of the vast number of scientist and technologist significant improve the self-sufficiency rate of oil supply, innovative processing mode of oil industry, safety guarantee. Although some gaps still exit by comparison with the situation in international advanced technology, these achievements could inspire us and guide us in the following effort. In the future, our work can focus on these area: ① moderate processing of edible oil which response to the requirements of food safety and quality control; ② development of energy-saving and emission reduction technology which could help us achieve the cleaner production in the oil industry; ③ development of functional lipids and specialty oils which promotes the comprehensive utilization of oil resources; ④ improvement of oil machinery in China.

Written by Wang Ruiyuan, He Dongping, Gu Keren, Jin Qingzhe, Chen Wenlin,
Wang Xingguo, Liu Yulan, Zhou Lifeng, Xiang Hai, Cao Wanxin,
Chen Gang, Tu Changming, Gong Xuzhou, Xu Bin

Report on the Current Status and Future Developments in the Science of Quality Safety of Grain and Oil in China

The definition of grain & oil quality and safety is defined at the very beginning of this report. The key of the study of the grain & oil quality and safety, is to investigate the theories and technologies of quality evaluation and safety of grain & oil and their products, based on the knowledge and technology from the disciplines of physics, chemistry, biology, hygiene et al. The development on the quality and safety control of grain & oil will provide scientific support for safeguarding the rights and interests of the producers, operators and consumers, will guide the production of grain & oil and their products, will promote the rational use of grain & oil and their products, and finally will protect the national grain & oil quality and safety.

The major developments and achievements obtained in the field of grain & oil quality and safety control are summarized. By the end of the twelfth five-year plan, regulations on Grain & Oil quality and safety were refined; series of crucial indicators to evaluate the grain and oil quality and safety were established; and innovative quality monitoring techniques and corresponding inspection equipments were developed.

The regulation and standards on the quality & safety have been enlarged and updated to keep up with international level and taken into consideration of China's situations of its own. The regulation establishing body of grain & oil was reconstructed and adjusted for the specific needs of Chinese grain & oil market. A systematic regulation system was established from the national level to the companies, from farmers to the consumers, covering the whole commercial chain of grain & oil and their products. New standards have been set up to meet with the needs of special Chinese grain/oil products; limitations of certain contaminants in grain & oil products were redefined and standard methods were updated with the most accepted testing methods. Noticeably, comprehensive and more convenient mycotoxins testing methods were developed and adopted by the commissariat of quality and safety assurance as part of the international standard in the mycotoxins testing.

Series of innovative work were carried out on new inspection techniques development based on the most updated theories, and the corresponding testing devices were also under development. Progresses were made on the inspection methods from harvest, storage, transportation to processing. Recent studies on these areas were comprehensively analyzed, in aspects of the grain & oil physical properties evaluation techniques, the chemical composition analysis of grain & oil, and the quality evaluation technology during grain & oil storage. And, the researches of the related fields in China and abroad were compared, which clearly demonstrated the common problems existing in grain & oil quality and safety standards and inspection technology, and future development directions and the key problems to be solved in the future revealed by themselves.

Development of the occurrence trend and forecasting system of grain mycotoxins was based on database that collecting information of the quality of grain, since they are in the field until they are being processed. While, there is still a long way to go to for the construction of Grain & oil quality and safety information platform.

Written by Zhu Zhiguang, Yuan Jian, Zhou Xianqing,
Wu Cunrong, Wang Songxue, Shang Yane

Report on the Current Status and Future Developments in the Science of Grain Logistics in China

China is a major grain-producing country, as well as a major grain-consuming one, the grain circulation is vital to national wellbeing and people's livelihood. Grain Logistics Discipline applies comprehensive knowledges such as engineering and information technology, management theories and economic theories to grain logistics activities, focuses on grain logistics economy, logistics operation and management, logistics technology and other equipment, etc., to provide the theory and method for innovating grain logistics technology and equipment, optimizing logistics system, and formulating the national food security policies. Since the past five years, there have been some new changes in the study object, research methods, contents and breadth of the grain logistics discipline, as well as a lot of achievements, and the technology and management providing by grain logistics discipline have been playing a more and more prominent part in the national grain circulation as important pillar roles, for example: logistics technology research related to grain loss-reduction food has adapted to the upgrading of people's living standard and consumption, the study on food logistics network construction has further solved the problems that it is difficult to buy or sell grains, and the food resources have been well allocated, supporting the food security of our well-off society. With large groups and research institutions' intensive R&D and the improvement of grain logistics technology, the grain logistics disciplinary system of our country has gradually been enriched, and the combination of theory and practice has been promoting the modernization of China's grain logistics industry. However, compared with developed countries, China's grain logistics industry is not mature enough: lacking systematic disciplines, the research direction is not clear; lacking academic leaders of comprehensive type, the independent innovation capability is not strong; with low conversion rate of scientific and technological achievements, the technology development is imbalanced; the research team is instable with inadequate research funding. Grain Logistics Discipline needs more focusing on innovation study adapting to the great development of agricultural industrialization and urbanization of "13th Five-year Plan", on integration and co-ordination innovation study adapting to comprehensive modernization of the grain industry, as well as on supply chain integration innovation study adapting to the comprehensive informationization upgrade. The research areas include: integrated layout of the grain logistics system with informationization as the core, equilibrium planning and operational management of grain supply chain under the condition of sufficient railway transport capacity, the construction of modern rural grain logistics system, the grain circulation technology of reducing the loss, efficient convergence technology integration of grain logistics, standards and norms of grain logistics, new equipment of grain logistics, impacts of foreign grain resource utilization on the current grain logistics layout, and so on. In the future, we should make multifaceted efforts to attach importance to the study of economic and management level, to accelerate integration of the Group's logistics business and personnel training of grain logistics, to develop and improve the grain logistics standard system, to highlight the public nature of the discipline construction, to actively promote the reform of grain circulation, and to strengthen food logistics disciplines.

Written by Leng Zhijie, Tang Xuejun, Qiu Ping, Zheng Moli, Ji Liuguo,
Zhao Yanke, Zhen Tong, Zhou Xiaoguang, Yuan Yufen

Report on the Current Status and Future Developments in the Science of Grain and Oil Nutrition in China

Grain and oils are the basis materials of the food industry. As the world's most populous country, China has to solve the problem of food self-sufficiency, while it is of great importance to scientifically develop grain and oil food industry to ensure China's food security and national health. With the development of economy and the improvement of people's consumption level in China, the processing methods and the species of grain and oil food are more diverse than before. Therefore, people will further focus on the nutrition, high quality and convenience of grain and oil food on the basis of its safety.

On the basis of the development of grain and oil nutrition discipline, the concepts of "moderate processing of grain and oil" and "whole-grain foods" were proposed to guide healthy dietary behaviors for consumers, improve the national nutrition and health situation, and promote the production and consumption of health and nutrition food. In addition, the development of grain and oil nutrition discipline provided scientific and reasonable guidance and suggestions for traditional technology of grain and oil processing and actuated its technological innovation and industrial structure upgrading. The development of grain and oil food industry was supported with technology and innovation by the development of grain and oil nutrition discipline, and a batch of high quality self-owned brands were cultivated to enhance the capability of independent innovation and international competitiveness, promoting grain and oil food industry of our country to a higher level. Moreover, the development of grain and oil nutrition discipline cultivated a group of professionals engaged in the research and application of grain and oil nutrition, integrated the resources of important domestic grain and oil enterprises, research institutes and government departments, constructed a scientific innovation and application platform of the integration of " produce-learn-research", and these outcomes provided a strong support for the research of grain and oil nutrition and the development of food grain and oil industry.

The rapid development of grain and oil nutrition discipline in China gathered and trained a large number professional and technical personnel in the field of grain and oil nutrition, built an open, scientific, efficient, and practical extension system for grain and oil nutrition research, obtained some important results in theory and application, further improved the level of science and technology of grain and oil nutrition discipline of our country, and promoted the development of new varieties of grain and oil food and their industrialization. In future development, grain and oil nutrition discipline should aim at national and industry needs, emphasis on basic theory of grain and oil nutrition discipline, strengthen its role in leading the development of grain and oil food industry, and put forward strategic, comprehensive, forward-looking, and innovative new theories and ideas to play a more important role in developing grain and oil industry and the promoting the national health of our country.

Written by Qu Lingbo, Zhang Jianhua, Li Aike, Ding Wenping, Xie Yanli,
Zhao Wenhong, Sun Shumin, Wei Min, Ma Weibin, Zhang Geng, Liu Zelong,
Wang Manyi, Tan Bin, Han Fei, Lv Qingyun, Yi Yang

Report on the Current Status and Future Developments in the Science of Feed Processing in China

China has witnessed great development in the science of feed processing from 2011 to 2015. Notable progresses in this field have been made in five aspects, which include basic research in the science, technologies in developing feed products, developments in feed resources, equipments for feed producing, and improvements in feed processing technologies. Outlines of the highlight achievements indicated in this report are listed as below:

• Basic research in the science: a) key technologies used to produce safe and high-quality feed products; b) energy efficient technologies for feed processing; c) a database providing access to the information on nutritional components and values of major raw materials, as well as their specific evaluations; d) development of national and industrial standards focusing on feed industry; e) basic theoretical studies on feed processing.

• Technologies applied in developing feed products: a) identifying precision nutrition for feed formulation; b) developing low protein and low phosphorus diets; c) replacing high price and scarce ingredients for feed by alternative technologies; d) developing micro-encapsulated diets (MED) and extruded feeds for aquaculture.

• Developments in feed resources: a) to remove biological toxins from feeds by using bio-fermentation technologies; b) to improve quality and feeding value of the ingredients; c) to produce mono-peptides based on enzymatic hydrolysis.

• Equipments for feed production: feed processing equipments tend to be designed and developed with a) large capacities; b) automation technology; c) complete sets; d) the purposes of energy saving; e) safety engineering; and f) clean technology.

• Improvements in feed processing technologies: a) fine grinding technology; b) superfine pulverizing technology; c) conditioning technology; and d) extruding technology.

Other breakthroughs have been found in terms of developments in feed addictives, as well as in feed regulation and standard systems. Works have been carried out to improve technologies for feed quality inspection, build talent pools and to improve management techniques in running a feed business. All these efforts have made great results in practices.

Comparing with developed countries, however, China is still lag behind in the investment for R&D (research and development) spending and is lacking of original innovations from feed industry. Disparities also exist in many fields, such as, basic researches related to feed processing technologies and bioavailability evaluation for feedstuff. Besides, dramatic innovations at feed processing equipments are expected to come out. Thus, more spending are highly expected for feed enterprises to improve their capacities of R&D.

Looking forward, the future trend for the developments in the science and technology of feed processing is to produce safer feed-products in a way that is regarded as economic viability and environment sustainability. To achieve this goal, efforts are required to make feed production more energy efficient and to develop the industrial modernization in China at the same time. Against this backdrop, this report proposed five priorities for further researches. They are: a) basic studies on feed processing technologies, b) developments in feed resources, c) improvements in feed processing equipments and technologies, d) researches on feed additives, and e) development in feed products.

Written by Wang Weiguo, Gao Jianfeng, Bai Wenliang, Leng Xiangjun,

Li Aike, Wang Jinrong, Cao Kang

Report on the Current Status and Future Developments in the Science of Flour Fermented Food in China

Flour fermented food is one of the important traditional staple food in China. It still holds a key position in today's Chinese dietary structure. The main ingredients and starter culture of flour fermented food are flour and yeast. They are produced with optimum water and dough mixing. Ferment the resulting dough followed by sheeting, dividing, moulding, proofing and finished in a steamer optimized system. In western countries, flour fermented food usually represents the baked food like bread. While in China, the main forms of flour fermented food include: steamed bread, steamed twisted rolls and steamed stuffed buns - filled with meat, vegetables or sweet red bean paste. Flour fermented food research is not an individual discipline, but belongs to a branch of staple food, named flour staple food. In recent years, relying on scientific and technological progress, flour fermented food industrialization degree becomes increasingly higher in our country. Firstly, the raw material is more normalized and standardized. Secondly, the control of production process is more precise. At the same time, the corresponding cold-chain logistics distribution system, the application of modern logistics technology and food safety inspection system are also gradually improved. The food consumption is developed toward the end products, security, convenience and rapidity. While improving the quality of people's life and consumption patterns, the achieved results increase the enterprise the management benefit and social benefit. The flour fermented food discipline is perfecting; scientific research is strengthened; technology development and processing equipment innovation have achieved initial results. It summarized and discussed the latest research progress of China flour fermented food discipline in nearly five years, including: flour fermented food quality evaluation standard system is preliminary established; flour fermented food quality evaluation method is innovated step by step; Research on the flavor of flour fermented food is gradually strengthened; Flour fermented food nutrition research increasingly deepening; The automated production technology and equipment of flour fermented food has become a trend; The business model flour fermented food industry is innovated gradually; Flour fermented food industrialization and science popularization activities are being carried forward. These achievements play important roles in keeping flour fermented food delicious, ensuring food safety, raising food nutrition and promoting industrialization of flour fermented food. The latest development status and trend of industrialization degree, variety innovation and the spread of food culture at abroad are also studied. Based on the comparative analysis of development status and trend of this discipline at home and abroad, the challenge for the traditional fermented food industrialization in our country are pointed out, mainly highlighted as follows: the lack of fixed raw materials base, which certify the high quality product; The automation level of key equipment and the overall system lag behind; The lack of accurate idea of traditional four pastry handmade; modern business model needs further exploration. Besides absorbing foreign experience and technology of food processing, to conduct a comprehensive and systematical investigation, sorting, discovery and industrialization the traditional flour fermented food in China is an important topic currently.

Written by Sun Hui, Ouyang Shuhong, Yang Zizhong, Wei Fenglu, Yu Xuefeng,

Zhu Keqing, Wang Fengcheng, Fu Zizhen, Lian Huizhang

Report on the Current Status and Future Developments in the Science of Grain & Oil Information and Automation in China

The Grain & Oil Information and Automation is an interdisciplinary subject which aims at deep integration of the information and automation with the grain & oil industry modernization. This subject takes grain & oil information as research subject, and takes information theory, control theory, computer theory, artificial intelligence theory and system theory as its basic theory and approach, through which, the technology research and application of the acquisition, dissemination, processing, treatment and control of the grain & oil information will be conducted.

This subject is positioned on promoting the application of information and automation technology in the production, operation and management of the grain & oil industry, and meanwhile enhancing the informatization, automatization, and intelligentization level in the business links of grain & oil industry such as purchasing and storage, logistics, processing, transaction and management.

This subject is a branch of grain & oil science and technology subject, and is also an important application field of information science which develops fast in recent years. This subject is an integrated application of many subjects which involves Computer Science and Technology, Control Science and Engineering, Electronics Science and Technology, Information and Communication Engineering and Food Science and Engineering etc.

In the last five years, the information and automation level of the grain and oil industry has been greatly improved, and has achieved remarkable results. Information network infrastructure construction accelerated, in which the security mechanism has been initially built. National grain dynamic information system and grain business management information system has been applied, the development trend of grain monitoring is multi-parameter, networking and intelligentializing. Some new information technologies, such as internet of things, computing clouds, big data, etc., have been applied in the grain and oil purchase, storage, transportation, processing.

The report summarized the definitions, research contents and discipline characteristics of Grain & Oil Information and Automation, briefly reviewed its development stories, also concluded and described the achievements of new theories, new methods, new products, advanced technologies, industrialization of Sci-Tech achievements, innovation system and infrastructure construction, including scientific research funds on the informatization of grain &oil industry, stabilization of scientific research staff, attaching more important to fundamental scientific research, comprehensive application of advanced information and automation technologies, development of Grain & Oil Information and Automation technology, prominent effects of energy saving and emission reduction in grain &oil industry, important achievements of scientific research and technology development and so on. Moreover, it introduced the surveys and new progresses of Grain & Oil Information and Automation scientific researches, training and communication, investigated the development and its trends of international Grain & Oil Information and Automation science, pointed out the development bottlenecks of Chinese Grain & Oil Information and Automation research and technology.

After analyzing strategy requirements and trends, the research emphasized the prospects of Chinese Grain & Oil Information and Automation science, it also brought forward that the discipline should strengthen the infrastructure researches in the next 5 years, establish the innovation platform of Grain & Oil Information and Automation science, promote the independent innovation capability, Grain & Oil Information and Automation technology and industrialization of Sci-Tech achievements upgrading, extruding the strong point of energy saving and emission reduction technology.

Written by Zhang Yuan, Hui Yanbo, Zhen Tong, Yang Weidong, He Zhenfang, Cao Jie, Zhao Huiyi, Hu Dong, Zhao Xiaojun, Li Qian, Gong Ping, Yang Tiejun

附　录

学科重要团队名录

1. 中储粮成都粮食储藏科学研究所粮油储藏技术与装备研究及推广应用创新团队

该团队隶属于中国储备粮管理总公司，技术依托于中储粮成都粮食储藏科学研究所，目前共有研发人员 75 人，拥有享受政府特贴国家级专家 1 人、研究员 7 人、副研究员 14 人；拥有博士学位 2 人，硕士学位 20 人。

该团队主要致力于粮食储藏工艺、粮食保鲜、害虫防治技术、粮食微生物与真菌毒素分析、谷物化学与生物技术、粮油检化验仪器、仓储设备与器材、计算机应用技术和储粮科技信息等方面的研究与开发，先后完成国家、部、省级科研课题 269 项，开发了数字式粮情测控技术等一系列储藏新技术，众多科技成果成功实现产业化，并获得国家科学技术进步一等奖 1 项、二等奖 2 项，中国粮油学会科学技术奖一等奖 1 项及其他 77 项科技奖励，制（修）订国家、行业标准 94 项，总公司企业标准 9 项，拥有国家专利 55 项，国家认定的新技术、新产品 30 项。

2. 国家粮食局科学研究院粮油储藏研究团队

该团队是国家发展改革委批准建设的"粮食储运国家工程实验室"法人单位依托团队。首席科学家为曹阳研究员，目前共有研发人员 25 人，其中研究员（教授）4 人、副研究员 4 人，拥有博士学位 8 人，硕士学位 6 人。

该团队承担了从"十五"至"十二五"国家科技攻关和支撑计划、国际合作、国家"863"计划、行业公益专项等重大项目 30 余项。获国家科学技术进步一等奖 1 项。具有自主知识产权的创新成果有"食品级惰性粉防治储粮害虫新技术""储粮横向通风新技术""环流充氮气调新技术""温湿水一体化粮情检测新技术"，上述新技术集成创新为

"粮食储藏'四合一'升级新技术"科技成果，2014年10月通过国家粮食局组织的专家评审，并在2014年11月的全国粮食科技创新大会上发布。团队获得授权的国家发明专利6件；在国内外重要学术刊物发表论文100余篇，其中SCI收录10篇；出版教材、专著3部。

3. 河南工业大学粮食储藏减损设施与装备创新团队

该团队负责人为土木建筑学院院长陈桂香副教授，现有研发人员共计22人，其中教授6人、副教授15人，具有博士学历的14人。

近年来，该团队在储藏领域承担了国家科技支撑计划、自然科学基金项目等8项，省部级科研项目10余项，横向和成果转化项目30余项。"国家粮仓基本理论及关键技术研究与推广应用"获国家科技进步二等奖，"200亿斤国家储备粮库通用图"获国家第七届优秀工程建设标准设计金奖。获河南省科技进步奖二等奖1项、中国粮油学会科学技术二等奖3项。团队规划和设计了上海外高桥粮食储备库及码头设施、京粮集团天津临港粮油加工仓储物流工程、天津利达粮食现代物流中心、广州市粮食储备加工中心、中储粮镇江基地、杭州粮食物流中心等大型粮食物流工程。发表核心期刊收录论文200余篇，SCI/EI收录论文10余篇；出版学术专著2部；获得授权发明专利6件；主持制（修）订国家标准和行业标准10余项。

4. 江南大学玉米淀粉精深加工技术研究团队

该团队主要致力于淀粉结构特点的理论基础研究、新型淀粉衍生物的开发和应用以及传统玉米精深加工产品的绿色制造，在木材用淀粉胶制备、糖基转移酶高效定向转化和高浓度淀粉液化糖化技术等领域取得了突破和创新。首席专家为顾正彪教授，目前研发人员共计5人，其中博士4人、硕士1人、教授1人。

团队先后承担了国家科技支撑计划课题、"863"课题、国家自然科学基金、省部级科研项目20余项；技术成果服务于30多个企业，取得了较好的经济效益和社会效益；发表学术论文100余篇，其中SCI收录40余篇；授权发明专利20项；制定了30项淀粉产品质量方面的国家标准和13项食用变性淀粉产品国家安全标准；研究成果获得多项国家和省部级奖励，其中"环境友好型木材用淀粉胶制备关键技术"作为重要内容的"新型淀粉衍生物的创制于传统淀粉衍生物的绿色制造"项目获2014年国家技术发明奖二等奖。

5. 河南工业大学小麦加工与品质控制研究团队

该团队是国家科技部试点联盟"小麦产业技术创新战略联盟"理事长单位，为国家及河南省小麦产业技术体系产后加工研发团队、河南省科技创新团队等。首席专家为卞科教授，目前研发人员共计33人，其中博士13人、硕士10人、教授10人。

该团队承担了从"八五"至"十二五"国家科技支撑计划等重大项目10余项，"高效节能小麦加工新技术"获国家科技进步二等奖。另获得河南省科技进步一等奖、中国粮油学会科学技术奖一等奖、中国食品科学技术奖一等奖等10余项。建立了10余个校企联合实验室，研发的高效节能、清洁安全小麦加工新技术等在国内70%以上的大中型小麦加工企业进行推广应用。获得授权国家发明专利40余项；主持制修订国家标准40余项；在国内外重要学术刊物发表论文300余篇，其中SCI收录80余篇；出版教材、专著20余部。

6. 中粮工程科技有限公司粮食加工工程创新团队

该团队所在的中粮工程科技有限公司是国家发改委批准授牌的"粮食加工机械装备国家工程实验室"的法人单位，主要从事稻谷、小麦加工的工艺技术与装备的研发创新与工程实践。技术带头人为赵永进研究员，目前研发人员共计35人，其中研究员2人、高级工程师6人、工程师20人。

该团队承担了从"九五"至"十二五"国家科技攻关项目30余项，获得省部级奖10余项，取得30多项专利。其中"散粮储运关键技术和装备的研究开发——散粮火车定量连续装车系统及卸车装置研究开发"获国家科学技术二等奖，"食品专用粉配粉工艺与设备成套工程研究""优质小麦粉加工工艺与装备研发""糙米集装储运减损技术和设备研究与示范"获中国粮油学会科学技术奖二等奖，研究成果已先后在国内几百家大中型粮食加工工程中应用，代表了国内粮食加工工程技术的领先水平。

7. 中国农业科学院农产品加工研究所粮油加工与综合利用创新团队

该团队是获得国家财政部支持的中国农业科学院科技创新工程第一批试点团队。首席专家为王强研究员，目前固定科研人员共计13人，其中博士10人、硕士3人、高级职称以上6人。

该团队承担了国家自然科学基金、"863"计划、公益性行业科研专项、国家"十五"重大科技专项、"十一五"和"十二五"国家科技支撑计划、国际合作重点项目等国家项目50余项。"花生低温压榨制油与饼粕蛋白高值化利用关键技术及装备创制"获2014年国家技术发明二等奖，并被农业部评为2014年度农产品加工业十大科技创新推广成果。还获国家科技进步二等奖1项，中华农业科技奖、中国粮油学会科学技术一等奖等5个奖项。授权国家发明专利30余项，制定农业行业标准6项，主编著作《花生加工品质学》等9部，发表学术论文200余篇，其中SCI收录50余篇。

8. 中南林业科技大学稻谷及副产物深加工研究团队

该团队依托于稻谷及副产物深加工国家工程实验室，被评为科技部创新团队、湖南省高等学校优秀科技创新团队，获建首批湖南省高等学校"2011协同创新中心"。首席专家为林亲录教授，目前研发人员共计22人，其中博士5人、硕士12人、教授3人。

该团队承担了国家自然科学基金、"十二五"国家科技支撑计划等课题17项，"稻米深加工高效转化与副产物综合利用"获 2011 年国家科技进步二等奖;"大米主食生产关键技术创新与应用"获 2013 年湖南省科技进步一等奖。获得授权国家发明专利 40 件;主持制(修)订国家、行业和企业标准 10 余项;在国内外重要学术刊物发表论文 150 余篇,其中 SCI 收录 46 篇;出版教材、专著 5 部。

9. 江南大学食用油加工与品质控制研究团队

该团队是国家科技部试点联盟"食用植物油产业技术创新战略联盟"理事长单位,被评为江苏省高等学校优秀科技创新团队。首席专家为王兴国教授,目前研发人员共计 204 人,其中博士 30 人、硕士 150 人、教授 7 人、副教授 15 人。

该团队承担完成了从"九五"至"十二五",国家"863"、国家科技支撑计划等重大项目 10 余项,"基于干法活化的食用油吸附材料开发与应用"获国家发明二等奖;"高含油油料加工关键技术产业化开发及标准化安全生产"等项目获国家科技进步二等奖 3 项;中国粮油学会科学技术奖一等奖、中国商业联合会科学技术奖一等奖、中国专利优秀奖各 1 项。建立了 12 个校企联合实验室,研发的"鱼油高值系列产品"等多个新产品被列入国家发改委或山东省重大专项并投产;发明的注射用中长碳链结构甘三酯合成法已投产,产品替代了进口药物。获得授权国家发明专利 40 件;主持制(修)订国家标准 20 余项;在国内外重要学术刊物发表论文 300 余篇,其中 SCI 收录 125 篇;出版教材、专著 10 部。

10. 牧羊饲料机械与工程技术研究开发团队

该团队隶属国家科技部国家饲料加工装备工程技术研究中心江苏省饲料加工装备产业技术联盟理事长单位。目前研发人员共计 616 人,其中博士 6 人、硕士 51 人。

该团队成立 20 多年来,承担了国家重大星火计划、国家科技支撑计划等重大项目 18 项,"农产品高值化挤压与装备关键技术研究与应用"等项目获国家科技进步二等奖 3 项;中国粮油学会科学技术奖一等奖 1 项、二等奖 4 项、三等奖 6 项;中国轻工联合会科学技术奖二等奖 1 项;江苏省科技进步二等奖 3 项。与国内外 16 所院校建立了战略合作关系,研发的"SWFP66*125C 锤片式微粉碎机"被列入国家重点新产品,"大型高效齿轮制粒机"等 50 个新产品被列入江苏省高新技术产品。该团队开发的大型饲料机械与设备和新工艺新技术,在全球 2400 多家承建饲料工程中广泛应用,获得授权国家发明专利 47 项;主持或参与制(修)订国家 / 行业标准 19 项;在国内外重要学术刊物发表论文 40 余篇。

11. 国家粮食局科学研究院粮油饲料资源高效转化技术研究团队

该团队主要从事新型优质蛋白质饲料资源开发利用、饲用益生菌包被技术研究应用工作。首席专家为李爱科研究员,目前研发人员共计 23 人,其中博士 7 人、硕士 8 人、研究员级高级职称 8 人。

该团队承担了"九五"到"十二五"期间有关新型优质蛋白质饲料资源开发利用方面

的重点科技支撑计划、科技攻关项目等多个课题。尤其在饲用抗生素及其替代产品开发利用技术研究方面取得了突破，开发了新型多效生物蛋白饲料原料，研制了益生菌发酵前包被生产应用新技术，开发了微生物微胶囊规模化生产的新工艺和新设备等。其中"蛋白质饲料资源开发利用技术及应用"等项目获国家科技进步二等奖 2 项，省部级一、二等奖近 10 项，在国内外重要期刊发表学术文章 100 余篇，授权国家发明专利 14 项，发布及制订饲料用棉籽粕、菜籽粕、花生粕（饼）等国标、行标 12 个。

12. 食品科学与技术国家重点实验室

该实验室是在原江南大学食品科学与安全和南昌大学食品科学两个教育部重点实验室的基础上建立起来的，是国内食品科学领域第一个国家重点实验室。团队拥有中国工程院院士、国家"杰青"获得者、教育部"长江学者"、国家重点学科带头人等优秀人才，现有固定人员 70 人，教授 50 人（包括"长江学者"特聘教授 3 人、讲座教授 1 人），博士生导师 41 人，国家杰出青年基金获得者 1 人。流动研究人员 33 人。

近年来该实验室承担国家、部省下达的重大科研任务 140 余项，其中，国家自然科学基金 38 项，国家"863"项目 29 项，"十一五"国家支撑计划 27 项等，国家科技进步二等奖 2 项，部省级科技进步一等奖 9 项，其他各类科技奖励 34 项，其中发表 SCI（EI）论文 300 余篇，专著和教材 20 余部。

13. 河南工业大学谷物化学与品质团队

该团队成立于 2011 年，致力于以小麦等为主要原料，以小麦和玉米深加工国家工程实验室为平台，深入进行谷物化学基础理论研究，探索新技术和新方法，保证谷物制品主要原料的营养、加工和食用品质。团队被评为河南省科技创新团队及河南省教学团队，主要负责人为郑学玲博士，现有固定研发人员 9 名，其中教授 4 名、副教授 3 名、讲师 2 名。教育部新世纪优秀人才 1 人次，河南省小麦产业技术体系加工岗位专家 1 人次，多名在读博士、硕士研究生。

近 5 年来主持国家自然科学基金项目、"十二五"科技支撑项目、教育部新世纪优秀人才项目、农业部行业公益专项、河南省重点科技攻关项目等省部级以上研究课题 20 余项，与企业合作项目 10 多项。获得国家科技进步二等奖 1 项、河南省科技进步一等奖 1 项、中国粮油学会科学技术一等奖 1 项等省部级科技奖励 8 项，授权国家发明专利 7 项。

索　引

A

癌症　11，43，138，140，145，147，180

B

必需氨基酸　145，155

必需脂肪酸　140

不饱和脂肪酸　32，93，100，137，139

C

超临界提取　100

超重　147

F

发酵面食　3，4，13，34，36，44，166–180

发酵面食产业大会　174

反式脂肪酸　8，18，20，21，92，96，98，99，101，142

J

加工科技　11，71，72，77，78，81，86，97，152，153

节能减排　10，24，25，27，38，52，57，58，64，73，79，87，88，98，100，102–104，134

L

粮食储藏　3–5，14，16，19–28，30，34，35，37，39，51–66，107，112，127，130，188，193，231，232

粮食物流　3，4，10，14，16，17，21，22，24，27，28，30，32，33，35，37，42，43，54，63，65，122–135，184，185，187，189，191，192，232

粮食质量安全　4，35，39，42，63，64，106，112–119，186，197

M

馒头连续发酵和醒蒸一体化　13，30，167，172，173

酶促酯交换　31，100

酶脱胶　8，20，98，100

免疫调节　33，43，145

膜分离　5，31，41，53，80，95，99，104

Q

全谷物 4，11，20，27，33，40，43，75，85，87，88，137-142，144-146，149

S

散粮 10，16，28-30，32，43，62，66，123-127，130-132，135，192，192，233

食品工业化 35，86，148，167，177

食品科学技术 21，25，76，78，232

食品营养 11，21-23，103，138，139，141-143，146-149，178

食品专用油 8，18，21，91，92，99，102

饲料添加剂 11，12，43，152，154，157-159，161-163

适度加工 4，8，11，20，27，40，41，85，87，95，97，98，101，103，104，137，138，140，144，146，148，149

水酶法 8，20，98

T

太赫兹波 182，183

特种油脂 32，92，100，104，141

W

微生物油脂 8，32，95，98，100，104

物联网 14，16，17，26，28，39，42，115，123，125，128，130，131，134，182，184，185，188，190-192，195-197

物流规划 123，130

物流信息化 33，132，193

物流园区 28，42，123，125，128，130，134

X

心脑血管疾病 11，88，140，147

Y

营养强化 11，27，43，82，84，137-139，141，143，144

云计算 14，17，39，42，115，126，134，182，185，189，191，195，197

Z

智慧粮食 186，187，196，197

自动化技术 13，182，183，184，187，188，198

资源开发 12，28，33，156，160，162，234，235

质量检测 13，14，16，34，36，51，56，71，117，152，158，161，184，190